口岸杂草检疫及监测图鉴

主　编◎郑晓薇　黄维兴　闫晓东　　副主编◎左然玲　汪文建　戴　霖

中国海关出版社有限公司
·北　京·

图书在版编目（CIP）数据

口岸杂草检疫及监测图鉴 / 郑晓薇，黄维兴，闫晓东主编．-- 北京：中国海关出版社有限公司，2024.
ISBN 978-7-5175-0825-0

Ⅰ．S41-30
中国国家版本馆 CIP 数据核字第 2024YW0497 号

口岸杂草检疫及监测图鉴
KOUAN ZACAO JIANYI JI JIANCE TUJIAN

作　　者：郑晓薇　黄维兴　闫晓东
责任编辑：吴　婷
责任印制：孙　倩
出版发行：中国海关出版社有限公司
社　　址：北京市朝阳区东四环南路甲 1 号　　邮政编码：100023
编 辑 部：01065194242-7532（电话）
发 行 部：01065194242-4238/4246/5127（电话）
社办书店：01065195616（电话）
https://weidian.com/?userid=319526934（网址）
印　　刷：中煤（北京）印务有限公司　　经　　销：新华书店
开　　本：889mm × 1194mm
印　　张：17.5　　字　　数：375 千字
版　　次：2024 年 8 月第 1 版
印　　次：2024 年 8 月第 1 次印刷
书　　号：ISBN 978-7-5175-0825-0
定　　价：168.00 元

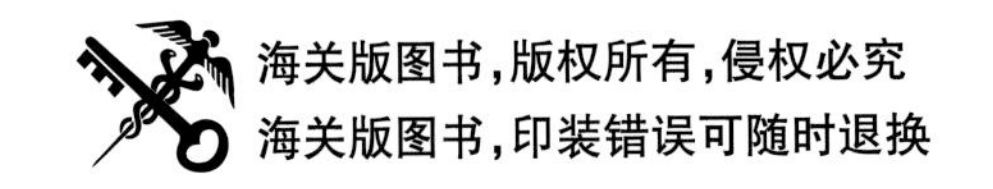

编 委 会

前言

PREFACE

杂草对生态环境和农业生产危害大，挤占农作物生长所需的水肥和空间，造成农作物严重减产。其中，外来入侵杂草拥有较强的环境适应能力，在入侵地能快速生长并扩散，破坏生物多样性、危害生态环境；进境检疫性杂草[①]繁殖力强、传播迅速，对农业生产和生态环境会造成更大的危害，部分进境检疫性杂草具有毒性或含有有害成分，威胁人类和动物的健康安全。目前，已有多种杂草传入我国且引起严重危害，如水葫芦严重危害河道，互花米草危害滩涂，薇甘菊和五爪金龙危害林木，豚草使人过敏等。

外来入侵杂草可以通过自然条件、货物贸易、旅客携带物等多种途径在国家或地区间传播，造成的危害日益严重。目前，我国将40多种（属）外来杂草列入《中华人民共和国进境植物检疫性有害生物名录》，加强口岸检疫。2020年10月17日，第十三届全国人民代表大会常务委员会第二十二次会议通过了《中华人民共和国生物安全法》（自2021年4月15日起施行）。2022年7月，农业农村部等六部门公布《重点管理外来入侵物种名录》，对33种外来入侵杂草重点防治。2022年8月，农业农村部、生态环境部、自然资源部和海关总署联合公布了《外来入侵物种管理办法》，进一步加强外来入侵物种防控。

本书编写人员主要由黄埔海关相关专家组成。全书共整理了口岸截获和监测中常见、重要的杂草种子形态图片和纳入《中华人民共和国进境植物检疫性有害生物名录》的多种检疫性杂草种子形态图片，采用哈钦松分类系统，其中非进境检疫性杂草[②] 46科212属342种，进境检疫性杂草14科30属64种，总计406种[③]。本书种子[④]以三维超景深显微镜拍摄，细致地展示了杂草种子的形态特征，同时也将41种外来入侵杂草的野外植株形态展示给读者，以帮助读者直观地分辨杂草及其种子种类，全面了解其生物学特性。

编委会组织编写本书的目的是为口岸植物检疫、实验室检疫鉴定以及外来物种监测和普查人员提供一本有价值的参考工具书，进行生物安全科普，以提升口岸检疫能力，增强全民防范意识，共同筑就防控外来入侵物种防线。

本书编写工作得到了华南农业大学植物保护学院万树青教授的指导，广州海关技术中心吴海荣博士和山东威海海关李春喜分别提供了部分杂草植株图片并提出了宝贵建议，在此表示衷心感谢！由于编写水平有限，书中难免有疏漏之处，敬请读者批评指正。

①进境检疫性杂草指《中华人民共和国进境植物检疫性有害生物名录》中的检疫性杂草。

②非进境检疫性杂草指未列入《中华人民共和国进境植物检疫性有害生物名录》的杂草。

③本图谱中的部分种类由于国内罕见，尚无截获纪录，无标本图片，但均已标注形态鉴别特征作为识别辅助。

④本书种子为大众理解的繁殖载体，实际上包含部分果实。

目录

CONTENTS

第一部分　非检疫性杂草

一、毛茛科

二、百合科

三、天南星科

四、锦葵科

五、堇菜科

六、木樨草科

七、葫芦科

八、罂粟科

九、十字花科

十、商陆科

十一、马齿苋科

十二、藜科

十三、苋科

十四、石竹科

十五、蓼科

十六、蔷薇科

十七、蝶形花科

二十三、伞形科

二十四、旋花科

二十五、泽泻科

二十六、紫草科

二十七、田麻基科

二十八、茄科

三十五、茜草科

三十六、菊科

三十七、忍冬科

三十八、桑科

三十九、荨麻科

四十、千屈菜科

四十一、柳叶菜科

四十二、报春花科

四十三、眼子菜科

四十四、鸭跖草科

四十五、莎草科

四十六、禾本科

第二部分　检疫性有害杂草

一、禾本科

十一、蝶形花科

十二、茄科

十三、旋花科

十四、列当科

第三部分 41种常见口岸检疫及监测杂草植株形态

第一部分 非检疫性杂草

一、毛茛科

2属7种

毛茛属

001 毛　茛

学　名：*Ranunculus japonicus* Thumb.
别　名：毛脚鸭、老虎脚迹、王虎草
英文名：Japanese buttercup

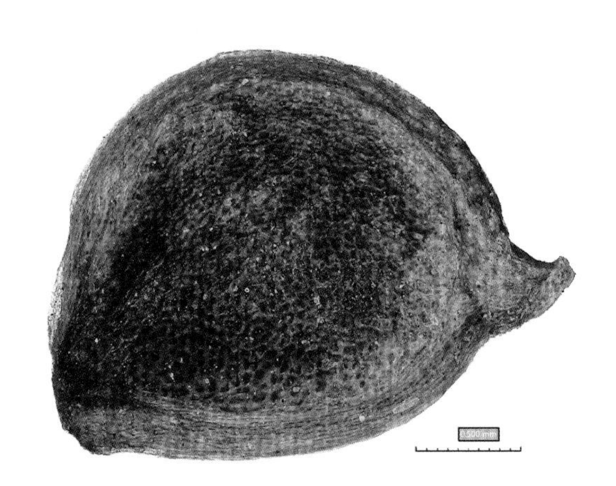

图 1.1 毛　茛

分类地位 被子植物门（Angiospermae）双子叶植物亚门（Dicotyledons）毛茛目（Ranunculale）毛茛科（Ranunculaceae）毛茛属（*Ranunculus*）。

地理分布 在中国分布于除西藏以外的各省、自治区、直辖市。俄罗斯、朝鲜、日本也有分布。生长于果园、田间、路旁、水边和湿草地。

形态特征 瘦果扁阔卵形，宽约 1.8 毫米，长约 2.2 毫米（不包括喙），顶端具短喙，稍向外弯曲，果实边缘较薄，形成一圈薄的周边，两边隆起。果内含种子 1 枚，果皮淡黄褐色，表面平滑。种皮薄，种胚极微小，内含大量油质胚乳。（见图 1.1）

002 野毛茛

学　名：*Ranunculus arvensis* L.
别　名：田毛茛、田野毛茛、刺果毛茛
英文名：Hungerweed, Corn buttercup, Cornfield crowfoot, Devis

分类地位 被子植物门（Angiospermae）双子叶植物亚门（Dicotyledons）毛茛目（Ranunculale）毛茛科（Ranunculaceae）毛茛属（*Ranunculus*）。

地理分布 分布于欧洲、北美洲及澳大利亚，以及亚洲西部。

形态特征 瘦果半圆形，扁平，长约 5 毫米，宽约 3.5 毫米，紫褐色，表面具蛛丝状毛和长短不一的粗刺，刺稍扁，同心排列，背部半圆形拱起，腹面平直，周缘具 1 条中棱，顶端有稍突出的短喙，基部具短柄，柄端为果脐。（见图 1.2）

图 1.2 野毛茛

003 ※ 糙果毛茛[①]

学　名： *Ranunculus manicatus L.*

分类地位 被子植物门（Angiospermae）双子叶植物亚门（Dicotyledons）毛茛目（Ranunculale）毛茛科（Ranunculaceae）毛茛属（*Ranunculus*）。

地理分布 在中国分布于江苏、浙江、广西。北美洲、大洋洲、欧洲及亚洲其他地区也有分布。种子繁殖，生长于农田、道旁及山坡、荒野的杂草丛中。

形态特征 聚合果球形，直径约 1.5 厘米。瘦果扁平，椭圆形，边缘有宽约 0.4 毫米的棱翼，两面各生有 10 枚一圈的刺，刺长约 5 毫米，宽约 3 毫米，刺直伸或钩曲，有疣基，喙基部宽厚，顶端弯，长约 2 毫米。（见图 1.3）

图 1.3 糙果毛茛

004 ※ 禺毛茛

学　名： *Ranunculus cantoniensis* DC.
别　名： 自扣草、水辣菜

分类地位 被子植物门（Angiospermae）双子叶植物亚门（Dicotyledons）毛茛目（Ranunculale）毛茛科（Ranunculaceae）毛茛属（*Ranunculus*）。

地理分布 在中国分布于云南、四川、贵州、广西、广东、福建、台湾、浙江、江西、湖南、湖北、江苏等地，印度、越南、朝鲜、日本也有分布。生长于平原或丘陵的田边、沟旁、湿地。

形态特征 聚合果近球形，直径约 1 厘米。瘦果扁平，无毛，边缘有宽约 0.3 毫米的棱翼，喙基部宽扁，顶端弯，长约 1 毫米。（见图 1.4）

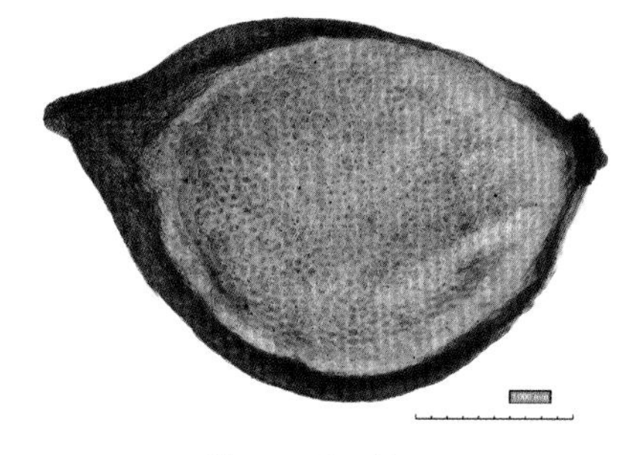

图 1.4 禺毛茛

005 ※ 小毛茛

学　名： *Ranunculus ternatus* Thumb.
别　名： 猫爪草
英文名： Catclaw buttercup, Ternate frogflower

分类地位 被子植物门（Angiospermae）双子叶植物亚门（Dicotyledons）毛茛目（Ranunculale）毛茛科（Ranunculaceae）毛茛属（*Ranunculus*）。

地理分布 在中国分布于广西、台湾、江苏、浙江、江西、湖南、安徽、湖北、河南等地，日本也有分布。生长于平原湿草地、田边、荒地或山坡草丛中。

形态特征 瘦果，长约 1.1 毫米，宽 0.9~1.3 毫米，厚 0.7~ 0.9 毫米，宽卵形，表面淡黄棕色，稍皱缩，顶端有喙状尖头，约 0.5 毫米，稍向外弯曲，果实边缘较薄，具三纵肋。果内含种子 1 粒，种胚具油质。（见图 1.5）

图 1.5 小毛茛

---

①因资料不全等原因，本种信息缺少别名和英文名，下同，不再一一说明。

006 石龙芮

学　名：*Ranunculus sceleratus* L.
别　名：假芹菜
英文名：Sessile marshweeds, Limnophila, Poisonous buttercup

图 1.6 石龙芮

分类地位 被子植物门（Angiospermae）双子叶植物亚门（Dicotyledons）毛茛目（Ranunculale）毛茛科（Ranunculaceae）毛茛属（*Ranunculus*）。

地理分布 分布于中国大部分地区以及北半球各国（地区）。生长于田间、路旁和荒地。

形态特征 瘦果歪倒卵形，长 1~ 1.2 毫米，宽 0.9~1 毫米，暗黄绿色至暗黄色，表面松软，有海绵质感，两平面常有平行边缘的 1 条环浅沟，背面弓曲，背脊具 1 细沟，腹面近平直，下部 1/3 处具微凹，上部具细棱或沟，顶端具倾向腹面的短喙，基部钝圆。果脐位于果实基部腹侧下端，圆形微凸。（见图 1.6）

飞燕草属

007 飞燕草

学　名：*Consolida ajacis*（L.）Schur.
别　名：彩雀
英文名：Larkspur

分类地位 被子植物门（Angiospermae）双子叶植物亚门（Dicotyledons）毛茛目（Ranunculale）毛茛科（Ranunculaceae）飞燕草属（*Consolida*）。

地理分布 原产于欧洲南部。在中国分布于内蒙古、云南、山西、河北、宁夏、四川、甘肃、黑龙江、吉林、辽宁、新疆、西藏等地。

形态特征 蓇葖果卵形，长达 1.8 厘米，密被短柔毛，网脉稍隆起。种子倒金字塔形，圆三棱形至四棱形，长 1.6~2 毫米，宽 1.2~1.8 毫米，种皮黑色，表面有相连而不间断的横翅，翅上有稍隆起的平行细纹。（见图 1.7）

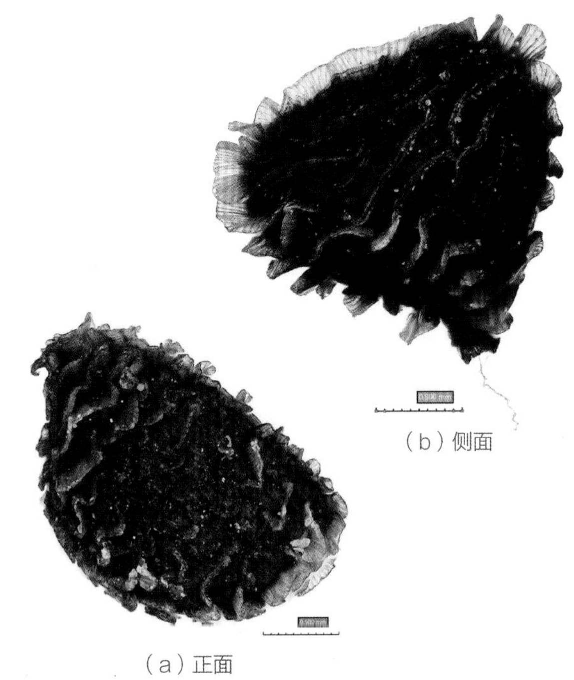
（a）正面　（b）侧面
图 1.7 飞燕草

二、百合科

2属3种

葱　属

008 ⁘ 韭　菜

学　名： *Allium tuberosum* Rottler ex Sprengle.
别　名： 韭、山韭、长生韭、丰本、扁菜、懒人菜、草钟乳、起阳草、韭芽

图 1.8 韭　菜

分类地位 被子植物门（Angiospermae）双子叶植物亚门（Dicotyledons）菊目（Asterales）百合科（Liliaceae）葱属（*Allium*）。

地理分布 原产于亚洲东南部。世界上已普遍栽培，中国广泛栽培。

形态特征 果实为蒴果，子房3室，每室内有胚珠2枚。成熟种子黑色、盾形，千粒重为4~6克。（见图1.8）

009 ⁘ 薤　白

学　名： *Allium macrostemon* Bunge
别　名： 小根蒜、密花小根蒜、团葱

分类地位 被子植物门（Angiospermae）双子叶植物亚门（Dicotyledons）菊目（Asterales）百合科（Liliaceae）葱属（*Allium*）。

地理分布 中国除新疆、青海外，在各省、自治区、直辖市均有分布。同时在俄罗斯、朝鲜和日本也有分布。

形态特征 有多而密集的花，珠芽暗紫色，花淡紫色或淡红色，花丝等长，子房近球状，花柱伸出花被外。种皮膜质，淡黄色，种子表面皱缩，浅黄褐色，长约1.5毫米，宽约1毫米。（见图1.9）

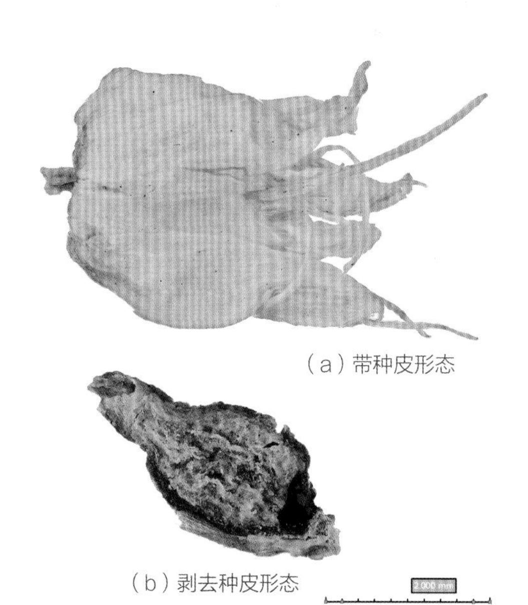

（a）带种皮形态

（b）剥去种皮形态

图 1.9 薤　白

| 绵枣儿属 |

010 绵枣儿

学　名：*Barnardia japonica* (Thunberg) Schultes & J. H. Schul
别　名：地枣、黏枣

分类地位 被子植物门（Angiospermae）双子叶植物亚门（Dicotyledons）菊目（Asterales）百合科（Liliaceae）绵枣儿属（*Scilla*）。

地理分布 在中国分布于东北、华北、华中以及四川（木里）、云南（ 洱源、中甸）、广东北部、江西、江苏、浙江和台湾。朝鲜、日本和俄罗斯也有分布。生长于海拔 2600 米以下的山坡、草地、路旁或林缘。

形态特征 果近倒卵形，长 3~6 毫米，宽 2~4 毫米。种子 1~3 粒，黑色，矩圆状狭倒卵形，长 2.5~5 毫米。（见图 1.10）

图 1.10 绵枣儿

三、天南星科

1属1种

半夏属

011 掌叶半夏

学　名：*Pinellia pedatisecta* Schott
别　名：虎掌

分类地位 被子植物门（Angiospermae）单子叶植物亚门（Monocotyledons）天南星目（Arales）天南星科（Araceae）半夏属（*Capsicum*）。

地理分布 分布于中国华北地区和华东地区。生长于海拔 1000 米以下的林下、山谷或河谷阴湿处。

形态特征 肉穗花序，佛焰苞淡绿色，管部长圆形，浆果卵圆形，个小，绿色至黄白色。种皮淡黄色，皱缩，长约 3 毫米，宽约 2.5 毫米。（见图 1.11）

图 1.11 掌叶半夏

| 四、锦葵科 |

5属6种

| 秋葵属 |

012 ⁘ 黄蜀葵

学　名：*Abelmoschus manihot* (L.) Medicus
别　名：秋葵、棉花葵、假阳桃、黄芙蓉

分类地位 被子植物门（Angiospermae）双子叶植物亚门（Dicotyledons）锦葵目（Malvales）锦葵科（Malvaceae）秋葵属（*Abelmoschus*）。

地理分布 原产于中国南方。常生长于山谷草丛、田边或沟旁灌丛间。

形态特征 一年生或多年生草本，蒴果卵状椭圆形，长 4~5 厘米，直径 2.5~3 厘米，被硬毛。种子多数，肾形，被柔毛组成的条纹多条。（见图 1.12）

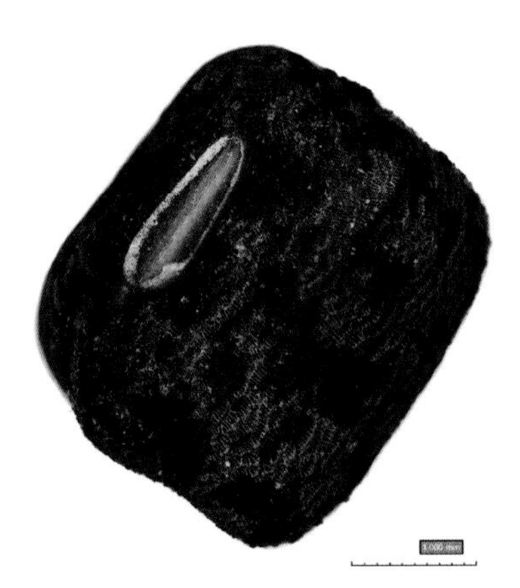

图 1.12 黄蜀葵

| 黄花稔属 |

013 ⁘ 刺黄花稔

学　名：*Sida spinosa* L.
英文名：Prickly sida, False mallow

分类地位 被子植物门（Angiospermae）双子叶植物亚门（Dicotyledons）锦葵目（Malvales）锦葵科（Malvaceae）黄花稔属（*Sida*）。

地理分布 北美洲、拉丁美洲、非洲、亚洲多个国家（地区）均有分布，中国尚无记载。

形态特征 果实由 5 个分果瓣组成，成熟时彼此分离，每果瓣内含种子 1 粒，分果瓣三棱状，顶端有 2 个明显叉开的芒刺，刺上密生短硬毛，刺基端有一棱形的小裂口，表面有波浪状横皱纹，周缘脊棱明显外突，背面显著隆突，腹面中央突起呈脊状，两侧面斜平，具明显的网状纵皱纹。种子短三棱形，长 1.5~1.8 毫米，宽约 1.4 毫米，暗褐色，表面平坦，被黄褐色蜡质物，背面钝圆，腹面中部突起成钝脊，两侧面斜平，基部脊棱略突出，种脐位于种子基部，钝三角形，棕褐色，脐上常覆有残存的珠柄。乳白色种胚弯曲，子叶回旋折叠，有少量胚乳。（见图 1.13）

（a）剥去种皮形态

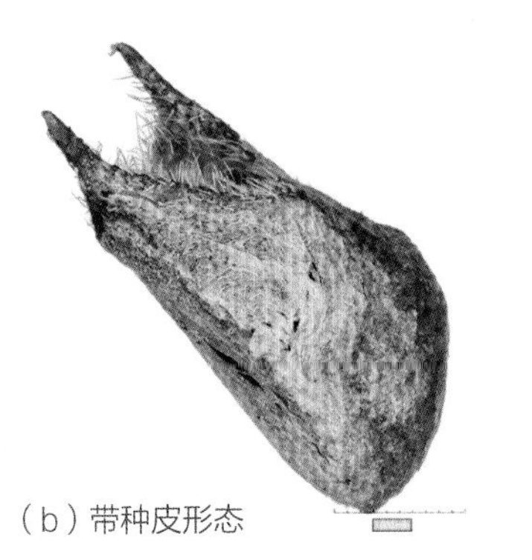

（b）带种皮形态

图 1.13 刺黄花稔

014 ※ 白背黄花稔

学　名：*Sida rhombifolia* L.
别　名：菱叶拔毒散、麻笔
英文名：Broomjute sida, Arrowleaf sida

分类地位 被子植物门（Angiospermae）双子叶植物亚门（Dicotyledons）锦葵目（Malvales）锦葵科（Malvaceae）黄花稔属（*Sida*）。

地理分布 世界热带地区均有分布。

形态特征 直立多枝半灌木。果实半球形，具8~10个分果瓣。分果瓣斧头型，长约3毫米，宽约2毫米，灰褐色，顶端具向外斜突不叉开的短刺2枚，背面圆形弓隆，粗糙，无明显横皱纹，周缘脊棱明显，中央凹成纵沟，腹面中央显著外突，呈锐脊状，使腹面形成两斜面，每果瓣内含种子1粒，果皮薄膜质，表面具细网状纹，种子表面有一薄层褐色覆盖物，长约2毫米，宽约1.5毫米，半倒卵形，暗褐色无光泽，背面较厚，圆形弓隆，中央有1条浅纵沟，腹面中央显著突起成脊状，两侧面斜平，周缘有脊棱，顶端钝圆，基部凹陷，近腹面端部有1条明显外突的腹棱，并密生褐色短毛。种脐位于种子基部的凹陷内，半椭圆形，黑褐色，周围淡褐色，脐上面常被残存的珠柄所覆盖。种胚弯曲黄色，子叶回旋折叠，胚乳较少。（见图1.14）

图1.14 白背黄花稔

苘麻属

015 ※ 苘　麻

学　名：*Abutilon theophrasti* Medicus
别　名：青麻、白麻
英文名：Chingm abutilon, Piemarke, Stmpweed

分类地位 被子植物门（Angiospermae）双子叶植物亚门（Dicotyledons）锦葵目（Malvales）锦葵科（Malvaceae）苘麻属（*Abutilon*）。

地理分布 遍布中国及世界其他国家（地区）。

形态特征 蒴果半球形，直径约20毫米，由15~20个分果瓣组成，分果瓣长肾形，长约15毫米，直径约8毫米，黑褐色，具2长芒，背面圆隆，被长柔毛，内含种子3粒。种子肾形或三角状肾形，长3~5毫米，宽2.8~3毫米，灰褐色至黑褐色，表面密布细微颗粒及一层淡褐色覆盖物，但极易擦掉，两侧面稍平或微凹，背面较宽厚弓隆，腹面内凹，种子横切面长椭圆形。种脐位于种子腹面凹陷处，长卵形，中央有一纵脊，两侧具排列整齐的篦齿状纹，脐上覆盖一延长成匙状的珠柄。种胚弯曲，子叶折叠，淡黄白色，有少量的乳白色胚乳。（见图1.15）

图1.15 苘　麻

梵天花属

016 肖梵天花

学　名： *Urena lobata*
别　名： 地桃花、田芙蓉、天下捶、八卦拦路虎、八卦草、迷马桩、野桃花、梵尚花、红孩儿、石松毛、牛毛七、半边月、拔脓膏、大梅花树、山茄簸、油玲花、土杜仲、野桐乔、山棋菜、刀伤药、三角风、桃子草、刺头婆、千下锤、大迷马桩棵、土黄芪、巴巴叶、野棉花、刚果黄麻、恺撒草
英文名： Caesar Weed，Rose Mallow Root

分类地位 被子植物门（Angiospermae）双子叶植物亚门（Dicotyledons）锦葵目（Malvales）锦葵科（Malvaceae）梵天花属（*Urena*）。

地理分布 在中国分布于云南、四川、贵州、广东、广西、湖南、湖北、江西、安徽、江苏、浙江、福建、台湾等地。在越南、柬埔寨、老挝、泰国、缅甸、印度和日本等也有分布。生长在海拔 220~2500 米的干热空旷地、荒坡或疏林下。

形态特征 果扁球形，直径约 1 厘米，分果爿被星状短柔毛和锚状刺。（见图 1.16）

图 1.16 肖梵天花

木槿属

017 野西瓜苗

学　名： *Hibiscus trionum* L.
别　名： 秃汉头、野芝麻、和尚头、山西瓜秧、小秋葵、香铃草、打瓜花、灯笼花、黑芝麻、尖炮草、天泡草

分类地位 被子植物门（Angiospermae）双子叶植物亚门（Dicotyledons）锦葵目（Malvales）锦葵科（Malvaceae）木槿属（*Hibiscus*）。

地理分布 分布于中国各地及日本、朝鲜、蒙古国、俄罗斯、北美洲等各国（地区）。在路旁、田埂、荒坡、旷野等处常见。

形态特征 蒴果长圆状球形，果皮薄，黑色；种子肾形，黑色，具腺状突起。（见图 1.17）

图 1.17 野西瓜苗

| 五、堇菜科 |

1属1种

| 堇菜属 |

018 ⁘ 紫花地丁

学　名： *Viola yedoensis* Makino
别　名： 光瓣堇菜
英文名： Tokyo Violet

分类地位 被子植物门（Angiospermae）双子叶植物亚门（Dicotyledons）堇菜目（Violales）堇菜科（Violaceae）堇菜属（*Viola*）。

地理分布 在中国分布于东北、华北、华中等地，朝鲜、日本、印度、缅甸等也有分布。

形态特征 蒴果三瓣开裂，椭圆形，果皮光滑，内含多数种子。种子倒阔卵形，长约 1.3 毫米，宽约 1 毫米，顶端中央具圆形的内脐，自内脐起至基部有黄白色种脊。种皮浅黄褐色，无光泽，表面疏被白色糠秕状附属物。种脐位于种子基部一侧，椭圆形，覆有白色脐褥。种胚直生，含有丰富的胚乳。（见图 1.18）

图 1.18 紫花地丁

| 六、木樨草科 |

1属1种

| 木樨草属 |

019 ⁘ 黄花木樨草

学　名： *Reseda lutea* L.
英文名： Yellow upright mignonette, Wild mignonette

分类地位 被子植物门（Angiospermae）双子叶植物亚门（Dicotyledons）木樨草目（Resedales）木樨草科（Resedaceae）木樨草属（*Reseda*）。

地理分布 在中国分布于辽宁省，欧洲、亚洲西部、非洲北部也有分布。

形态特征 蒴果长约 1 厘米，具钝三棱，顶部三裂，直立，圆筒形，有时卵形或近球形。种子卵状肾形，螺状弯曲，稍扁，长约 1.5 毫米，宽约 1 毫米，黑褐色或黄褐色，有光泽，表面具回形弯曲的细纹，顶端厚而宽圆，向基端渐薄。种脐位于种子一侧凹陷内，被黄褐色覆盖物，有时脱落。（见图 1.19）

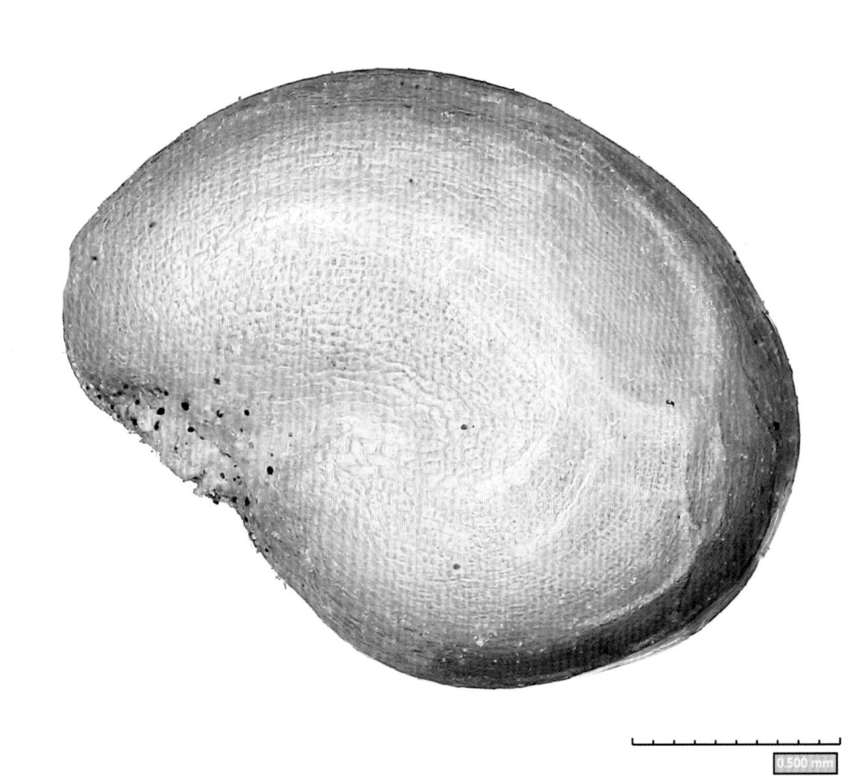

图 1.19 黄花木樨草

七、葫芦科

1属1种

刺果瓜属

020 ⁘ 刺果瓜

学　名： *Sicyos angulatus* Linn.
别　名： 刺瓜藤、刺果藤

分类地位 被子植物门（Angiospermae）双子叶植物亚门（Dicotyledons）葫芦目（Cucurbitales）葫芦科（Cucurbitaceae）刺果瓜属（*Sicyos*）。

地理分布 原产于北美洲北部和中部，后扩散到欧洲、亚洲和北美洲其他国家（地区）。

形态特征 一年生大型藤本植物，茎细长，通常为4~6米，茎具纵向的槽棱，密被白色柔毛，叶片长和宽近等长，为5~20厘米，通常具3~5角，角先端锐尖，叶基部深缺刻，叶片两面微粗糙被短柔毛，叶缘具疏齿，叶柄长，密被白色柔毛。花雌雄同株，雄花排列成总状花序或头状聚伞花序，花序梗长10~20厘米，被白色柔毛。果3~20个簇生，长约2厘米，宽约1.2厘米，厚5~6毫米，其上密被白色柔毛，疏生长约8毫米的黄褐色细长刺，果实的中部和下部疏生瘤状突起，果实不开裂，内含种子1粒。种子椭圆形或近圆形，扁平，长约1厘米，宽约9毫米，厚约2.5毫米，灰褐色或灰黑色，光滑，无光泽，种脐两侧各有1条长约3毫米增厚的黄白色边。（见图1.20）

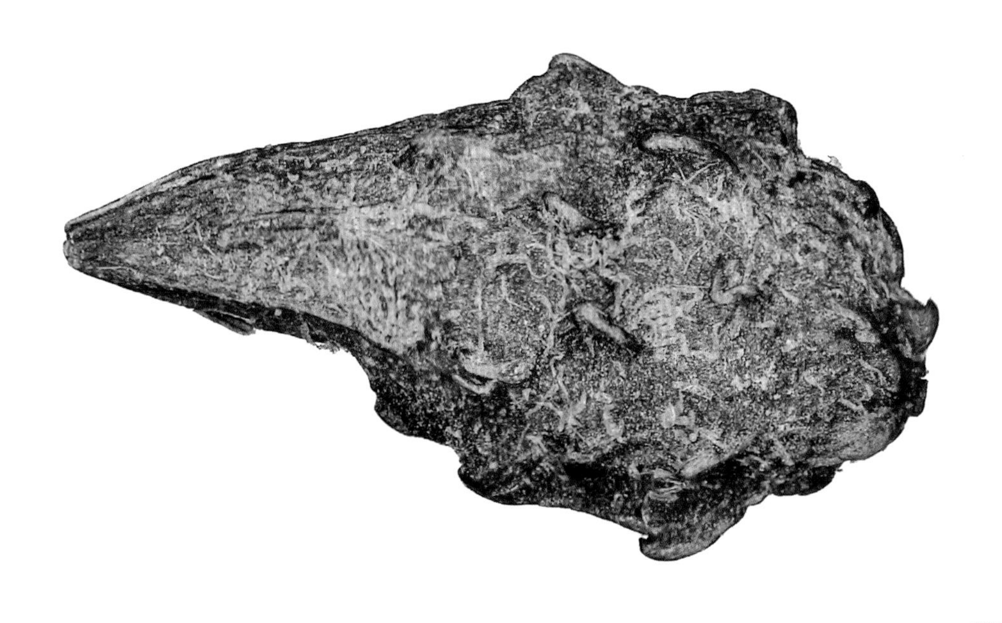

图1.20 刺果瓜

八、罂粟科

4属5种

罂粟属

图 1.21 虞美人

021 虞美人

学　名：*Papaver rhoeas* L.
别　名：丽春花、赛牡丹、满园春、仙女蒿、虞美人草、舞草
英文名：Common poppy

分类地位 被子植物门（Angiospermae）双子叶植物亚门（Dicotyledons）罂粟目（Papaverales）罂粟科（Papaveraceae）罂粟属（*Papaver*）。

地理分布 原产于欧洲，现世界各地均有栽培，观赏用。

形态特征 蒴果表面光滑，成熟时孔裂，内含种子多数，近圆球形，直径 1.1~1.4 厘米。种子细小肾形，长 0.6~0.9 毫米，宽 0.5~0.8 毫米，黄褐色或深褐色，表面具明显突出呈半环状弯曲排列的网状纹，网脊稍低，网眼四角形或五角形，背面圆形，腹面内弯曲，种脐位于种子腹面凹陷内，淡白色或与种皮同色，种胚微小，胚乳黄色。（见图 1.21）

紫堇属

022 紫　堇

学　名：*Corydalis edulis* Maxim.
别　名：楚葵、蜀堇、苔菜、水卜菜

分类地位 被子植物门（Angiospermae）双子叶植物亚门（Dicotyledons）罂粟目（Papaverales）罂粟科（Papaveraceae）紫堇属（*Corydalis*）。

地理分布 在中国分布于大部分省、自治区、直辖市。日本也有分布。

形态特征 蒴果线形，下垂，长 3~3.5 厘米，具 1 列种子。种子直径约 1.5 毫米，密生环状小凹点，种阜小，紧贴种子。（见图 1.22）

图 1.22 紫　堇

023 ※ 地丁草

学　名： *Corydalis bungeana* Turcz.
别　名： 紫堇、彭氏紫堇、布氏地丁

分类地位 被子植物门（Angiospermae）双子叶植物亚门（Dicotyledons）罂粟目（Papaverales）罂粟科（Papaveraceae）紫堇属（*Corydalis*）。

地理分布 原产于中国，分布于广东、广西、浙江、江西等地。

形态特征 二年生灰绿色草本，高 10~50 厘米，茎灰绿色，具棱。基生叶多数，长 4~8 厘米，叶柄约与叶片等长，基部多少具鞘，边缘膜质，叶片 2 至 3 回羽状全裂，总状花序长 1~6 厘米，苞片叶状，具柄至近无柄，明显长于长梗。花粉红色至淡紫色，平展。蒴果椭圆形，下垂，长 1.5~2 厘米，宽 4~5 毫米，具 2 列种子，种子直径 2~2.5 毫米，边缘具 4~5 列小凹点，种阜鳞片状，长 1.5~1.8 厘米。（见图 1.23）

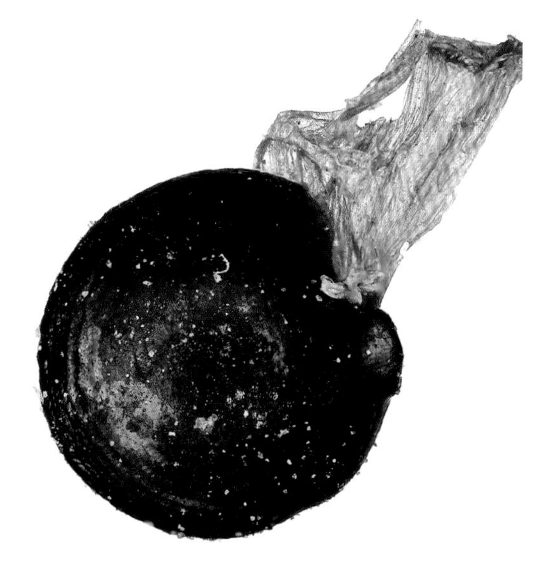

图 1.23 地丁草

| 蓟罂粟属 |

024 ※ 蓟罂粟

学　名： *Argemone mexicana* L.
别　名： 老鼠蓟
英文名： Mexican poppy

分类地位 被子植物门（Angiospermae）双子叶植物亚门（Dicotyledons）罂粟目（Papaverales）罂粟科（Papaveraceae）蓟罂粟属（*Argemone*）。

地理分布 原产于热带美洲，中国南方及美国、澳大利亚、阿根廷也有分布。

形态特征 种子黑褐色，表面粗糙，球形，直径约 1.5 毫米，具整齐的网纹，背部网眼为横的长方形，腹部网眼为五角形至六角形，背面弓曲度大，腹面弓曲度小，种脐位于种子腹面基部，长椭圆形，略凹陷，种脐上方具棱状脊，直达顶端。（见图 1.24）

（a）正面

（b）侧面

图 1.24 蓟罂粟

花菱草属

025 花菱草

学　名： *Eschscholzia californica* Cham
别　名： 加州罂粟、金英花、人参花、洋丽春
英文名： California poppy

分类地位 被子植物门（Angiospermae）双子叶植物亚门（Dicotyledons）罂粟目（Papaverales）罂粟科（Papaveraceae）花菱草属（*Eschscholzia*）。

地理分布 原产于美国，现分布于美国、墨西哥。

形态特征 蒴果线形，长达 7 厘米，成熟时从基部两瓣开裂，内含多数种子。种子卵圆形，长 1.4~1.8 毫米，宽 1.2~1.5 毫米，种皮黄褐色，表面具排列不规则的粗网纹，网眼四角形、五角形或不规则形，大网眼底部又有密而细的小网纹，种脐圆形，位于种子基部中央，自脐部沿腹面至顶端有浅黄色种脊。种胚微小，内含丰富的油质胚乳。（见图 1.25）

图 1.25 花菱草

九、十字花科

12属18种

球果芥属

026 球果芥

学　名： *Neslia paniculata*

图 1.26 球果芥

分类地位 被子植物门（Angiospermae）双子叶植物亚门（Dicotyledons）白花菜目（Capparales）十字花科（Cruciferae）球果芥属（*Neslia*）。

地理分布 原产于中国内蒙古呼伦贝尔盟牙克石。在中国分布于新疆、内蒙古，加拿大、俄罗斯及其他一些欧洲国家也有分布。

形态特征 果梗长5~7毫米，短角果扁球形，不开裂，长约2毫米，宽约2.2毫米，无毛，表面有网状粗皱纹，纹间呈蜂窝状，顶端有喙。种子1粒，褐色，广卵形，长约1.5毫米，子叶背倚。（见图1.26）

遏蓝菜属

027 菥蓂

学　名： *Thlaspi arvense* L.

别　名： 遏蓝菜、败酱、布郎鼓、铲铲草、臭虫草、大蕺、犁头菜

英文名： Field penny-gress

分类地位 被子植物门（Angiospermae）双子叶植物亚门（Dicotyledons）白花菜目（Capparales）十字花科（Cruciferae）遏蓝菜属（*Thlaspi*）。

地理分布 在中国分布广泛。亚洲其他地区、欧洲、北非、北美洲、大洋洲也有分布。

形态特征 短角果倒卵状椭圆形，两侧扁平，长13~16毫米，宽9~13毫米，先端凹陷，残存花柱位于凹陷中央，具薄翅，内含种子2~8粒。种子黑褐色，微带油光，表面具环状V形隆纹数十条，卵形或长卵形，两侧扁平，长1.9~2.2毫米，宽约1.5毫米，厚约0.5毫米，环状隆纹之间凹陷成沟，并具有极微细的密横纹，两侧面中部至基部具有1条凹陷带，表面密生细颗粒状突起，种脐位于种子基部的凹陷内，周缘稍外突，长椭圆形，黄白色，子叶直叠，无胚乳。（见图1.27）

图 1.27 菥蓂

诸葛菜属

028 诸葛菜

学　名：*Orychophragmus violaceus*（L.）O. E. Schulz
别　名：二月兰、紫金草、菜子花、二月蓝、紫花菜
英文名：Violet orychophragmus

分类地位 被子植物门（Angiospermae）双子叶植物亚门（Dicotyledons）白花菜目（Capparales）十字花科（Cruciferae）诸葛菜属（*Orychophragmus*）。

地理分布 在中国分布于东北、华北、西北、华东等地。

形态特征 种子淡黄色至暗褐色，表面粗糙，具纵向小突连成的棱线，局部有横线呈网状，圆柱形或三角形，有的为卵状矩圆形，长约3毫米，宽约0.7毫米（圆柱形者），胚根被包于对折的子叶之中，比子叶长，子叶与胚根之间有明显沟痕，凹陷种脐位于基部胚根尖的一侧。（见图1.28）

图1.28 诸葛菜

白芥属

029 白　芥

学　名：*Sinapis alba* L.
别　名：白芥子、辣菜子、白籽青

分类地位 被子植物门（Angiospermae）双子叶植物亚门（Dicotyledons）白花菜目（Capparales）十字花科（Cruciferae）白芥属（*Sinapis*）。

地理分布 原产于欧洲。中国辽宁、山西、山东、安徽、新疆、四川等省、自治区有引种栽培。

形态特征 长角果近圆柱形，长2~4厘米，宽3~4毫米，直立或弯曲，具糙硬毛，果瓣有3~7条平行脉。喙稍扁压，剑状，长6~15毫米，常弯曲，向顶端渐细，内含1粒种子或无种子，种子每室1~4个，球形，直径约2毫米，黄棕色。（见图1.29）

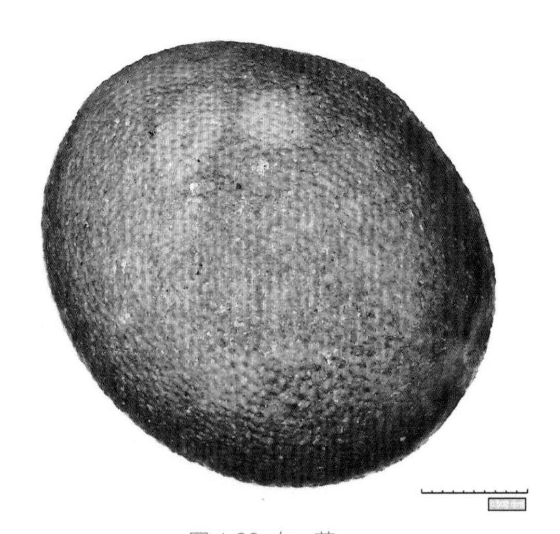

图1.29 白　芥

播娘蒿属

030 播娘蒿

学　名：*Descurainia sophia*（L.）Schur
别　名：眉毛蒿、眉眉蒿、黄蒿、密密蒿、米米蒿、麦蒿、米蒿、婆婆蒿
英文名：Flixweed, Tansymustard

分类地位 被子植物门（Angiospermae）双子叶植物亚门（Dicotyledons）白花菜目（Capparales）十字花科（Cruciferae）播娘蒿属（*Descurainia*）。

地理分布 在中国分布于东北、华北、西北、西南等地，亚洲其他地区、欧洲、北非和北美洲也有分布。

形态特征 种子矩圆形或近卵形，长约 0.9 毫米，宽约 0.4 毫米，黄褐色至深褐色，表面具横长的纤细网纹，胚根比子叶稍长，背倚于子叶，两片子叶之间以及子叶与胚根之间都有条状凹痕，顶端圆钝或偏斜，基端近截平，种脐位于基端，覆白膜质。（见图 1.30）

图 1.30 播娘蒿

031 大叶播娘蒿

学　名：*Sisymbrium altissimum* L.
英文名：Jim Hill mustard

分类地位 被子植物门（Angiospermae）双子叶植物亚门（Dicotyledons）白花菜目（Capparales）十字花科（Cruciferae）播娘蒿属（*Descurainia*）。

地理分布 在中国分布于东北地区。俄罗斯、欧洲以及北美洲、澳大利亚也有分布。

形态特征 长角果线形，种子大小及形状很不规则，一面较平坦，为矩圆形、斜方形或长椭圆形，长 0.6~1.5 毫米，宽 0.5 ~1 毫米，黄褐色至褐色；另一面略凸圆，顶端截形、斜截形或钝圆，长 5~10 毫米，宽 1~1.5 毫米，内含种子 1 粒。基部微凹，表面具极不明显的网状纹，周围深褐色，胚根与子叶等长或略长，有时胚根位于子叶背侧面，种子无胚乳。（见图 1.31）

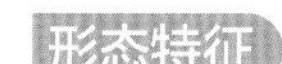

图 1.31 大叶播娘蒿

芸薹属

032 ⁘ 地中海野芜菁

学　名： *Brassica ournefortii* Gouan.
英文名： Mediterranean turnip

分类地位 被子植物门（Angiospermae）双子叶植物亚门（Dicotyledons）白花菜目（Capparales）十字花科（Cruciferae）芸薹属（*Brassica*）。

地理分布 原产于地中海地区，澳大利亚有分布。为农田野生杂草，常混生长于小麦田中。

形态特征 长角果线状圆柱形，先端具喙，喙的基部含种子1~2粒，成熟时2瓣开裂，内含多数种子。种子较小，圆球形，直径1~1.5毫米，红褐色至灰褐色，表面具极明显的灰白色网状纹，种子湿后有黏液，横切面圆形。种脐较小，略突出，黑褐色，外表灰白色。子叶折叠，种子无胚乳。（不同角度的种子见图1.32）

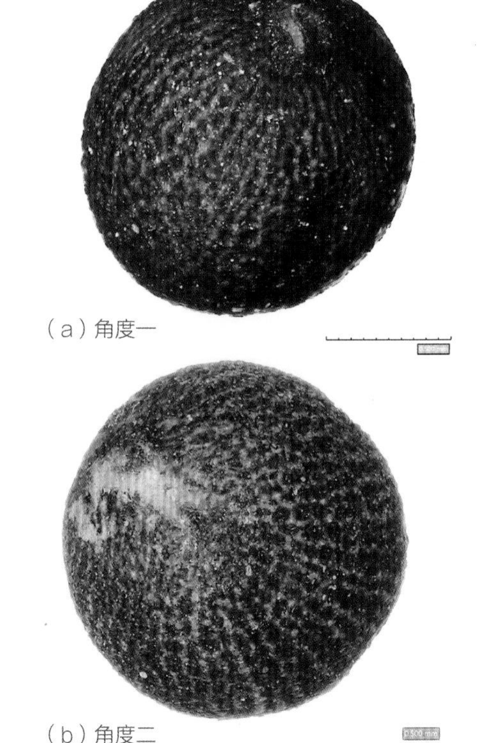

（a）角度一

（b）角度二

图 1.32 地中海野芜菁

033 ⁘ 田芥菜

学　名： *Brassica kaber*（DC.）L. Wheeler
别　名： 野欧白芥

分类地位 被子植物门（Angiospermae）双子叶植物亚门（Dicotyledons）白花菜目（Capparales）十字花科（Cruciferae）芸薹属（*Brassica*）。

地理分布 原产于欧洲，中国东北、西北、中部、西南各省、自治区、直辖市均有传入记载。

形态特征 长角果线形，长1~2厘米，宽1.5~2.5厘米，表面光滑或具极稀少的毛，先端具喙，长2.5~4毫米，基部有种子1粒，果实2瓣裂，每果瓣及其喙有3条平行脉，内含种子5~10粒，种子球形或椭圆形，直径1~1.5毫米，通常为黑色，有时呈暗红褐色，表面光滑，具很不明显的细网纹，略有光泽，种脐较大，近白色。（见图1.33）

图 1.33 田芥菜

034 ※ 黑 芥

学　名：*Brassica nigra*
别　名：黑大头、玫瑰大头菜、黑芥菜、黑芥菜籽
英文名：Black mustard

分类地位 被子植物门（Angiospermae）双子叶植物亚门（Dicotyledons）白花菜目（Capparales）十字花科（Cruciferae）芸薹属（*Brassica*）。

地理分布 分布于非洲北部的热带地区、欧洲的温带地区和亚洲的部分地区。

形态特征 果实为长角果，含 4 粒球形种子。种子球形，直径 1~1.5 毫米，黑色。（见图 1.34）

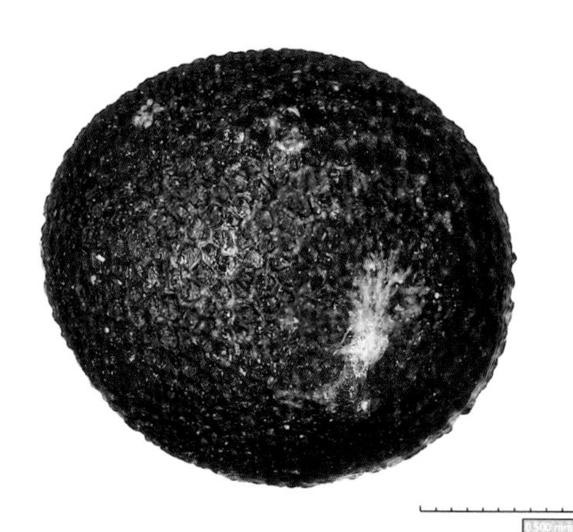

图 1.34 黑　芥

蔊菜属

图 1.35 黄蔊菜

035 ※ 黄蔊菜

学　名：*Rorippa indica*（L.）Hiern.
别　名：辣米菜、江剪刀草、印度蔊菜

分类地位 被子植物门（Angiospermae）双子叶植物亚门（Dicotyledons）白花菜目（Capparales）十字花科（Cruciferae）蔊菜属（*Rorippa*）。

地理分布 分布于北半球的温暖地区。中国南北各省、自治区、直辖市均有分布。

形态特征 长角果呈细圆柱形或呈椭圆形、球形，直立或微弯，果瓣凸出，无脉或仅基部具明显的中脉，有时成 4 瓣裂，柱头全缘或 2 裂。种子细小，多数，每室 1 行或 2 行，子叶缘倚胚根。（见图 1.35）

独行菜属

036 北美独行菜

学　名： *Lepidium virginicum* L.
别　名： 独行菜、辣椒菜、辣椒根、小白浆、星星菜
英文名： Birds pepperweed, Pepper-grass, Poo-man's-pepper

分类地位 被子植物门（Angiospermae）双子叶植物亚门（Dicotyledons）白花菜目（Capparales）十字花科（Cruciferae）独行菜属（*Lepidium*）。

地理分布 在中国分布于内蒙古、湖南等地，北美洲也有分布。

形态特征 种子呈不规则阔卵形或椭圆形，扁平，黄褐色至暗红褐色，长约2毫米，宽约1毫米，表面粗糙，密被点状小瘤突，顶端钝圆，具窄翅，基端有小凹缺，胚根位于子叶背面，与子叶等长，两者之间具弧形凹痕，胚根一侧弓曲，弓曲边缘具半透明窄翅，种脐位于种子小凹缺内，黄白色，有时残存淡黄色的珠柄，子叶一侧平直。（见图 1.36）

图 1.36 北美独行菜

037 独行菜

学　名： *Lepidium apetalum* Willd.
别　名： 辣辣菜、辣辣根、羊辣罐、拉拉罐、白花草、腺茎独行菜、辣蒿
英文名： Garden cress

分类地位 被子植物门（Angiospermae）双子叶植物亚门（Dicotyledons）白花菜目（Capparales）十字花科（Cruciferae）独行菜属（*Lepidium*）。

地理分布 在中国广泛分布于东北、华北、西北、西南等地。亚洲其他地区和欧洲也有分布。

形态特征 短角果圆形或阔椭圆形，扁平状，长约 2.3 毫米，顶端凹刻，其中央具 1 枚短小的残存花柱，成熟时两瓣开裂，每室含种子 1 粒，果皮淡黄色，表面光滑，具不明显的网纹。种子歪倒卵形，长 1.3~1.5 毫米，宽 0.6~0.8 毫米，扁平状，一侧较厚，向另一侧渐薄，横切面呈锐三角形，种子边缘具浅黄色膜质窄翅，种皮薄，棕红色，表面平滑，无光泽。种脐位于种子基端凹陷内。种胚的子叶背倚胚根，无胚乳。（见图 1.37）

图 1.37 独行菜

038 抱茎独行菜

学　名：*Lepidium perfoliatum* Linnaeus

别　名：穿叶独行菜

分类地位 被子植物门（Angiospermae）双子叶植物亚门（Dicotyledons）白花菜目（Capparales）十字花科（Cruciferae）独行菜属（*Lepidium*）。

地理分布 在中国分布于江苏、辽宁、内蒙古、甘肃、新疆。俄罗斯、巴基斯坦、土耳其、伊朗也有分布。

形态特征 短角果近圆形或宽卵形，长和宽均为 3~4.5 毫米，顶端稍凹入，无翅，花柱极短，果梗长 4~6 毫米。种子卵形，长 1.5~2 毫米，深棕色，顶端有窄翅，湿后成黏膜。（见图 1.38）

图 1.38 抱茎独行菜

山芥属

039 羽裂叶山芥

学　名：*Barbarea intermedia*

分类地位 被子植物门（Angiospermae）双子叶植物亚门（Dicotyledons）白花菜目（Capparales）十字花科（Cruciferae）山芥属（*Barbarea*）。

地理分布 产自中国西藏（错那），欧洲地区及巴基斯坦也有分布。

形态特征 本种与欧洲山芥（ B. vulgaris R. Br. ）相近似，唯本种茎上部叶为羽状深裂，裂片长椭圆状线形，花较小，长角果线状长椭圆形，长 1~3 厘米，宽约 2 毫米，光滑，种子卵形，长约 1.5 毫米。（见图 1.39）

图 1.39 羽裂叶山芥

040 ※ 山 芥

学　名：*Barharea orthoceras* Ledeb.
别　名：术、山姜、山连、山精、冬白术
英文名：Common wintercress（UK）

分类地位 被子植物门（Angiospermae）双子叶植物亚门（Dicotyledons）白花菜目（Capparales）十字花科（Cruciferae）山芥属（*Barbarea*）。

地理分布 在中国分布于东北地区。欧洲、亚洲温带地区、非洲、北美洲、大洋洲均有分布。

形态特征 种子长圆状矩圆形，扁平，长约1.2毫米，宽约0.8毫米，红褐色至紫褐色，表面颗粒状粗糙，边缘具窄翅状锐棱或局部延为窄翅，两面均可看到子叶与胚根间的纵沟，顶端钝圆，基端具凹缺和薄的珠柄残存物。胚根位于子叶的一侧，比子叶短，子叶顶端种皮具黑褐色斑。（见图1.40）

图1.40 山　芥

离子芥属

041 ※ 离子草

学　名：*Chorispora tenella*（Pall.）DC.
别　名：兰芥
英文名：Tender chorispora

分类地位 被子植物门（Angiospermae）双子叶植物亚门（Dicotyledons）白花菜目（Capparales）十字花科（Cruciferae）离子芥属（*Chorispora*）。

地理分布 在中国分布于北方地区。欧洲、亚洲北部和西南部也有分布。

形态特征 长角果柱状扁平弯曲，果体具节，先端有长喙，成熟时节断，长2~2.5毫米，宽约2毫米，果每节呈矩形，一面平滑有数条细纵纹，另一面拱形，两侧边缘有平滑的窄边，表面有不整齐的海绵状皱纹，每果节内含种子1粒，果皮木质化。种子阔椭圆形，长1.3~1.6毫米，宽约1毫米，顶端钝圆，基部略截平，两侧扁，中央较厚而边缘薄，种皮橙黄色，表面有极细网纹，在种子两面于胚根与子叶之间有明显的细沟痕。种脐凹陷，黄白色，种胚浅黄色，子叶缘倚胚根，无胚乳。（见图1.41）

图1.41 离子草

亚麻荠属

042 亚麻荠

学　名：*Camelina sativa* (L.) Crantz
别　名：大果亚麻荠

分类地位 被子植物门（Angiospermae）双子叶植物亚门（Dicotyledons）白花菜目（Capparales）十字花科（Cruciferae）亚麻荠属（*Camelina*）。

地理分布 分布于地中海地区和欧洲。

形态特征 短角果倒卵形2室，果瓣极膨胀，中脉多明显，隔膜膜质，透明。种子每室2行，种子多数，卵形，遇水有胶黏物质，子叶背倚胚根。（见图1.42）

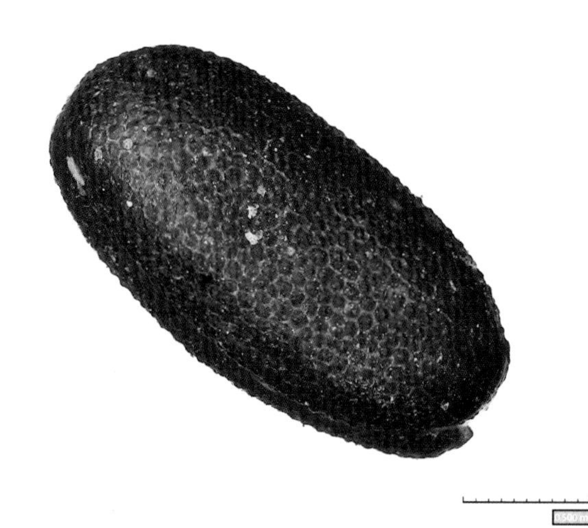

图1.42 亚麻荠

萝卜属

043 野萝卜

学　名：*Raphanus raphanistrum* Linnaeus
别　名：茶蓝、板蓝根、大青叶

分类地位 被子植物门（Angiospermae）双子叶植物亚门（Dicotyledons）白花菜目（Capparales）十字花科（Cruciferae）萝卜属（*Raphanus*）。

地理分布 本种为中国新纪录种，四川（南江县）有所记载。欧洲、亚洲北部及北美地区均有分布。

形态特征 长角果长2~6厘米，宽3~5毫米，种子间缢缩，顶端具一细长的喙，果瓣坚实，节节断裂。种子卵形或近球形，直径1.5~2.5毫米。（见图1.43）

图1.43 野萝卜

十、商陆科

1属2种

商陆属

044 美洲商陆

学　名：*Phytolacca americana* L.
别　名：商陆、美国商陆、十蕊商陆、垂序商陆

分类地位 被子植物门（Angiospermae）双子叶植物亚门（Dicotyledons）石竹目（Caryophyllales）商陆科（Phytolaccaceae）商陆属（*Phytolacca*）。

地理分布 原产于北美洲，中国大部分地区都有栽培。现世界各地引种和归化。

形态特征 多年生杂草，果实为浆果状分果，轮状，横的扁圆形，直径 6.2~8.5 毫米，黄褐色至黑紫色，内含种子 10 粒。种子扁圆形或短肾形，直径 2.5~3 毫米，黑色，光滑具显著光泽，两侧透镜状，周缘光滑，基部边缘较薄，并有 1 个三角形的凹口。种脐位于种子腹面基部的凹陷处，明显突出，黄白色至黄褐色，种胚环形，乳白色，围绕白色粉质胚乳。（见图 1.44）

图 1.44 美洲商陆

045 商　陆

学　名：*Phytolacca americana* L.
别　名：大苋菜、山萝卜、花商陆、胭脂
英文名：Indian rokeweed, Indian pokeberry

分类地位 被子植物门（Angiospermae）双子叶植物亚门（Dicotyledons）石竹目（Caryophyllales）商陆科（Phytolaccaceae）商陆属（*Phytolacca*）。

地理分布 中国各地有分布。朝鲜、日本、印度等也有分布。

形态特征 多年生杂草，果实为浆果状分果，轮状，长扁圆形，直径 6.2 ~8.5 毫米，紫红褐色至黑褐色，内含种子 8~10 粒，种子扁圆形或短肾形，直径 3.1~3.5 毫米，宽 2.2~2.5 毫米，黑色，光滑具显著光泽，两侧透镜状，周缘光滑，基部边缘较薄，并有 1 个三角形的凹口。种脐位于种子腹面基部的凹陷处，明显突出，黄白色至黄褐色，种胚环形，乳白色，围绕丰富的白色粉质胚乳。（见图 1.45）

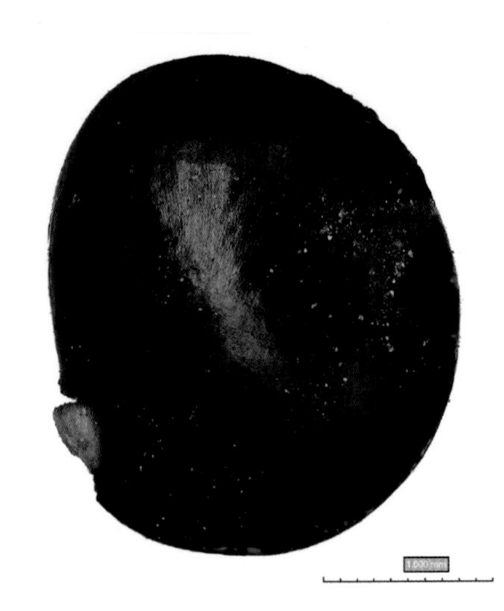

图 1.45 商　陆

| 十一、马齿苋科 |

1属1种

| 马齿苋属 |

046 ※ 大花马齿苋

学　名：*Portulaca grandiflora* Hook.

别　名：半支莲、松叶牡丹、龙须牡丹、金丝杜鹃、洋马齿苋、太阳花、午时花

分类地位 被子植物门（Angiospermae）双子叶植物亚门（Dicotyledons）石竹目（Caryophyllales）马齿苋科（Portulacaceae）马齿苋属（*Portulaca*）。

地理分布 分布于中国各地及全球温带地区。

形态特征 多年生草本。蒴果近球形，中部环状盖裂，内含种子多枚。种子黑色，肾状卵形或三角状圆形，长 0.8~1 毫米，宽约 0.9 毫米，两侧扁，银灰色，强光泽，表面具短圆的小瘤状突起，排列近同心圆，背部中间具 1~ 2 列小而密的瘤状突起，顶端钝圆，基部窄呈锥形，两侧近基部有一带状凹陷，种脐位于种子腹面基部的凹口处，长方形，黄白色，种胚环状，较大，环绕着近同色的少量胚乳。（见图 1.46）

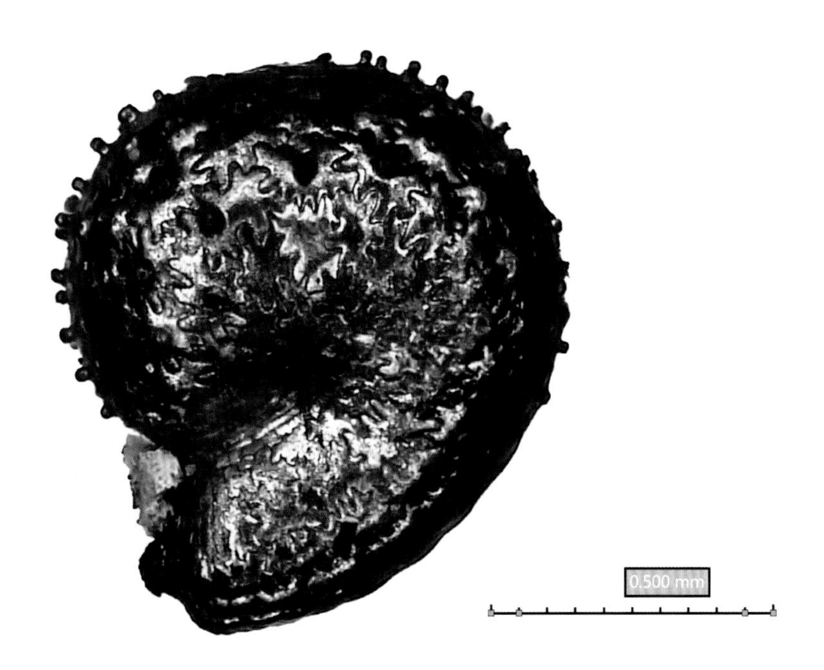

图 1.46 大花马齿苋

十二、藜科

5属5种

猪毛菜属

047 ⁘ 刺 蓬

学 名：*Salsola ruthenica*
别 名：刺沙蓬

分类地位 被子植物门（Angiospermae）双子叶植物亚门（Dicotyledons）石竹目（Caryophyllales）藜科（Chenopodiaceae）猪毛菜属（*Salsola*）。

地理分布 原产于中国西藏、山东及江苏等地。蒙古国、俄罗斯、哈萨克斯坦也有分布。生长于沙丘、沙地及山谷。

形态特征 一年生草本，花序穗状，生长于枝条的上部，苞片长卵形，顶端有刺状尖，基部边缘膜质，比小苞片长，小苞片卵形，顶端有刺状尖，花被片长卵形，膜质，无毛，背面有1脉，花被片果时变硬，自背面中部生翅，翅3个较大，肾形或倒卵形，膜质，无色或淡紫红色，有数条粗壮而稀疏的脉（2个较狭窄），果时花被（包括翅）直径7~10毫米，花被片在翅以上部分近革质，顶端为薄膜质，向中央聚集，包覆果实，柱头丝状，长为花柱的3~4倍。种子横生，直径约2毫米。（见图1.47）

图 1.47 刺 蓬

虫实属

048 ⁘ 软毛虫实

学 名：*Corispermum puberulum* Iljin
别 名：老母鸡窝、棉蓬、砂林草、乌苏图－哈麻哈格

分类地位 被子植物门（Angiospermae）双子叶植物亚门（Dicotyledons）石竹目（Caryophyllales）藜科（Chenopodiaceae）虫实属（*Corispermum*）。

地理分布 中国特产，分布于山东、黑龙江、河北、辽宁西部。软毛虫实喜温暖、半干旱生境，主要生长在中国森林、草原和草原带南部的沙地和沙质土壤。其生长区内是沙性草原植被。

形态特征 果实宽椭圆形或倒卵状矩圆形，长3.5~4毫米，宽3~3.5毫米，顶端具明显的宽的缺刻，基部截形或心形，背部突起中央扁平，腹面凹入，被毛，果核椭圆形，背部有时具少数瘤状突起或深色斑点。果喙明显，喙尖为喙长的1/3~1/4，直立或叉分。果翅宽，为核宽的1/2~2/3，薄，不透明，边缘具不规则细齿。（见图1.48）

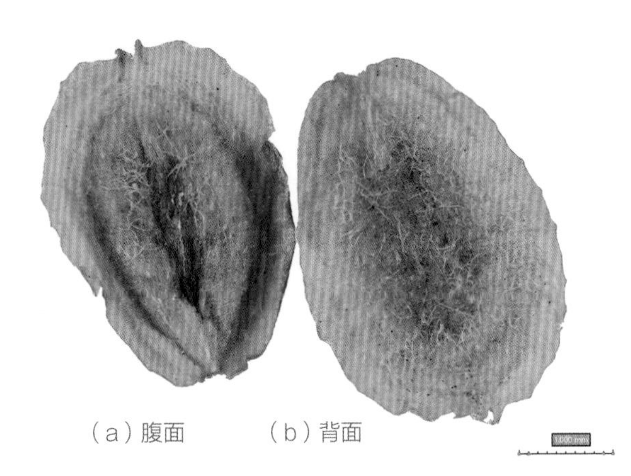

（a）腹面　　（b）背面

图 1.48 软毛虫实

轴藜属

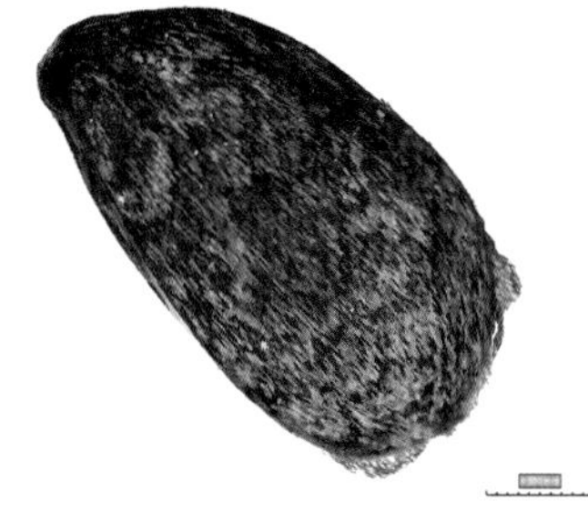
图 1.49 轴 藜

049 轴 藜

学 名：*Axyrisa maranthoides*

分类地位 被子植物门（Angiospermae）双子叶植物亚门（Dicotyledons）石竹目（Caryophyllales）藜科（Chenopodiaceae）轴藜属（*Axyris*）。

地理分布 在中国分布于东北、华北、西北，朝鲜、日本、蒙古国、俄罗斯和欧洲一些国家也有分布。

形态特征 胞果倒卵形，侧扁，顶端具一冠状附属物，基中央微凹，种子椭圆形。扁平，直立，胚马蹄铁形。（见图 1.49）

藜 属

050 藜 麦

学 名：*Chenopodium quinoa* Willd.
别 名：美藜、印第安麦、奎藜、奎奴亚藜、灰米、金谷子、奎藜籽、藜谷

分类地位 被子植物门（Angiospermae）双子叶植物亚门（Dicotyledons）石竹目（Caryophyllales）藜科（Chenopodiaceae）藜属（*Chenopodium*）。

地理分布 原产于南美洲安第斯山脉的哥伦比亚、厄瓜多尔、秘鲁等中高海拔山区，现在世界各地广泛栽培。中国西北有引种。

形态特征 种子较小，呈小圆药片状，颜色有黑、乳白及棕红色，直径 1.5~2 毫米，千粒重 1.4~3 克。（不同颜色种子见图 1.50）

图 1.50 藜 麦

地肤属

051 地 肤

学 名：*Kochia scoparia*（L.）Schrad.
别 名：地麦、落帚、扫帚苗、扫帚菜、孔雀松
英文名：Belvedere, Broom cypress

图 1.51 地 肤

分类地位 被子植物门（Angiospermae）双子叶植物亚门（Dicotyledons）石竹目（Caryophyllales）藜科（Chenopodiaceae）地肤属（*Kochia*）。

地理分布 中国各地及美国、日本、俄罗斯、印度均有分布。

形态特征 一年生草本。果实为胞果，为宿存花被所包。胞果椭圆形，浅灰白色，中央有一圆形花柱残痕，易折断，花被 5 片，背部龙骨状或翅状。果皮极薄，膜质，上部有较细的辐射状裂纹。种子倒卵形，长 1.5 ~2.1 毫米，宽 1~1.2 毫米，厚约 1 毫米，棕褐色，顶端较尖，基部圆形。种胚马蹄形，在种子边缘环绕胚乳，胚乳透明，黄白色。（见图 1.51）

十三、苋科

5属12种

千日红属

052 千日红

学　名：*Gomphrena globosa* L.
别　名：百日红、千金红、百日白
英文名：Common globeamaranh

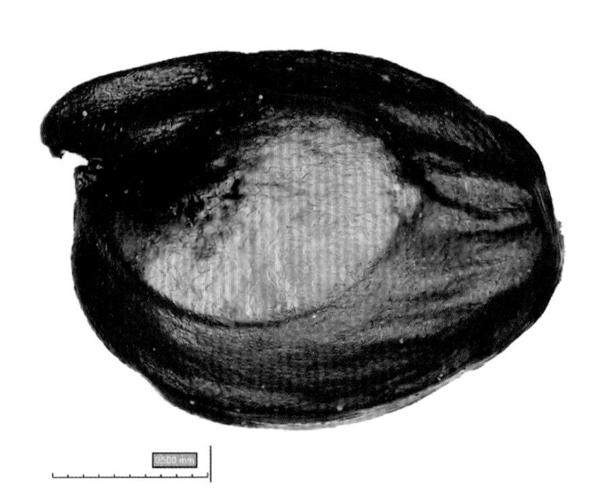

图 1.52 千日红

分类地位 被子植物门（Angiospermae）双子叶植物亚门（Dicotyledons）石竹目（Caryophyllales）苋科（Amaranthaceae）千日红属（*Gomphrena*）。

地理分布 原产于美洲热带地区，中国各地均有分布。

形态特征 一年生草本，果实为胞果，矩圆形或近球形，棕色或橙褐色，内含种子1粒，果皮薄膜质，外包绵毛的宿存花被，花被之外有2片干膜质的透明小苞片，另面具窄翅，种子长宽均约1.5毫米，两面较扁，表面有光泽，胚根端部呈喙状突出，种胚环状，黄褐色，环绕白色的粉质胚乳。（见图1.52）

苋　属

053 刺　苋

学　名：*Amaranthus spinosus* L.
别　名：野苋菜、土苋菜、笏苋菜、猪母菜、野勒苋、刺刺草
英文名：Spiny amaranth

分类地位 被子植物门（Angiospermae）双子叶植物亚门（Dicotyledons）石竹目（Caryophyllales）苋科（Amaranthaceae）苋属（*Amaranthus*）。

地理分布 原产于热带美洲，现已传入美国和加拿大。中国华北、华南、华东等地有分布。

形态特征 胞果矩圆形，略扁，长1.5~2毫米，被宿存花被所包，果上半部有细皱纹，下半部平滑，先端残存花柱3枚。果内含种子1粒，花被片5片，绿色，近等长，果皮膜质，成熟时不开裂或不规则开裂。种子倒卵形或近圆形，直径0.8~1.毫米，黑褐色，表面平滑，两侧凸圆呈双凸透镜状，强光泽，周缘较薄，密布细颗粒形成的环带状条纹。种脐位于种子基部的小凹陷内，浅褐色，半圆形。种胚环状，白色，环绕乳白色的胚乳。（不同形状的种子见图1.53）

（a）形状一

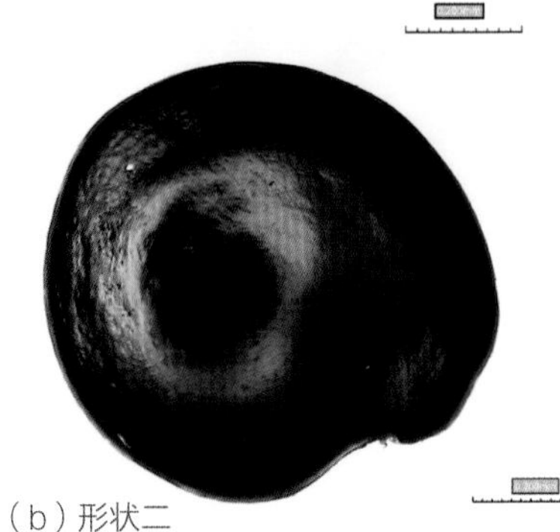

（b）形状二

图1.53 刺　苋

054 ※ 匍匐苋

学　名：*Amaranthus graecizans* L.
别　名：广布苋
英文名：Spreading pigweed

分类地位 被子植物门（Angiospermae）双子叶植物亚门（Dicotyledons）石竹目（Caryophyllales）苋科（Amaranthaceae）苋属（*Amaranthus*）。

地理分布 分布于美国西部。生长于田间、路边、沟渠边等。

形态特征 一年生田野杂草。胞果卵圆形，略扁，长 2~2.5 毫米，被宿存花被所包，果上半部有细皱纹，下半部平滑，先端残存花柱 3 枚。果内含种子 1 粒，果皮膜质，成熟时在中部环状盖裂，花被片 5 片，不等长，种子倒卵形或近圆形，直径 1.4 ~ 1.7 毫米，黑色，表面平滑，两侧凸圆，呈双凸透镜状，强光泽，周缘较薄，密布细颗粒形成的带状条纹。种胚环状，黄白色，环绕黄白色胚乳，胚乳半透明。（见图 1.54）

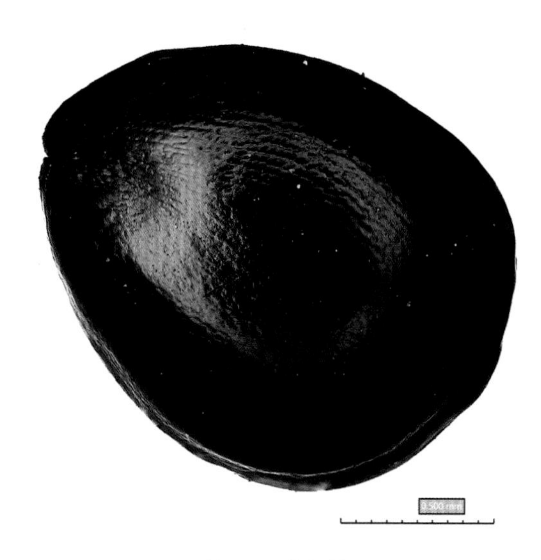

图 1.54 匍匐苋

055 ※ 繁穗苋

学　名：*Amaranthus paniculatus* L.
别　名：天雪米、鸦谷、老鸦谷
英文名：Paniculate amaranth

分类地位 被子植物门（Angiospermae）双子叶植物亚门（Dicotyledons）石竹目（Caryophyllales）苋科（Amaranthaceae）苋属（*Amaranthus*）。

地理分布 在中国各地有分布。欧洲、亚洲其他国家（地区）和美洲也有分布。

形态特征 一年生田野杂草。胞果卵圆形，略扁，长 2~2.5 毫米，被宿存胞果扁卵形，环状横裂，包裹在宿存花被片内。种子近球形，直径约 1 毫米，棕色或黑色，表面平滑，两侧凸圆，呈双凸透镜状，强光泽，周缘较薄，密布细颗粒形成的带状条纹，黄白色种胚环绕胚乳，胚乳半透明。（见图 1.55）

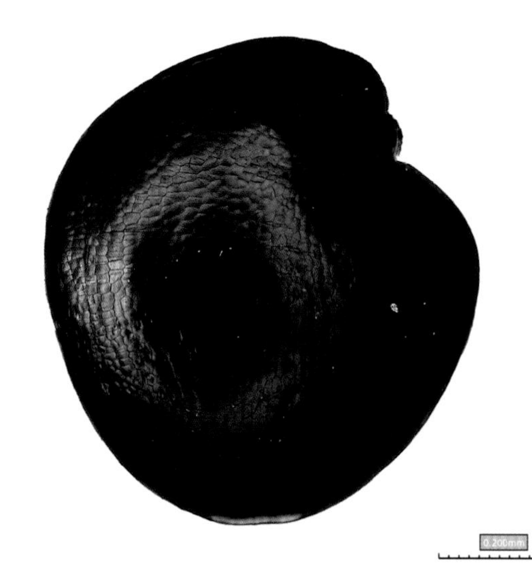

图 1.55 繁穗苋

056 ※ 反枝苋

学　名： *Amaranthus retroflexus* L.
英文名： Common amaranth

分类地位 被子植物门（Angiospermae）双子叶植物亚门（Dicotyledons）石竹目（Caryophyllales）苋科（Amaranthaceae）苋属（*Amaranthus*）。

地理分布 原产于热带美洲，现广泛分布于中国北方，以及加拿大、美国、墨西哥、阿根廷、法国、澳大利亚。

形态特征 一年生草本，果实为胞果，为宿存花被所包，果倒卵形而稍扁，长 1.5~2 毫米，淡绿色，内含种子 1 粒，上部为不整齐的粗皱纹，下部平滑，先端具 3 枚残存的花柱，膜质，花被片 5 片，绿色，不等长。种子倒卵形或近圆形，直径 1~1.2 毫米，厚 0.5~0.8 毫米，黑褐色，表面平滑，强光泽，两侧凸圆，呈双凸透镜状，周缘较薄，密布细颗粒形成的环带状条纹，周边具明显的脊棱，下端有一缺口。种脐位于种子缺口处，稍弯，浅褐色，半圆形。种胚环状，白色，环绕丰富的乳白色胚乳。（见图 1.56）

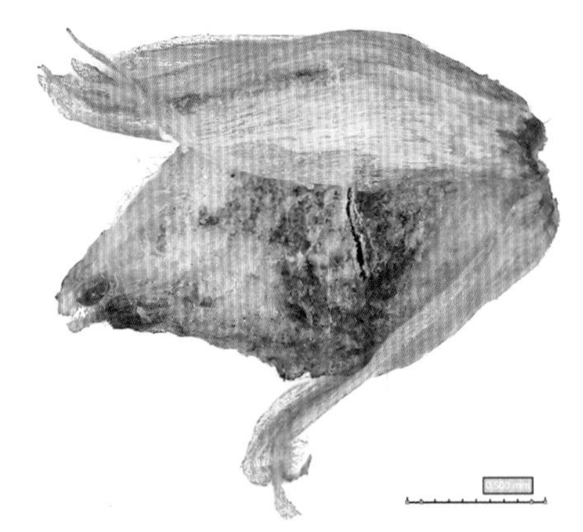

（a）带种皮形态

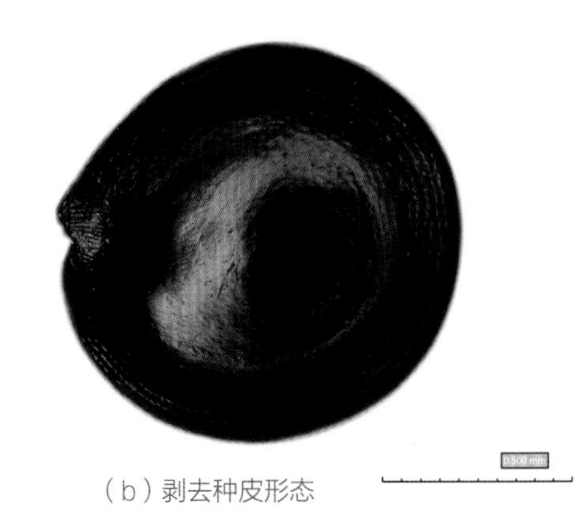

（b）剥去种皮形态

图 1.56 反枝苋

057 ※ 凹头苋

学　名： *Amaranthus ascendens* Loisel.
别　名： 野苋、紫苋
英文名： Emarginate amaranth

分类地位 被子植物门（Angiospermae）双子叶植物亚门（Dicotyledons）石竹目（Caryophyllales）苋科（Amaranthaceae）苋属（*Amaranthus*）。

地理分布 遍布世界各地。

形态特征 一年生草本，果实为胞果，为宿存花被所包，长 2.5~3 毫米，成熟时不开裂，内含种子 1 粒，花被片 3 片，表面近于平滑或微皱缩，卵形略扁。种子宽倒卵形或近圆形，直径 1.2 毫米，红褐色或黑褐色，表面平滑，有光泽，两侧呈双凸透镜状，周缘较薄，常密布细颗粒形成的带状条纹，周边有锐脊棱。种脐位于周边的缺口处，种胚环状白色。（见图 1.57）

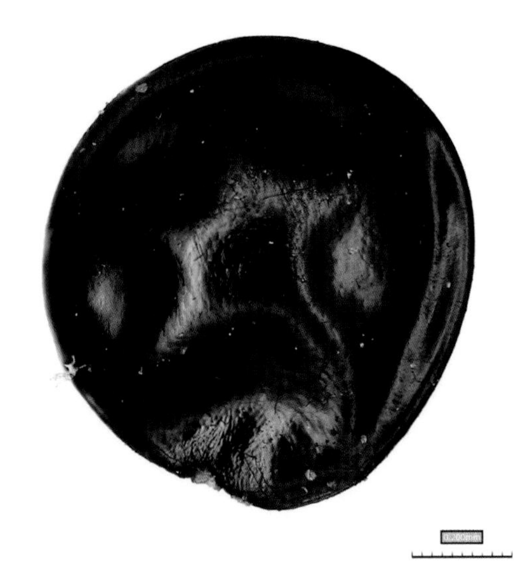

图 1.57 凹头苋

058 ⁙ 皱果苋

学　名： *Amaranthus viridis* L.
别　名： 绿苋、野苋

分类地位 被子植物门（Angiospermae）双子叶植物亚门（Dicotyledons）石竹目（Caryophyllales）苋科（Amaranthaceae）苋属（*Amaranthus*）。

地理分布 原产于热带非洲，现广泛分布于温带、亚热带和热带地区。生长于路边、旷野、荒地、河岸、山坡，为田园杂草。

形态特征 胞果扁圆形，基部具宿存花被，内含 1 粒种子，花被片短于果实，3 片，长圆形或倒阔披针形，先端尖向内弯曲，背部中脉呈绿色。果皮松弛，极为皱缩，不开裂。种子近圆形略扁，直径约 1 毫米。种皮黑色，质硬，表面平滑，有光泽，边缘较薄成为窄环状周边，基部微凹。种脐微小，呈褐色，位于种子下端凹陷处。种胚环状，环绕白色的粉质胚乳（外胚乳）。（见图 1.58）

图 1.58 皱果苋

莲子草属

图 1.59 莲子草

059 ⁙ 莲子草

学　名： *Alternanthera sessilis*（L.）DC.
别　名： 节节花、虾柑菜
英文名： Sessile alternanthera

分类地位 被子植物门（Angiospermae）双子叶植物亚门（Dicotyledons）石竹目（Caryophyllales）苋科（Amaranthaceae）莲子草属（*Alternanthera*）。

地理分布 中国华北、华中、华南和西南等地有分布，越南、印度等地也有分布。

形态特征 一年生草本，胞果卵圆形，被宿存花被所包，果阔倒心形，淡黄褐色，极扁平，宽大于长，不开裂，内含种子 1 粒，花被片 5 片，披针形，草质，中脉明显外突。种子扁圆形，直径 1.1~1.3 毫米，厚约 0.5 毫米，橙黄褐色，表面平滑具光泽，两侧稍凸，周缘较薄，有脊棱，顶端圆形，基部尖突。种脐位于种子尖突下方的凹陷内。种胚环状，黄褐色，胚乳粉质白色。（见图 1.59）

060 ⁘ 喜旱莲子草

学　名： *Alternanthera philoxeroides* (Mart.) Griseb.
别　名： 空心莲子草、水花生、革命草、水蕹菜、空心苋、长梗满天星、空心莲子菜
英文名： Sessile alternanthera

分类地位 被子植物门(Angiospermae)双子叶植物亚门(Dicotyledons)石竹目(Caryophyllales)苋科(Amaranthaceae)莲子草属(*Alternanthera*)。

地理分布 原产于南美洲的巴西、乌拉圭、阿根廷等国，中国引种于北京、江苏、浙江、江西、湖南、福建，后逸为野生。

形态特征 多年生草本，胞果，宿存花被5片，淡黄色，披针形，内含种子1粒。种子扁圆形，直径1~1.2毫米，厚约0.5毫米，黄褐色，表面平滑，基部尖突，种脐位于种子尖突下方的凹陷内。种胚黄褐色，胚乳白色。(不同形态种子见图1.60)

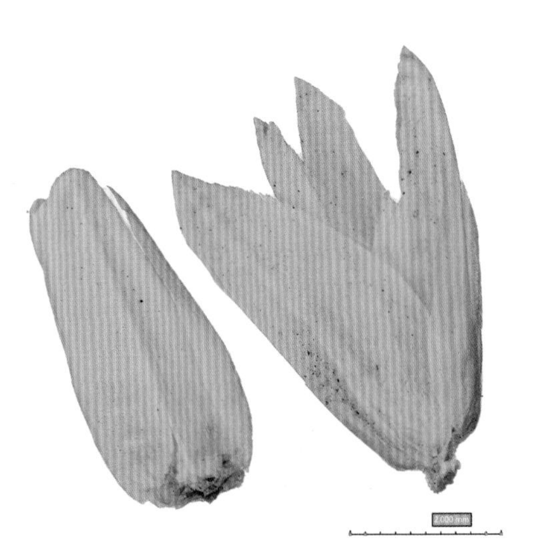

图1.60 喜旱莲子草

牛膝属

061 ⁘ 牛　膝

学　名： *Achyranthes bidentata* BL.
别　名： 百倍、牛茎、脚斯蹬、铁牛膝、怀牛膝、怀夕、真夕、怀膝、土牛膝、淮牛膝、红牛膝、牛磕膝
英文名： Twotooth achyranthes

分类地位 被子植物门(Angiospermae)双子叶植物亚门(Dicotyledons)石竹目(Caryophyllales)苋科(Amaranthaceae)牛膝属(*Achyranthes*)。

地理分布 中国各地均有分布。朝鲜、越南、日本、俄罗斯、印度、菲律宾、马来西亚及非洲也有分布。

形态特征 多年生草本，胞果为宿存花被所包，果圆柱形，长2~2.5毫米，直径约1毫米，红褐色至灰棕色，顶端截平，中央有1枚细而极易折断的残存花柱，长约1.5毫米，基部钝圆，花被片5片，披针形，外面有着1枚苞片和2枚小苞片，苞片卵形，较花被片短，先端渐尖，小苞片为长刺状，贴生长于花被片的基部，花被基部有卵形小裂片，先端明显外弯，花被和小苞片灰褐色，质地软，果皮与种皮不易分离。种胚纵剖面呈环状弯曲，子叶先端内曲，胚乳丰富、粉质白色。(见图1.61)

图1.61 牛　膝

062 ※ 土牛膝

学　名： *Achyranthes aspera* L.
别　名： 倒钩草、倒梗草、白马鞭草、白牛膝、班骨相思、班骨想思、粗毛牛膝、倒刺草、倒埂草、倒桂刺、倒扣草、倒扣簕、杜牛膝、对节草、多须公、红牛膝、坏我聋、鸡掇鼻、鸡骨草、鸡骨癀、六月霜
英文名： Common achyranthes

分类地位 被子植物门（Angiospermae）双子叶植物亚门（Dicotyledons）石竹目（Caryophyllales）苋科（Amaranthaceae）牛膝属（*Achyranthes*）。

地理分布 原产于北美洲。中国常有栽培。

形态特征 一年生草本，果实为胞果，为宿存的花被所包，果圆柱形，长 2.5~ 3 毫米，直径 1.2 毫米，浅棕色至深棕色，顶端截平，中央有 1 枚细而极易折断的残存花柱，基部钝圆，花被片 5 片，披针形，外面有 1 对贴生的小苞片，苞片卵形，较花被片短，先端刺状，基部具膜翅，花被与小苞片淡黄褐色，质地硬，种胚根部有时略突出，中部有一细沟，纵剖面呈环状弯曲，子叶先端内曲，胚乳丰富、粉质白色。（见图 1.62）

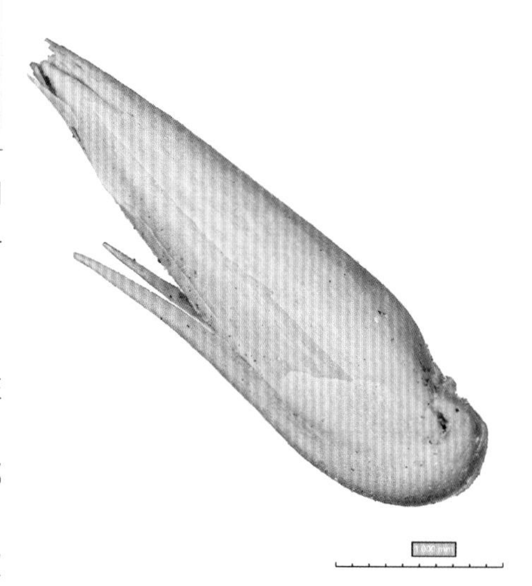

图 1.62 土牛膝

青葙属

063 ※ 青　葙

学　名： *Celosia argentea* L.
别　名： 野鸡冠花
英文名： Feather cockscomb

分类地位 被子植物门（Angiospermae）双子叶植物亚门（Dicotyledons）石竹目（Caryophyllales）苋科（Amaranthaceae）青葙属（*Celosia*）。

地理分布 分布于中国、朝鲜、日本、俄罗斯、中南半岛以及非洲。

形态特征 一年生草本，胞果阔卵形，长 3~3.5 毫米，宽约 2.3 毫米，完全包藏于宿存花被内。果内含数粒种子，花被片 5 片，披针形干膜质，半透明白色，背部中间有 1 条绿色中脉。果皮膜质，表面平滑，成熟时盖裂。种子圆形或肾状圆形，两侧扁，呈双凸透镜状，径长约 1.3 毫米，种皮黑色，质硬，表面平滑，具强光泽，边缘无带状周边，但有锐棱。种脐位于种子基部缺口处。种胚环状，环绕丰富的白色胚乳（外胚乳）。（见图 1.63）

图 1.63 青　葙

| 十四、石竹科 |

4属8种

| 繁缕属 |

064 ※ 繁 缕

学 名: *Stellaria media* (L.) Cyr.
别 名: 蘩、繁蒌、滋草、鹅肠菜、鹅儿肠菜、五爪龙、狗蚤菜、鹅馄饨、圆酸菜、野墨菜、和尚菜、乌云草

分类地位 被子植物门(Angiospermae)双子叶植物亚门(Dicotyledons)石竹目(Caryophyllales)石竹科(Caryophyllaceae)繁缕属(*Stellaria*)。

地理分布 分布于中国各地以及世界其余各国(地区)。

形态特征 一年生或二年生草本，蒴果卵形，稍长于宿存萼，顶端6裂，具多数种子；种子卵圆形至近圆形，稍扁，红褐色，直径1~1.2毫米，表面具半球形瘤状突起，脊较显著。(见图1.64)

图1.64 繁 缕

065 ※ 鹅肠菜

学 名: *Malachium aquaticum* (L.) Moench
别 名: 牛繁缕

分类地位 被子植物门(Angiospermae)双子叶植物亚门(Dicotyledons)石竹目(Caryophyllales)石竹科(Caryophyllaceae)繁缕属(*Stellaria*)。

地理分布 原产于欧洲，中国南北各地有分布。现广泛分布于北美。

形态特征 蒴果卵状圆锥形，外部具宿存花萼，果顶端具5枚残存的花柱。果内含多数种子，果皮薄，成熟时3瓣裂，每瓣顶端又2裂，种子近圆形或卵状肾形，直径约0.9毫米，两侧扁，中央略凹陷，种皮薄，黄色或黄褐色，表面有极明显的星状小突起并排成同心圆状，种脐微小，位于种子腹面中央凹陷内，种胚白色环状，沿种子内侧边缘弯生，环绕半透明状的淡色外胚乳。(见图1.65)

图1.65 鹅肠菜

066 ⁘ 雀舌草

学　名：*Stellaria alsine* Grimm
别　名：滨繁缕从、石灰草、抽筋草

图 1.66 雀舌草

分类地位 被子植物门（Angiospermae）双子叶植物亚门（Dicotyledons）石竹目（Caryophyllales）石竹科（Caryophyllaceae）繁缕属（*Stellaria*）。

地理分布 产于中国，北温带广泛分布。

形态特征 蒴果卵圆形，与宿存萼等长或稍长，6 齿裂，含多数种子，种子肾形，微扁，直径约 1 毫米，褐色，略具光泽，表面具星状突起，大体呈同心排列，种脐位于种子缺刻处。（见图 1.66）

| 蝇子草属 |

067 ⁘ 女娄菜

图 1.67 女娄菜

学　名：*Silene aprica Turcx. ex* Fisch. et Mey.
别　名：罐罐花、对叶草、对叶菜

分类地位 被子植物门（Angiospermae）双子叶植物亚门（Dicotyledons）石竹目（Caryophyllales）石竹科（Caryophyllaceae）蝇子草属（*Silene*）。

地理分布 原产于中国，生长于海拔 3800 米以下的山坡草地或旷野路旁草丛中。现广泛分布于中国各地。

形态特征 蒴果椭圆形，先端 6 裂，外国宿萼与果近等长。种子肾形，多数，细小，黑褐色，有瘤状突起。气微，味淡。（见图 1.67）

068 ⁘ 白花蝇子草

学　名：*Silene latifolia subsp.* alba Poiret
别　名：白女娄菜、白黑蕊草
英文名：White campion

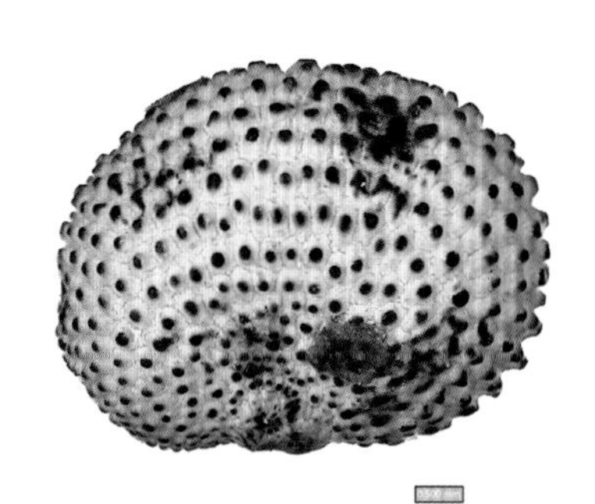

图 1.68 白花蝇子草

分类地位 被子植物门（Angiospermae）双子叶植物亚门（Dicotyledons）石竹目（Caryophyllales）石竹科（Caryophyllaceae）蝇子草属（*Silene*）。

地理分布 分布于北美洲和欧洲。生长于田间、路旁、荒地和草原。

形态特征 果背圆饨而较厚，背面的瘤 5~6 行，平行排列，两平面瘤同心排列，6~7 轮，腹部较薄具小凹，种子肾形，两侧略扁或较平，长约 1.5 毫米，宽约 1.2 毫米，深灰色至灰黄色，表面具同心排列的长方形小瘤，瘤顶具圆形黑点。种脐位于种子腹面小凹内，方形或长方形，周围隆起，中部深陷，黄褐色。（见图 1.68）

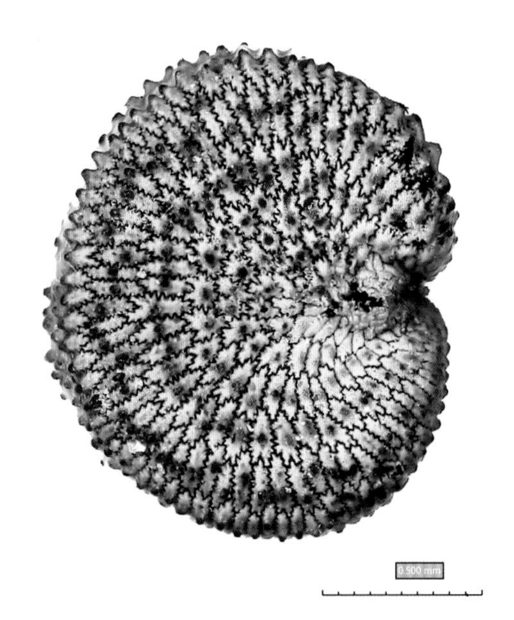

图 1.69 麦瓶草

069 麦瓶草

学　名：*Silene conoidea* L.
别　名：米瓦罐、净瓶、面条棵、面条菜、香炉草

分类地位 被子植物门（Angiospermae）双子叶植物亚门（Dicotyledons）石竹目（Caryophyllales）石竹科（Caryophyllaceae）蝇子草属（*Silene*）。

地理分布 广泛分布于亚洲、欧洲和非洲。在中国分布于黄河流域和长江流域等。常生长于麦田中或荒地草坡。

形态特征 蒴果梨状，长约 15 毫米，直径 6~8 毫米，种子肾形，长约 1.5 毫米，暗褐色。（见图 1.69）

蚤缀属

070 蚤　缀

学　名：*Arenaria serphyllifolia* L.
别　名：无心菜、鹅不食草
英文名：Creeping Thymeleaved Sandwort, Serpoletleaf Sandwort

分类地位 被子植物门（Angiospermae）双子叶植物亚门（Dicotyledons）石竹目（Caryophyllales）石竹科（Caryophyllaceae）蚤缀属（*Arenaria*）。

地理分布 分布于中国各地以及亚洲其他国家（地区）、欧洲、北美洲和北非。生长于石质山坡、果园、农田、路边、河滩等。

形态特征 种子长约 0.45 毫米，宽约 0.35 毫米，肾形，两侧扁，黑色，开始时为红褐色，表面具同心排列的横卧短棒状瘤，背面稍厚，圆形弓曲脊背具 1 条浅沟，腹面稍薄，具小凹缺，种脐位于种子腹面凹缺内。（见图 1.70）

图 1.70 蚤　缀

麦仙翁属

071 麦仙翁

学　名： *Agrostemma gihago* L.
别　名： 田冠草
英文名： Corn cockle

分类地位 被子植物门（Angiospermae）双子叶植物亚门（Dicotyledons）石竹目（Caryophyllales）石竹科（Caryophyllaceae）麦仙翁属（*Agrostemma*）。

地理分布 产于中国黑龙江、吉林、内蒙古、新疆。生长于麦田中或路旁草地，为田间杂草。欧洲、亚洲其他国家（地区）、非洲北部和北美洲也有分布。

形态特征 蒴果卵形，长 12~18 毫米，微长于宿存萼，裂齿 5，外卷；种子呈不规则卵形或圆肾形，长 2.5~3 毫米，黑色，具棘凸。（见图 1.71）

图 1.71 麦仙翁

十五、蓼科

5属15种

蓼　属

072　丛枝蓼

学　名：*Polygonum caespitosum* Bl.
别　名：簇蓼、水红花
英文名：Clustered knotweed

分类地位　被子植物门（Angiospermae）双子叶植物亚门（Dicotyledons）蓼目（Polygonales）蓼科（Polygonaceae）蓼属（*Polygonum*）。

地理分布　中国各地均有分布，日本、菲律宾和印度尼西亚等地也有分布。多见于田野、荒地、水边和阴湿处。

形态特征　一年生草本，瘦果包在宿存花被内，花被易破碎脱落，瘦果外露，基部宿存，果三棱状卵形，长2.3~2.6毫米，宽1.5~1.7毫米，黑色光滑，有光泽，顶端急尖，具小圆柱形尖，基部稍钝圆。果内含种子1粒，果皮硬革质，外突，果脐位于基端，黄白色，被残存果梗，种子横切面近等边三角形，种皮红褐色，较薄；种胚淡黄色，横生长于果实中央；胚乳丰富，黄白色，近半透明。（见图1.72）

图1.72 丛枝蓼

073　扁　蓄

学　名：*Polygonum aviculare* L.
别　名：乌蓼、扁竹、猪牙草、白辣蓼、斑鸠窝、边血草、萹蓄草、萹蓄蓼、萹蓄子芽、萹竹、萹竹竹、萹子草、扁蔓、扁畜、扁蓄蓼、扁蓄子芽、扁珠草、扁猪牙、扁竹蓼、扁竹牙
英文名：Common knotgrass

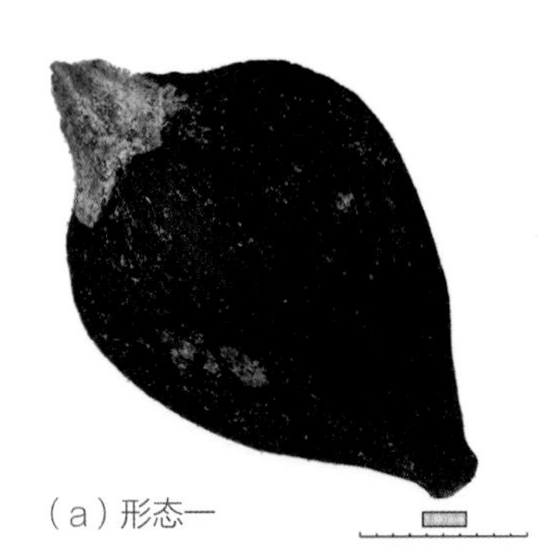

（a）形态一

（b）形态二

图1.73 扁　蓄

分类地位　被子植物门（Angiospermae）双子叶植物亚门（Dicotyledons）蓼目（Polygonales）蓼科（Polygonaceae）蓼属（*Polygonum*）。

地理分布　中国各地均有分布，亚洲其他国家（地区）、美洲的温带地区、欧洲也有分布。

形态特征　一年生草本。果实为瘦果，较光滑，常为宿存花被所包，但花被易破碎而使瘦果裸露，仅基部残留。瘦果三棱状卵形，长2.2~3毫米，宽1.2~2毫米，红褐色至暗褐色，棱脊钝而光滑，表面点状粗糙，无光泽，通常一面微凸，其余两面稍内凹，顶端渐尖，基部较宽。果内含种子1粒，果脐位于基端，圆形，黄白色，微突出，种子横切面明显三边不等长，种皮鲜红褐色，种胚黄色，于种子一角纵向弯生，胚乳丰富，粉质蜡白色，近半透明。（种子的不同形态见图1.73）

074 ※ 柳叶刺蓼

学　名： *Polygonum bungeanum* Turcz.
别　名： 木氏蓼

分类地位 被子植物门（Angiospermae）双子叶植物亚门（Dicotyledons）蓼目（Polygonales）蓼科（Polygonaceae）蓼属（*Polygonum*）。

地理分布 在中国分布于东北地区，朝鲜、俄罗斯远东地区也有分布。

形态特征 瘦果包藏于宿存花被内，顶端微露，果体呈近圆形，径长约 2.2 毫米，两侧稍扁，一面隆起比另一面高，横切面为近半圆形，顶端具残存花柱，基部圆形。果内含种子 1 粒，果皮黑色革质，表面有极细的点状网纹，果脐近圆形，凹陷于果实基端，种子与果实同形。种皮膜质，淡黄色，种胚沿种子内一侧边缘弯生，内有丰富的白色粉质胚乳。（见图 1.74）

图 1.74 柳叶刺蓼

075 ※ 酸模叶蓼

学　名： *Polygonum lapathifolium* L.
别　名： 大马蓼
英文名： Smartweed, Pale Smartweed, Willow weed, Dockleave

分类地位 被子植物门（Angiospermae）双子叶植物亚门（Dicotyledons）蓼目（Polygonales）蓼科（Polygonaceae）蓼属（*Polygonum*）。

地理分布 中国有分布，东半球其他热带地区也有分布。

形态特征 瘦果包藏于宿存花被内，顶端微露，花被片易脱落，瘦果阔卵形，长约 2.7 毫米，宽约 2.5 毫米，顶端突尖，两侧扁，微凹，基部圆形。果内含种子 1 粒，果皮暗红褐色至红褐色，革质，表面呈颗粒状粗糙或近平滑，具光泽，果脐圆环状红褐色，位于种子基部，种子与果实同形，种皮膜质，浅橘红色，内含丰富的蜡白色粉质胚乳，种胚沿种子内侧边缘弯生。（见图 1.75）

图 1.75 酸模叶蓼

076 ※ 朝鲜蓼

学　名： Polygonum koreense

分类地位 被子植物门（Angiospermae）双子叶植物亚门（Dicotyledons）蓼目（Polygonales）蓼科（Polygonaceae）蓼属（*Polygonum*）。

地理分布 中国华北各省、自治区有分布，朝鲜也有分布，生长于海拔 650~900 米的山地疏林，水边湿地。

形态特征 蒴果长圆形，长 1.2~1.5 厘米，光滑无毛，先端锐尖，种子黄色，狭卵形。（见图 1.76）

图 1.76 朝鲜蓼

藤蓼属

077 ⁘ 荞麦蔓

学　名：*Polygonum convolvulus* L.
别　名：毛血藤、云钩莲、百解药、荞叶细辛、卷茎萝
英文名：Convolutate knotweed, Climbing

分类地位 被子植物门（Angiospermae）双子叶植物亚门（Dicotyledons）蓼目（Polygonales）蓼科（Polygonaceae）藤蓼属（*Fallopia*）。

地理分布 在中国广泛分布，朝鲜、日本、菲律宾、印度尼西亚等地也有分布。

形态特征 一年生草本，果实为瘦果，常为暗黄褐色的宿存花被所包，但花被易破碎脱落，瘦果外露，基部宿存。瘦果三棱卵圆状，长 3~4 毫米，宽 2~3 毫米，棱脊较锐，两端尖，黑色光滑，有光泽，表面具微细的点状粗糙纹。果内含种子 1 粒，果脐位于基端，圆形，黄白色，外突，果皮极薄，橙褐色。种子横切面三边近等长，种皮红褐色。种胚于种子一角纵向弯生，淡黄白色，横生长于果实中央，胚乳丰富，粉质。（见图 1.77）

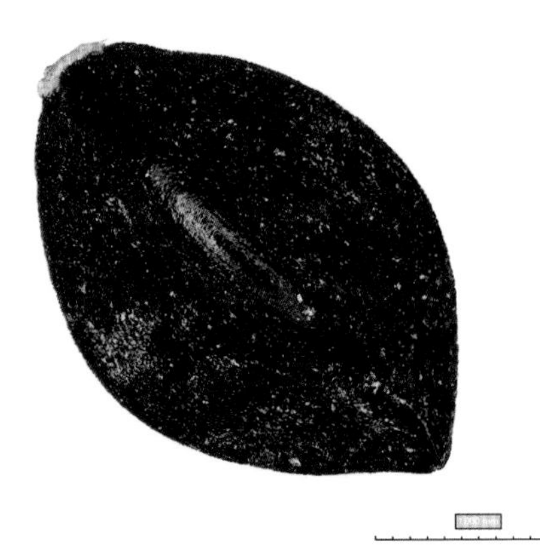

图 1.77 荞麦蔓

酸模属

078 ⁘ 羊　蹄

学　名：*Rumex japonicus* Hout.
别　名：东方宿、连虫陆、鬼目、败毒菜根、羊蹄大黄、土大黄

分类地位 被子植物门（Angiospermae）双子叶植物亚门（Dicotyledons）蓼目（Polygonales）蓼科（Polygonaceae）酸模属（*Rumex*）。

地理分布 中国有分布，朝鲜、日本也有分布。

形态特征 小坚果包在宿存的翅状花被片内。坚果卵状三棱形，最宽处在下部，长 2.5 毫米，宽 1.5 毫米，棕褐色，表面光滑，有光泽，棱尖锐，顶端尖，具残存花柱，基部短柄状，外轮花被片小，条形平展或稍垂，内轮花被片较大，阔卵状三角形，具突起网脉，背面各具 1 个表面有网纹的囊状瘤，其中 1 片花被的瘤比另两片的大。果脐位于柄状体底端，三角形，中部常有圆孔。（见图 1.78）

图 1.78 羊　蹄

079 ⁘ 长刺酸模

学　名： *Rumex.trisetifer.*Stokes

别　名： 海滨酸模、假菠菜 、三刺酸模、羊蹄

图 1.79 长刺酸模

分类地位 被子植物门（Angiospermae）双子叶植物亚门（Dicotyledons）蓼目（Polygonales）蓼科（Polygonaceae）酸模属（*Rumex*）。

地理分布 主要分布于中国陕西、江苏、浙江、安徽、江西、湖南、湖北、四川、台湾、福建、广东、海南、广西、贵州、云南。越南、老挝、泰国、孟加拉国、印度等地也有分布。

形态特征 瘦果椭圆形，具 3 锐棱，两端尖，长 1.5~2 毫米，黄褐色，有光泽。（见图 1.79）

080 ⁘ 齿果酸模

学　名： *Rumex dentatus* L.

别　名： 羊蹄、牛舌草

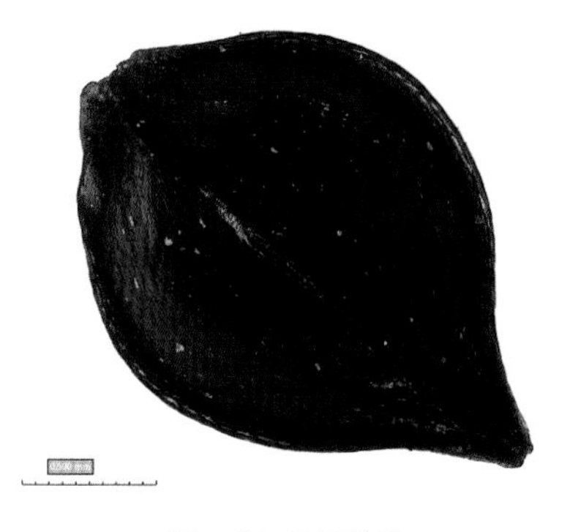
图 1.80 齿果酸模

分类地位 被子植物门（Angiospermae）双子叶植物亚门（Dicotyledons）蓼目（Polygonales）蓼科（Polygonaceae）酸模属（*Rumex*）。

地理分布 主要产于中国四川、贵州及云南等地。尼泊尔、印度、阿富汗、哈萨克斯坦及欧洲东南部也有分布。生长于海拔 30~2500 米的沟边湿地、山坡路旁。

形态特征 瘦果卵状三棱形，具尖锐角棱，长约 2 毫米，褐色，表面平滑。（见图 1.80）

081 ⁘ 酸　模

学　名： *Rumex acetosa* L.

别　名： 野菠菜、山大黄、当药、山羊蹄、酸母、南连

图 1.81 酸　模

分类地位 被子植物门（Angiospermae）双子叶植物亚门（Dicotyledons）蓼目（Polygonales）蓼科（Polygonaceae）酸模属（*Rumex*）。

地理分布 中国南北各省、自治区、直辖市均有分布。朝鲜、日本、哈萨克斯坦、俄罗斯、欧洲及美洲也有分布。生长于海拔 400~4100 米的山坡、林缘、沟边、路旁。

形态特征 瘦果椭圆形，具 3 锐棱，两端尖，长约 2 毫米，黑褐色，有光泽。（见图 1.81）

082 苦酸模

学　名：*Rumex obtusifolius*
别　名：钝叶酸模、宽叶酸模、金不换、土大黄、绿当归、大晕药、奶酪酸模、羊酸模
英文名：Bitter dock

图 1.82 苦酸模

分类地位 被子植物门（Angiospermae）双子叶植物亚门（Dicotyledons）蓼目（Polygonales）蓼科（Polygonaceae）酸模属（*Rumex*）。

地理分布 原产于亚洲、欧洲和北非。中国也是原产地。

形态特征 多年生草本，瘦果卵形，具 3 锐棱，长约 2.5 毫米，暗褐色，有光泽。（见图 1.82）

083 巴天酸模

学　名：*Rumex patientia* L.
别　名：鲁梅克斯草、洋铁叶子、高秆菠菜、野菠菜

分类地位 被子植物门（Angiospermae）双子叶植物亚门（Dicotyledons）蓼目（Polygonales）蓼科（Polygonaceae）酸模属（*Rumex*）。

地理分布 在中国西北、东北及中原地区有分布，哈萨克斯坦、俄罗斯、蒙古国及欧洲也有分布。生长在海拔 20~4000 米的沟边湿地、水边。

形态特征 小瘤长卵形，通常不能全部发育。瘦果卵形，具 3 锐棱，顶端渐尖，褐色，有光泽，长 2.5~3 毫米。（见图 1.83）

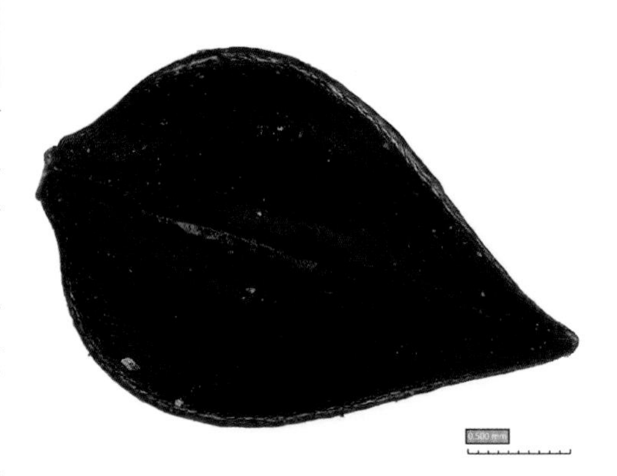

图 1.83 巴天酸模

084 小酸模

学　名：*Rumex acetosella* L.
别　名：红酢浆草、羊酢浆草、酢浆草、酸草

图 1.84 小酸模

分类地位 被子植物门（Angiospermae）双子叶植物亚门（Dicotyledons）蓼目（Polygonales）蓼科（Polygonaceae）酸模属（*Rumex*）。

地理分布 在中国分布于东北地区，蒙古国、朝鲜、日本、俄罗斯、欧洲、美洲、非洲北部也有分布。

形态特征 多年生草本，瘦果为粗糙的宿存花被所包，三棱状卵圆形，长、宽均为 1~1.2 毫米，红褐色至暗红褐色，具三纵棱，棱脊钝圆，表面平滑，有光泽，顶端急尖，基部钝尖。果内含种子 1 粒，果脐位于果实端部，三角形，稍外突，种子横切面三角形，三边近相等，种皮浅黄褐色，有时微带红晕，种胚弯生，位于种子的一侧边缘的中部，胚乳丰富，粉质近白色。（见图 1.84）

何首乌属

085 ⁘ 何首乌

学　名： *Polygonum multiflorum* Thunb.
别　名： 首乌、赤首乌、铁秤砣、红内消
英文名： Tuber fleeseflower

图 1.85 何首乌

分类地位 被子植物门（Angiospermae）双子叶植物亚门（Dicotyledons）蓼目（Polygonales）蓼科（Polygonaceae）何首乌属（*Fallopia*）。

地理分布 中国各地有分布，日本也有分布。

形态特征 瘦果完全包藏于宿存花被内，果体三棱状阔卵圆形，长约 2 毫米，宽 1.5 毫米，顶端急尖，具残存花柱，基部钝尖，横切面三边近等长。果内含种子 1 粒，为花被所包，5 深裂，外面 3 片花被肥厚，背面有翅，种子与果实同形，种皮极薄，黑色革质，表面光滑，种胚位于种子一侧纵向弯生，淡黄白色，胚乳丰富，蜡白色粉质。（见图 1.85）

荞麦属

086 ⁘ 荞　麦

学　名： *Fagopyrum esculentum* Moench.
别　名： 净肠草、乌麦、三角麦

分类地位 被子植物门（Angiospermae）双子叶植物亚门（Dicotyledons）蓼目（Polygonales）蓼科（Polygonaceae）荞麦属（*Fagopyrum*）。

地理分布 除南极洲外，亚洲、非洲、北美洲、南美洲、欧洲、大洋洲均有荞麦栽培。

形态特征 瘦果卵形，具 3 锐棱，顶端渐尖，长 5~6 毫米，暗褐色，无光泽，比宿存花被长。（见图 1.86）

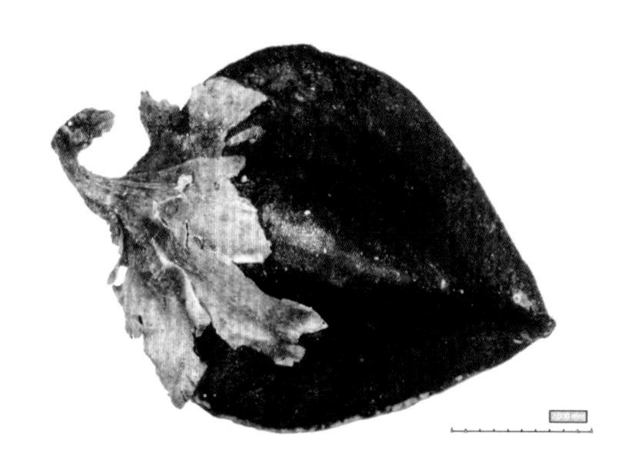

图 1.86 荞　麦

十六、蔷薇科

3 属 3 种

地榆属

087 地　榆

学　名： *Sanguisorba officinalis* L.
别　名： 黄瓜香、玉札、山枣子
英文名： Garden burnet root

分类地位 被子植物门（Angiospermae）双子叶植物亚门（Dicotyledons）蔷薇目（Rosales）蔷薇科（Rosaceae）地榆属（*Sanguisorba*）。

地理分布 分布于亚洲北温带、欧洲。

形态特征 瘦果包在宿存花萼内，呈四棱状卵形，长 2.6~3 毫米，宽 1.4~1.7 毫米，表面暗褐色或黑褐色，粗糙发皱，疏被白色短毛，四棱各延伸成翅，顶端具针头状喙。果内含种子 1 粒，内部果皮呈淡灰色至褐色，表面平滑，腹缝线宽长，背缝线细长。种皮膜质，种子内含一直生胚，子叶肥厚，无胚乳。（见图 1.87）

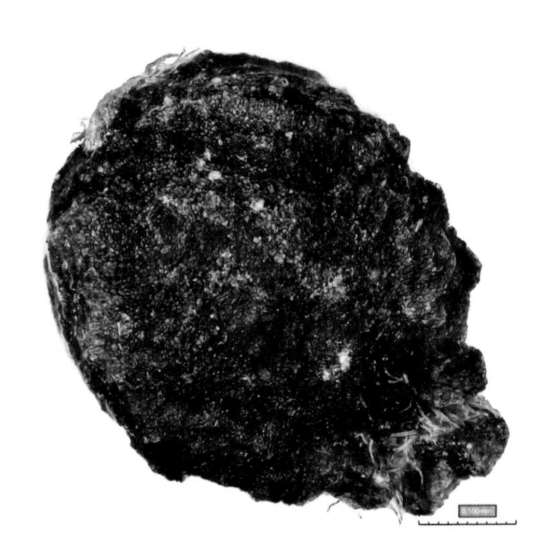

图 1.87 地　榆

委陵菜属

088 翻白草

学　名： *Potentilla discolor* Bge.
别　名： 鸡腿根、鸡拔腿、天藕、叶下白、鸡爪参、翻白萎陵菜

分类地位 被子植物门（Angiospermae）双子叶植物亚门（Dicotyledons）蔷薇目（Rosales）蔷薇科（Rosaceae）委陵菜属（*Potentilla*）。

地理分布 中国各省有分布，日本、朝鲜也有分布。

形态特征 多年生草本，瘦果近肾形，宽约 1 毫米，光滑。种子直径约 0.8 毫米，淡黄褐色，种皮具粗糙纹理，种脐突起。（见图 1.88）

图 1.88 翻白草

悬钩子属

089 ⁘ 茅 莓

学　名：*Rubus parvifolius* L.
别　名：天青地白草、红梅消、三月泡
英文名：Native raspberry

分类地位 被子植物门（Angiospermae）双子叶植物亚门（Dicotyledons）蔷薇目（Rosales）蔷薇科（Rosaceae）悬钩子属（*Rubus*）。

地理分布 中国有分布，日本、朝鲜也有分布。

形态特征 聚合果卵球形，直径1~2厘米，成熟时为橘红色。种子长卵形，直径1.5毫米，宽0.9毫米，表面密布网状刻纹。（见图1.89）

图1.89 茅　莓

十七、蝶形花科

18 属 31 种

车轴草属

090 草莓车轴草

学　名： *Trifolium fragiferum* L.

别　名： 白车轴草、红豆草、草莓三叶草、野苜蓿、草莓叶车轴草

分类地位 被子植物门（Angiospermae）双子叶植物亚门（Dicotyledons）豆目（Fabales）蝶形花科（Papilionaceae）车轴草属（*Trifolium*）。

地理分布 原产于欧洲、中亚。中国东北、华北、西北各地均有引种，在新疆呈野生状态，生长在盐碱性土壤、沼泽、水沟边。

形态特征 荚果长圆状卵形，位于囊状宿存花萼的底部，有种子1~2粒。种子扁圆形。（见图 1.90）

图 1.90 草莓车轴草

091 杂种车轴草

学　名： *Trifolium hybridum* L.

别　名： 瑞典三叶草、杂三叶

英文名： Alsike clover

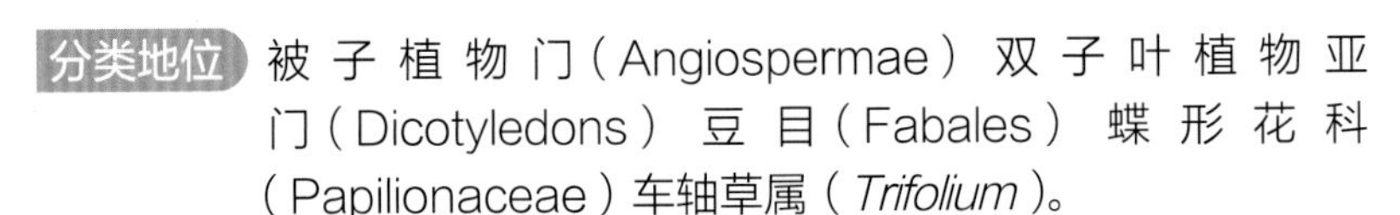

分类地位 被子植物门（Angiospermae）双子叶植物亚门（Dicotyledons）豆目（Fabales）蝶形花科（Papilionaceae）车轴草属（*Trifolium*）。

地理分布 原产于欧洲，中国华北、东北较湿润地区有引种栽培。生长于湿润地、草地。混生长于粮食作物及牧草地里。

形态特征 多年生草本。果实为荚果，倒卵形，边缘不平滑，内含种子2~3粒。种子细小，广卵形或心脏形，两侧稍扁，长1.25~1.5毫米，宽1~1.25毫米，暗蓝绿色或暗褐色，有时具黑褐色的斑纹，表面平滑，乌暗或略有光泽，背面钝圆，腹面胚根与子叶近等长，种子横切面宽卵形。种脐位于种子腹面子叶与胚根连接的凹陷处，微小圆形，合点靠近种脐，微小深色。子叶端部钝圆，黄褐色种子有微量的胚乳。（见图 1.91）

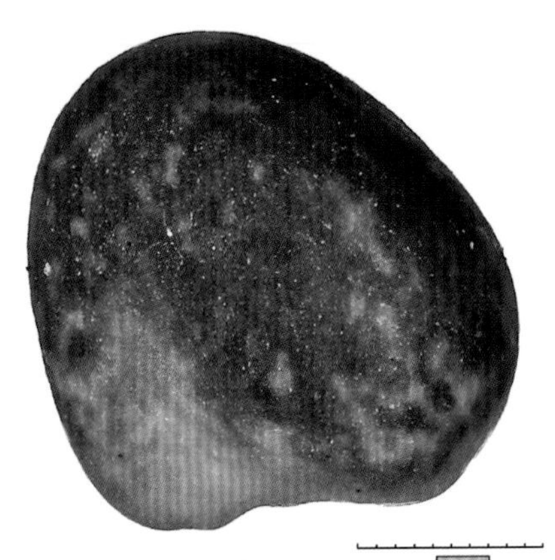

图 1.91 杂种车轴草

092 波斯车轴草

学　名： *Trifolium resupinatum* L.
别　名： 波斯三叶草
英文名： Persian clover, Shaftal clover, Reversed clover

分类地位 被子植物门（Angiospermae）双子叶植物亚门（Dicotyledons）豆目（Fabales）蝶形花科（Papilionaceae）车轴草属（*Trifolium*）。

地理分布 原产于安纳托利亚（小亚细亚），在伊拉克、伊朗、印度、埃及、美国广泛种植。欧洲地区及格鲁吉亚西部有野生种。中国南方地区近几年开始引种。

形态特征 荚果球形，内含种子 1~2 粒。种子小，棕绿色或黑色，有光泽。（见图 1.92）

图 1.92 波斯车轴草

093 白车轴草

学　名： *Trifolium repens* L.
别　名： 荷兰翘摇、白三叶、白花苜蓿
英文名： White clover

分类地位 被子植物门（Angiospermae）双子叶植物亚门（Dicotyledons）豆目（Fabales）蝶形花科（Papilionaceae）车轴草属（*Trifolium*）。

地理分布 原产于欧洲，中国东北、华北、西南等地有分布，美洲及亚洲其他国家（地区）也有分布。为优良牧草，逸为野生，在田埂、路旁、水边或农田常见。

形态特征 多年生草本。果实为荚果，包被于宿存花萼内，长约 3 毫米，倒卵状长圆形，内含种子 2~4 粒。花萼膜质、膨大。种子长和宽近相等，各约 1.5 毫米，厚约 0.6 毫米，黄褐色或褐色，心脏形，两侧扁平，表面平滑，略有光泽，种子横切面长卵形。种脐位于种子端部腹面胚根与子叶之间的凹陷内，微小，圆形凹陷，脐缘白色，中央褐色，合点较明显，位于种子腹面的子叶基端，浅褐色，胚根与子叶近等长，子叶端部钝圆、黄褐色，种子有微量的胚乳。（见图 1.93）

图 1.93 白车轴草

大豆属

094 野大豆

学　名：*Glycine soja* Sieb. et Zucc.
别　名：野毛豆、鹿藿、饿马黄、柴豆、野黄豆、野毛扁旦、马料豆
英文名：Alsike clover

图 1.94 野大豆

分类地位 被子植物门（Angiospermae）双子叶植物亚门（Dicotyledons）豆目（Fabales）蝶形花科（Papilionaceae）大豆属（*Glycine*）。

地理分布 在中国分布除新疆、青海和海南外的各地区。生长于海拔 150~2650 米的潮湿田边、园边、沟旁、河岸、湖边、沼泽、草甸、沿海和岛屿向阳的矮灌木丛或芦苇丛中，稀见于沿河岸疏林下。

形态特征 荚果长圆形稍弯，两侧稍扁，长 17~23 毫米，宽 4~5 毫米，密被长硬毛，种子间稍缢缩，干时易裂。种子 2~3 粒，椭圆形，稍扁，长 2.5~4 毫米，宽 1.8~2.5 毫米，褐色至黑色。（见图 1.94）

骆驼刺属

095 骆驼刺

学　名：*Alhagi camelorum* Fisch.
别　名：骆驼草

分类地位 被子植物门（Angiospermae）双子叶植物亚门（Dicotyledons）豆目（Fabales）蝶形花科（Papilionaceae）骆驼刺属（*Alhagi*）。

地理分布 主要分布在中国内蒙古、甘肃和新疆等地，中亚部分地区也有分布。生长在荒漠地区的沙地、河岸、农田边。

形态特征 荚果线形，常弯曲，几无毛。种子长约 2 毫米，宽 2.5~3 毫米，表面光滑，种脐微凹，黄褐色。（见图 1.95）

图 1.95 骆驼刺

鸡眼草属

096 鸡眼草

学　名： *Kummerowia stria*

别　名： 掐不齐、人字草、小蓄片、妹子草、红花草、地兰花、土文花、满路金鸡、细花草、鸳鸯草、夜关门、老鸦须、铺地龙、蚂蚁草、莲子草、花花草、夏闭草、花生草、白扁蓄

英文名： Japanclover, Annual lespedeza

分类地位 被子植物门（Angiospermae）双子叶植物亚门（Dicotyledons）豆目（Fabales）蝶形花科（Papilionaceae）鸡眼草属（*Kummerowia*）。

地理分布 中国北部、东部、中南部、西南部等有分布，朝鲜、日本、俄罗斯西伯利亚东部也有分布。生长于海拔 500 米以下的路旁、田边、溪旁、沙质地或缓山坡草地。

形态特征 荚果阔卵形，长 4 毫米，宽 2.5 毫米，先端突尖喙状，基部具宿存花萼，荚果内含种子 1 粒。果皮淡黄色，表面有明显的网状纹，并在果实上半部密被短柔毛，成熟时不开裂。种子倒卵形，长 2.5~3 毫米，宽 1.8~2.2 毫米，背部拱圆，腹部平直，两侧稍扁，种皮革质，褐色、暗紫色或黄色，并散布紫红色或棕黑色的斑点或条纹，表面近平滑，乌暗或略有光泽。种脐圆形，与种皮同色，微凹陷，位于种子腹面近基端处，种瘤位于近脐部处，呈黑褐色，内无胚乳，子叶肥厚，胚根细长，与子叶分离。（见图 1.96）

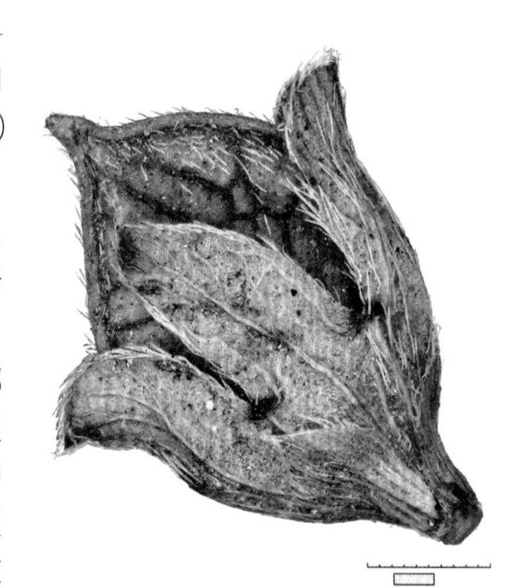

图 1.96 鸡眼草

097 短萼鸡眼草

学　名： *Kummerowia stipulacea*（Maxim.）Makino

别　名： 圆叶鸡眼草、野苜蓿草、掐不齐

分类地位 被子植物门（Angiospermae）双子叶植物亚门（Dicotyledons）豆目（Fabales）蝶形花科（Papilionaceae）鸡眼草属（*Kummerowia*）。

地理分布 产于中国东北、华北、华东、中南、西北等地。日本、朝鲜也有分布。

形态特征 果实为荚果，卵形或卵状椭圆形，长约 3 毫米，花萼约 1.5 毫米，荚果不开裂，内含种子 1 粒，花萼宿存 5 片，三角形，顶端钝尖，果实表面有明显的网状脉纹及少而短的白色毛。种子卵形或卵状椭圆形，长 2~2.5 毫米，宽约 1.5 毫米，厚约 1 毫米，褐色至棕褐色或紫黑色，表面平滑，乌暗或有光泽，胚根稍短于子叶，子叶端部钝圆。种脐位于腹面近端部与胚根连接的凹处，圆形，褐色，合点位于种脐下方。（见图 1.97）

图 1.97 短萼鸡眼草

| 胡枝子属 |

098 ⁘ 截叶铁扫帚

学　名： *Lespedeza cuneata* G. Don.
别　名： 夜关门、光明草、夜合草、苍蝇翅、生胡叶、甘尾草
英文名： Chinese bushclover and sericea lespedeza, Sericea

分类地位 被子植物门（Angiospermae）双子叶植物亚门（Dicotyledons）豆目（Fabales）蝶形花科（Papilionaceae）胡枝子属（*Lespedeza*）。

地理分布 产于中国陕西、甘肃、山东、台湾、河南、湖北、湖南、广东、四川、云南、西藏等地。朝鲜、日本、印度、巴基斯坦、阿富汗、澳大利亚也有分布。

形态特征 荚果斜倒阔卵形，长约 3.5 毫米，内含 1 粒种子，果皮疏被短茸毛，成熟时呈橙红色，不开裂。种子斜倒阔卵形，两侧稍扁，两端钝圆，长约 2 毫米，宽约 1 毫米。种皮革质，浅绿黄色或黄色，有时具疏散的红色花斑，表面平滑有光泽。种脐圆形，红褐色，位于种子腹部下半部凹陷处，脐缘有一白色领状环，晕轮红褐色，种瘤褐色，位于距种脐约 0.1 毫米处。种子内含微量胚乳，肥厚子叶 2 片，胚根细长。（见图 1.98）

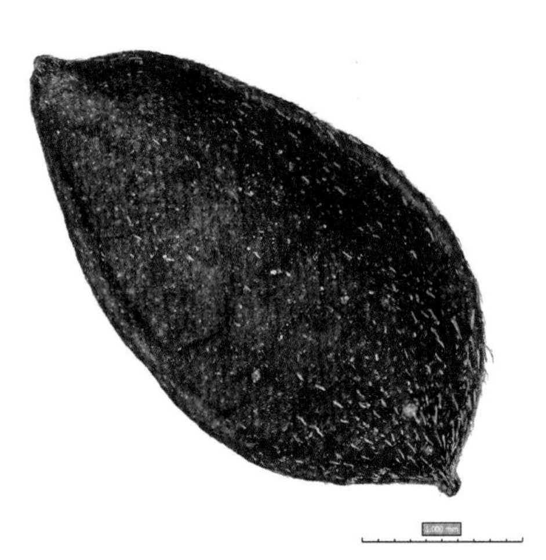

图 1.98 截叶铁扫帚

099 ⁘ 细梗胡枝子

学　名： *Lespedeza virgata* (Thunb.)DC.
别　名： 鹿茸草、掐不齐、斑鸠花、瓜子乌梢、铁扫棵子、细枝胡枝子、收工菜、地葵

分类地位 被子植物门（Angiospermae）双子叶植物亚门（Dicotyledons）豆目（Fabales）蝶形花科（Papilionaceae）胡枝子属（*Lespedeza*）。

地理分布 中国陕西、甘肃等地有分布，云南、西藏无分布。朝鲜、日本也有分布。生长于海拔 800 米以下的石山山坡。

形态特征 荚果通常不超出萼，倒卵形。气微、味淡，具豆腥气。（见图 1.99）

图 1.99 细梗胡枝子

链荚豆属

100 链荚豆

学　名： *Alysicarpus vaginalis* (L.) DC.
别　名： 水牛三叶草、水牛刺果、蓼蓝豆、单叶草、单片三叶草、白金钱草、球形云实、大云实、夏威夷珍珠、黄泥弹珠、棕泥石豆、撕衣藤
英文名： Alyce clover, Divergent alyce alover, Sheath chainpodpea

分类地位 被子植物门（Angiospermae）双子叶植物亚门（Dicotyledons）豆目（Fabales）蝶形花科（Papilionaceae）链荚豆属（*Alysicarpus*）。

地理分布 广泛分布于东半球热带地区。在中国分布于福建、广东、海南、广西、云南及台湾等地。生长在海拔 100~700 米的空旷草坡、稻田边、路旁或海边沙地。

形态特征 多年生草本植物，荚果扁圆柱形，荚节间不收缩，子房被短柔毛，有胚珠。（见图 1.100）

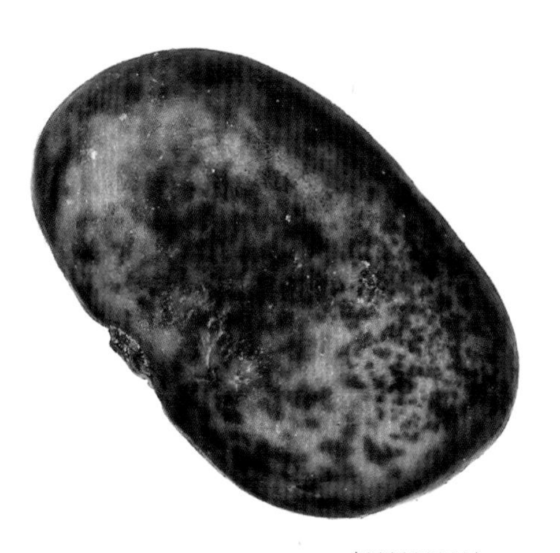

图 1.100 链荚豆

黄芪属

101 紫云英

学　名： *Astragalus sinicus* L.
别　名： 翘摇、红花草、草子、燕子花
英文名： Chinese milk-vetch

分类地位 被子植物门（Angiospermae）双子叶植物亚门（Dicotyledons）豆目（Fabales）蝶形花科（Papilionaceae）黄芪属（*Astragalus*）。

地理分布 中国长江流域各地有分布，多进行栽培。生长于海拔 400~3000 米的山坡、溪边及潮湿处。

形态特征 荚果条形，稍弯曲，长 1~2 厘米，先端尾状，内含数粒种子，果皮成熟时为黑色，表面光滑无毛，种子肾形两侧扁平，长约 3 毫米，宽约 1.4 毫米，背部拱圆，腹面内凹，种皮革质，红褐色，表面光滑。种脐长椭圆形，弯曲，中间有 1 条脐沟，位于腹部凹陷内，晕环隆起。胚体大，内含微量胚乳，子叶肥厚。胚根粗而长，与子叶分开，端部明显突出，先端向腹面弯曲呈钩状。（见图 1.101）

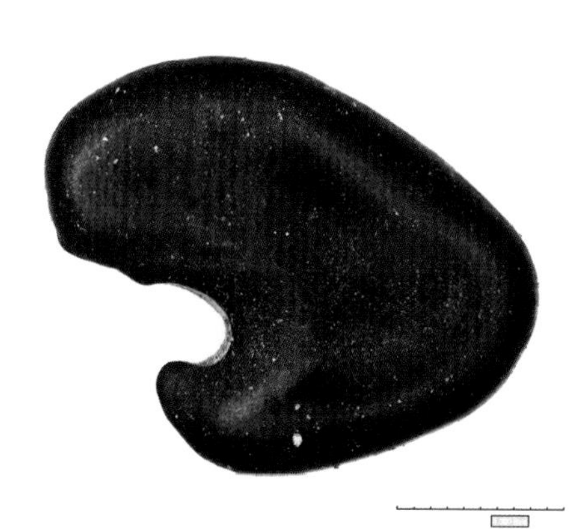

图 1.101 紫云英

山扁豆属

102 山扁豆

学　名： *Cassia mimosoides* L.
别　名： 假牛甘、细杠木、水皂角、黄瓜香、鸡毛箭、含羞草决明、梦草、挞地沙、砂子草、地柏草、假牛柑
英文名： Herb of sensitiveplant-like senna

分类地位 被子植物门（Angiospermae）双子叶植物亚门（Dicotyledons）豆目（Fabales）蝶形花科（Papilionaceae）山扁豆属（*Chamaecrista*）。

地理分布 在中国分布于华北地区，南延至广东、广西、贵州、云南、台湾等地。

形态特征 荚果长圆形。种子菱状四方形，扁平，长2.5~3毫米，宽1.5~2毫米，厚约1毫米。种皮棕褐色或深褐色，表面有明显成行排列的微小圆圈状凹陷，其中央有一条横线纹，位于种子稍下方，沿着种脐下端的边缘有1条不甚明显的深色线纹，种子含丰富胚乳，子叶扁平而直或中部略弯。（见图1.102）

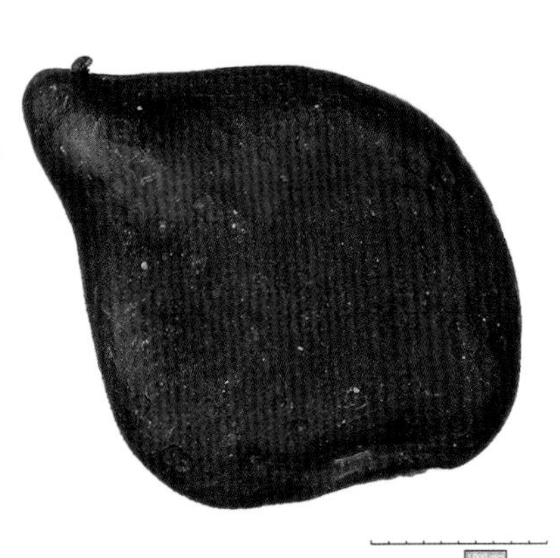

图1.102 山扁豆

野豌豆属

103 小巢菜

学　名： *Vicia hirsuta* S. F. Gray
别　名： 硬毛果野豌豆、雀野豌豆、野毛球野豌豆
英文名： Hairy tare, Hairy vetch, Tiny vetch

分类地位 被子植物门（Angiospermae）双子叶植物亚门（Dicotyledons）豆目（Fabales）蝶形花科（Papilionaceae）野豌豆属（*Vicia*）。

地理分布 中国江苏、浙江、江西、湖北、安徽、河南、陕西、四川、云南、台湾等地有分布，俄罗斯、北欧及北美洲均有分布。生长于河、湖岸边，荒地，草坡或农田。常混生长于麦田中。

形态特征 多年生蔓性草本。果实为荚果，矩圆形，两侧扁，长7~10毫米，宽3.5~4毫米，被棕色长硬毛，内含种子1~2粒。种子矩圆形，两端有时较平直，长约2.5毫米，宽2~2.5毫米，淡黄褐色至赤褐色，有的布满明显的暗褐色或紫色花斑，种子横切面近圆形，表面平滑，有光泽。种脐与种子直径约等长，长2~2.5毫米，宽不及0.5毫米，线形，暗褐色，其上通常残存一松散的褐色珠柄，合点在种脐的下方约1毫米处，近圆形，黑褐色或近黑色，微突出，子叶红褐色，种子无胚乳。（见图1.103）

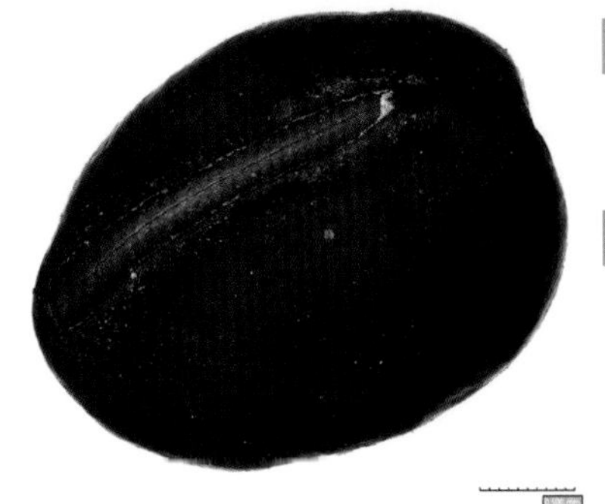

图1.103 小巢菜

猪屎豆属

104 猪屎豆

学　名：*Crotalaria mucronata* Desv.
别　名：白猪屎豆、野苦豆、大眼兰、野黄豆草、猪屎青、野花生、大马铃、水蓼竹、响铃草猪屎豆、椭圆叶猪屎豆、三圆叶猪屎豆
英文名：Striped Crotalaria

分类地位 被子植物门（Angiospermae）双子叶植物亚门（Dicotyledons）豆目（Fabales）蝶形花科（Papilionaceae）猪屎豆属（*Crotalaria*）。

地理分布 美洲、非洲、亚洲的热带、亚热带地区有分布。中国福建、台湾、广东、广西、四川、云南、山东、浙江、湖南有栽培。

形态特征 荚果圆柱状，长约5厘米，直径约6毫米，内含多数种子，果皮淡黄色，表面光滑，成熟时不开裂。种子近肾形，长3~3.3毫米，宽2.5~3毫米，两侧扁，背部拱形，腹部内凹。种皮革质，灰绿色，并具有不规则的弧状褐色条纹，表面平滑有光泽；种脐圆形、褐色，位于种子腹部凹陷内；种瘤微突，浅褐色，位于距种脐约0.5毫米处。种子内含少量胚乳，胚乳包围着胚。胚根与子叶分离。（见图1.104）

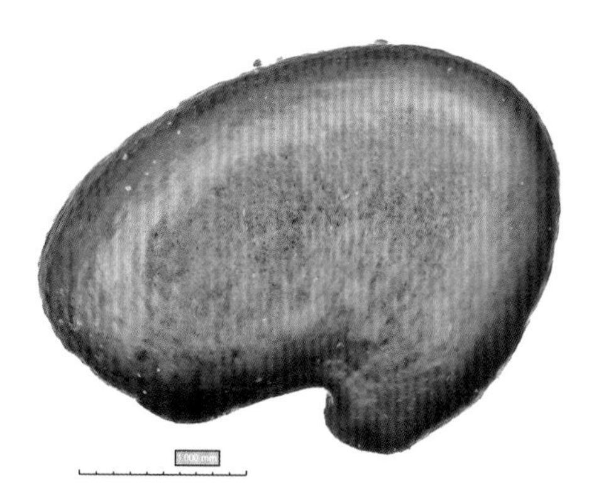

图1.104 猪屎豆

105 蓝花猪屎豆

学　名：*Crotalaria sessiliflora* L.
别　名：野百合、狗铃草、佛指甲、兰花野百合、农吉利

分类地位 被子植物门（Angiospermae）双子叶植物亚门（Dicotyledons）豆目（Fabales）蝶形花科（Papilionaceae）猪屎豆属（*Crotalaria*）。

地理分布 中国境内广泛分布。南亚、太平洋诸岛及朝鲜、日本等地均有分布。生长于荒地路旁及山谷草地。

形态特征 荚果短圆柱形，长约10毫米，苞被萼内，下垂紧贴于枝，秃净无毛，内含种子10~15粒。（见图1.105）

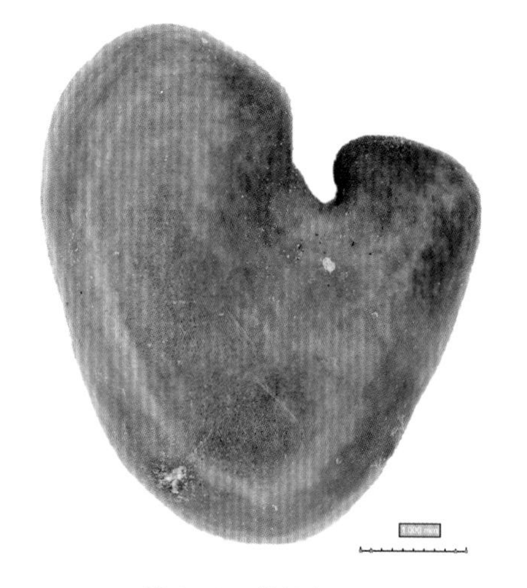

图1.105 蓝花猪屎豆

106 ⁘ 细叶猪屎豆

学　名： *Crotalaria brevidens*
别　名： 短齿野百合、响铃豆、埃塞俄比亚野百合
英文名： Slenderleaf

分类地位 被子植物门（Angiospermae）双子叶植物亚门（Dicotyledons）豆目（Fabales）蝶形花科（Papilionaceae）猪屎豆属（*Crotalaria*）。

地理分布 原产于非洲，现在世界各地作为饲料广泛栽培。

形态特征 一年生草本，荚果长圆形，幼时被毛，成熟后脱落，果瓣开裂后扭转，内含多数种子，果皮淡黄色。种子近肾形，长 2~3 毫米，宽 1.5~3 毫米。（见图 1.106）

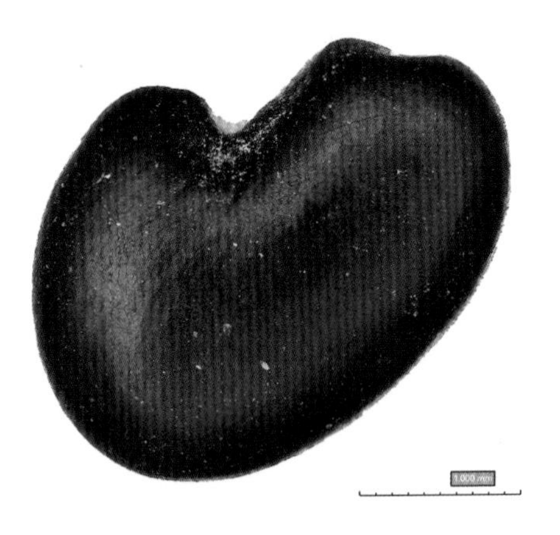

图 1.106 细叶猪屎豆

107 ⁘ 狭叶猪屎豆

学　名： *Crotalaria ochroleuca* G. Don

分类地位 被子植物门（Angiospermae）双子叶植物亚门（Dicotyledons）豆目（Fabales）蝶形花科（Papilionaceae）猪屎豆属（*Crotalaria*）。

地理分布 原产于非洲。现栽培或逸生长于中国广东、海南及广西。

形态特征 荚果长圆形，长约 4 厘米，直径 1.5~2 厘米，被稀疏的短柔毛，种子 20~30 粒，肾形。（不同颜色种子见图 1.107）

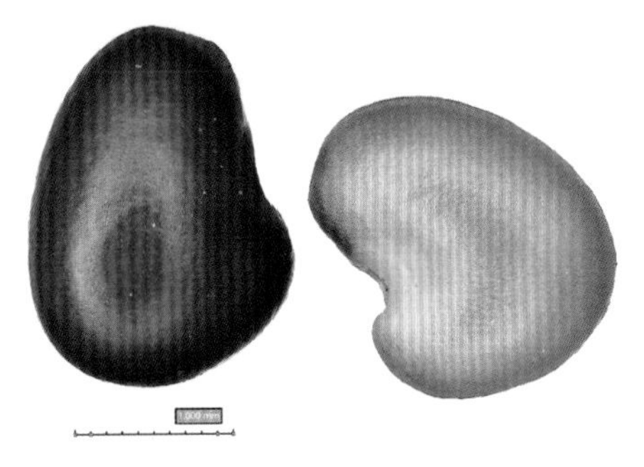

图 1.107 狭叶猪屎豆

田菁属

108 ⁘ 田　菁

学　名： *Sesbania cannabina* Pers.
别　名： 海松柏、碱菁、田菁麻、田青、咸青、野豌豆、油皂子、碱青、田箐、向天蜈蚣、小野蚂蚱豆、牙喊散
英文名： Common sesbania

分类地位 被子植物门（Angiospermae）双子叶植物亚门（Dicotyledons）豆目（Fabales）蝶形花科（Papilionaceae）田菁属（*Sesbania*）。

地理分布 中国江苏、浙江、福建、广东和台湾有分布，东半球其他热带地区也有分布。

形态特征 荚果圆柱状线形，长 15~20 厘米，直径 2~3 毫米，内含种子 25~30 粒。种子圆柱状长圆形，长约 2 毫米，宽 3~4 毫米，褐色至黑褐色，表面光滑，有光泽，两端钝圆，种子横切面广椭圆形，种脐位于种子腹面的中部，圆形褐色，下陷，周边近白色，合点小丘状，黑褐色至黑色，合点与种脐之间的距离约等于种脐直径的 2 倍，子叶黄色，有较丰富的胚乳。（见图 1.108）

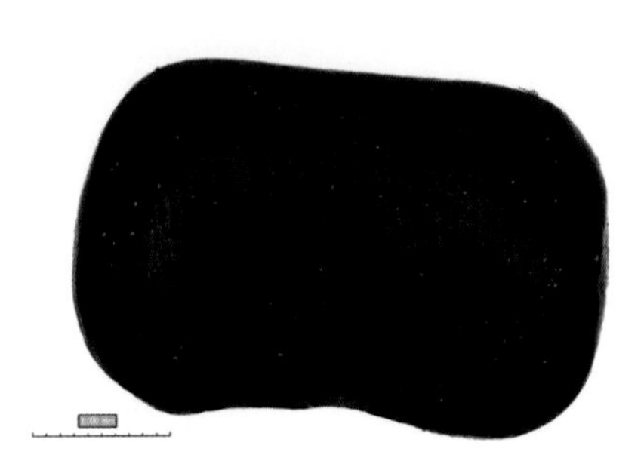

图 1.108 田　菁

109 ※ 大果田菁

学　名：*Hemp sesbania*
英文名：Common sesbania

分类地位 被子植物门（Angiospermae）双子叶植物亚门（Dicotyledons）豆目（Fabales）蝶形花科（Papilionaceae）田菁属（*Sesbania*）。

地理分布 原产于北美，生长于潮湿土壤中，为常见的农田杂草。

形态特征 荚果细长圆柱状，长10~15厘米，先端具喙，基部具果颈，熟时开裂，种子间具横隔，有多数种子，种子圆柱形，种脐圆形、橙绿色，长约2毫米，宽3~4毫米。（见图1.109）

图1.109 大果田菁

| 决明属 |

110 ※ 望江南

学　名：*Cassia occidentalis* L.
别　名：金豆子、羊角豆、野扁豆、飞天蜈蚣、铁蜈蚣、凤凰草、喉百草、大羊角菜、头晕菜、豆荚草
英文名：Coffee senna

分类地位 被子植物门（Angiospermae）双子叶植物亚门（Dicotyledons）豆目（Fabales）蝶形花科（Papilionaceae）决明属（*Cassia*）。

地理分布 原产于美洲热带地区，现广泛分布于全世界热带和亚热带地区。中国南部地区有分布。

形态特征 荚果线形，稍扁平，沿缝线边缘增厚，中间棕色，边缘淡黄色，成熟时开裂，内含多数种子。种子阔卵形，两面扁平，长4~5毫米，宽3~4毫米，顶端拱圆，基部偏斜，在种子两面各有一块长椭圆形褐斑，微凹陷，凹底平坦，并有小颗粒状突起。种皮革质，灰白色，表面覆盖辐射状裂纹的白色胶质薄层。种脐圆形或卵形，暗褐色，位于种子基部一侧的突出处。种子内含一大型直生胚，位于灰白色胚乳中。（见图1.110）

图1.110 望江南

111 决 明

学 名： *Cassia tora* L.
别 名： 草决明、羊明、羊角、还瞳子、假绿豆、马蹄子、羊角豆、野青豆、蓝豆、羊尾豆
英文名： Semen Cassiae

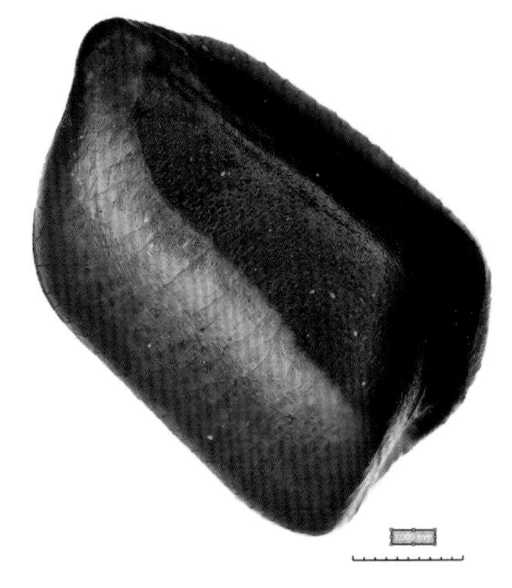

图 1.111 决 明

分类地位 被子植物门（Angiospermae）双子叶植物亚门（Dicotyledons）豆目（Fabales）蝶形花科（Papilionaceae）决明属（*Cassia*）。

地理分布 原产于中国长江以南地区。亚洲其他国家（地区）、美洲、非洲、大洋洲也有分布。

形态特征 荚果圆条形，内含多数种子，果皮光滑，成熟时开裂。种子菱形，长 3~5 毫米，径长 2.5~3 毫米，一端呈斜菱角状，另一端钝圆，种子两侧中部有 1 条稍弯曲的窄带状黄色条纹，微凹陷，近达种子的两端。种皮革质，黄褐色或棕褐色，表面平滑有光泽，外被一层不规则波状裂纹的胶质物，种脐椭圆形，位于种子基部。种瘤在种脐下边突出，自种脐至顶端有 1 条很长的种脊，呈褐色。胚体内含少量胚乳，子叶折叠成“S”形。（见图 1.111）

112 豆茶决明

学 名： *Cassia nomame*（Sieb.）Kit.
别 名： 关门草、山梅豆、山扁豆
英文名： Nomame senna

分类地位 被子植物门（Angiospermae）双子叶植物亚门（Dicotyledons）豆目（Fabales）蝶形花科（Papilionaceae）决明属（*Cassia*）。

地理分布 中国东北地区及河北、山东、浙江、江西、四川、贵州等地有分布。朝鲜、日本也有分布。

形态特征 荚果长圆形，种子菱状四方形，扁平，种皮棕褐色或深褐色，表面有明显成行排列的微小圆圈状凹陷，其中央有 1 条横线纹，位于种子稍下方，沿种脐下端的边缘有 1 条不甚明显的深色线纹。种子含丰富胚乳，子叶扁平而直或中部略弯。豆茶决明与山扁豆相似，区别在于前者的种子较大，种皮表面无明显的圆，中央具一横线的小圆圈状凹陷。（见图 1.112）

图 1.112 豆茶决明

113 ※ 茳芒决明

学　名： *Cassia sophera* L.
别　名： 槐叶决明
英文名： Algarrobilla

分类地位 被子植物门（Angiospermae）双子叶植物亚门（Dicotyledons）豆目（Fabales）蝶形花科（Papilionaceae）决明属（*Cassia*）。

地理分布 原产于亚洲热带地区，现广泛分布于世界热带和亚热带地区。中国中部、南部地区均有分布。

形态特征 荚果内含多数种子，近圆筒形，长达7~9厘米，边缘呈棕黄色，中间棕色，表面被疏毛，种子歪阔卵形或倒阔卵形，长4~5毫米，宽约4毫米，顶端圆形或斜圆形，在种子两面中央各有一长椭圆形或矩圆形斑块，微凹陷，凹底平坦，表面有小颗粒状突起，种皮质硬，暗浅绿褐色，无光泽，表面覆盖一层辐射状裂纹的胶质薄层，种脐位于种子基部一侧突尖处，卵形，边缘隆起，中部内缢，种瘤在种脐下边，不显著，种脊呈长脊棱状，有灰白色胚乳包围着胚体。（见图1.113）

图1.113 茳芒决明

苜蓿属

114 ※ 褐斑苜蓿

学　名： *Medicago Arabica*（L.）All.
英文名： Spotted medick

分类地位 被子植物门（Angiospermae）双子叶植物亚门（Dicotyledons）豆目（Fabales）蝶形花科（Papilionaceae）苜蓿属（*Medicago*）。

地理分布 原产于欧洲南部和地中海地区，现世界各地皆有引种栽培。

形态特征 荚果螺旋形，3~5圈，有深沟，每荚含种子数粒，果皮黄褐色，表面密生两排向两边反曲的刺，刺端呈钩状，疏生丝状毛。种子肾形，长3~3.5毫米，宽1.5~1.9毫米，两侧扁，种皮浅黄色至黄色，表面具微颗粒，有光泽。种脐圆形，径长约0.2毫米，褐色，凹陷，表面具白色覆盖物，位于种子腹面近中央。种瘤突起，深褐色，位于距种脐下边约0.3毫米处。种子含有极少量胚乳。（见图1.114）

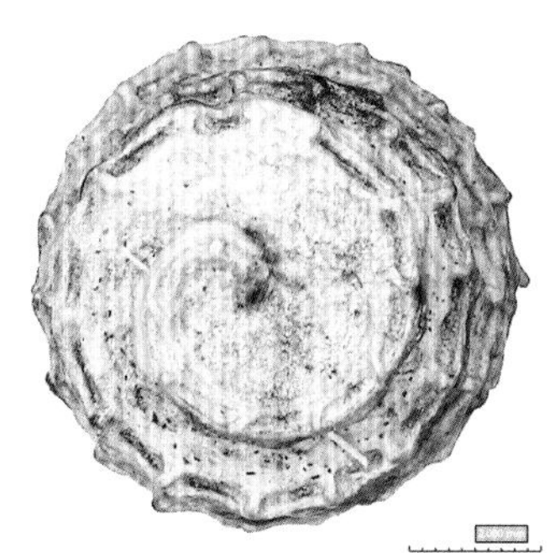
（a）正面

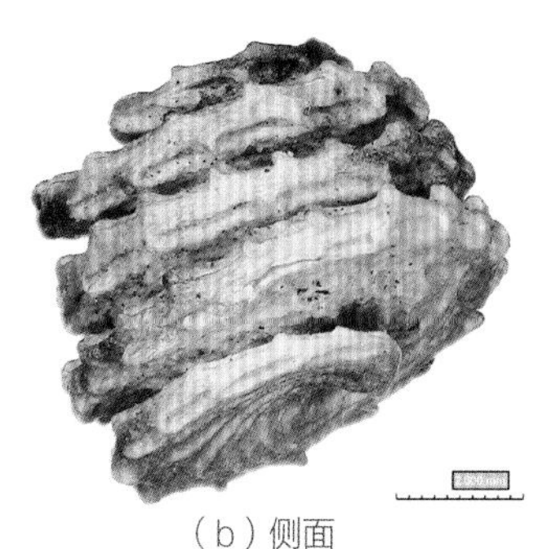
（b）侧面

图1.114 褐斑苜蓿

羽扇豆属

115 ⁘ 黄花羽扇豆

学　名： *Lupinus luteus* L.
别　名： 多叶羽扇豆
英文名： Yellow lupin

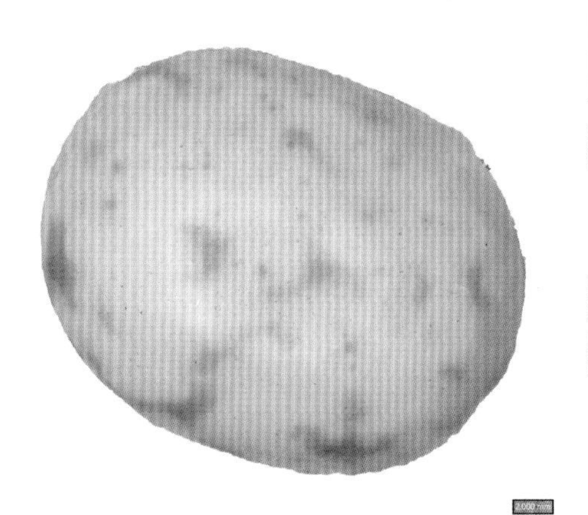
图 1.115 黄花羽扇豆

分类地位 被子植物门（Angiospermae）双子叶植物亚门（Dicotyledons）豆目（Fabales）蝶形花科（Papilionaceae）羽扇豆属（*Lupinus*）。

地理分布 分布于欧洲东部和南部。生长于田间荒地。

形态特征 种子矩圆形、肾形或近球形，略扁，长约 6.5 毫米，宽约 5.5 毫米，乳白色，有的杂有深色斑，表面光滑，稍有光泽，种脐位于底角，倒卵形或矩圆形，凹陷，黄褐色，中央具 1 条深褐色线状脐沟，周缘高高隆起，种脐与种瘤间具一带状黄褐色条纹，种脐另一端的延长线上也有同样条纹。种瘤位于种脐一端，微隆起，与种皮同色。（见图 1.115）

鹰嘴豆属

116 ⁘ 鹰嘴豆

学　名： *Cicer arietinum* Linn.
别　名： 回鹘豆、桃豆、鸡豆、诺胡提、羊角状鹰嘴豆、脑核豆
英文名： Chickpea

分类地位 被子植物门（Angiospermae）双子叶植物亚门（Dicotyledons）豆目（Fabales）蝶形花科（Papilionaceae）鹰嘴豆属（*Cicer Linn.*）。

地理分布 起源于西亚、地中海沿岸地区和埃塞俄比亚，现分布于地中海、亚洲、非洲、美洲。印度、土耳其、巴基斯坦、缅甸、墨西哥、埃塞俄比亚、西班牙、伊朗、摩洛哥和孟加拉国均有引种栽培。中国甘肃、青海、新疆、陕西、山西、河北、山东、台湾、内蒙古等地有引种栽培。

形态特征 荚果膨胀大，含种了 1- 10 粒，被腺毛，种了具喙，二裂至近球形，种皮平滑到具疣状突起或具刺，维管束延伸过合点，有分枝，无胚乳，胚根短。（见图 1.116）

图 1.116 鹰嘴豆

| 菜豆属 |

117 ⁘ 菜　豆

学　名：*Phaseolus vulgaris* Linn.
别　名：白芸豆、四季豆

分类地位 被子植物门（Angiospermae）双子叶植物亚门（Dicotyledons）豆目（Fabales）蝶形花科（Papilionaceae）菜豆属（*Phaseolus*）。

地理分布 原产于美洲，已广植于各热带至温带地区。中国各地均有栽培。

形态特征 荚果带形，稍弯曲，种子长椭圆形或肾形，白色、褐色、蓝色或有花斑，种脐通常为白色。（见图 1.117）

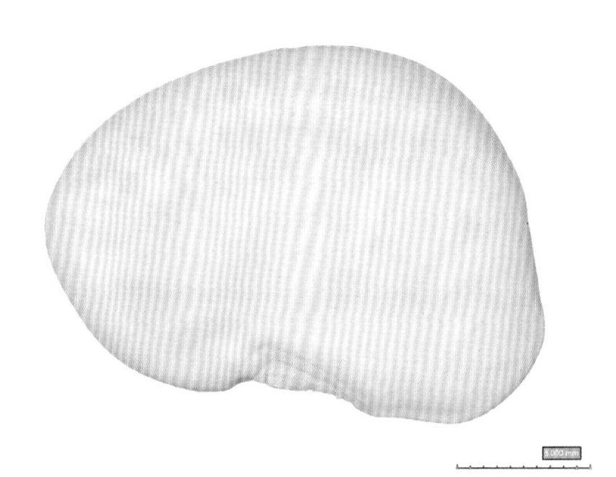

图 1.117 菜　豆

| 合萌属 |

118 ⁘ 田皂角

学　名：*Aeschynomene indica* Linn.
别　名：合萌、水松柏、水槐子、水通草、龙珠果

分类地位 被子植物门（Angiospermae）双子叶植物亚门（Dicotyledons）豆目（Fabales）蝶形花科（Papilionaceae）合萌属（*Aeschynomene*）。

地理分布 在中国，除草原、荒漠外，林区及其边缘均有分布。非洲、大洋洲及亚洲热带地区及朝鲜、日本也有分布。

形态特征 荚果线状长圆形，直或弯曲，长 3~4 厘米，宽约 3 毫米，腹缝直，背缝呈波状，荚节 4~10 个，平滑或中央有小疣突，不开裂，成熟时逐节脱落。种子黑棕色，肾形，长 3~3.5 毫米，宽 2.5~3 毫米。（见图 1.118）

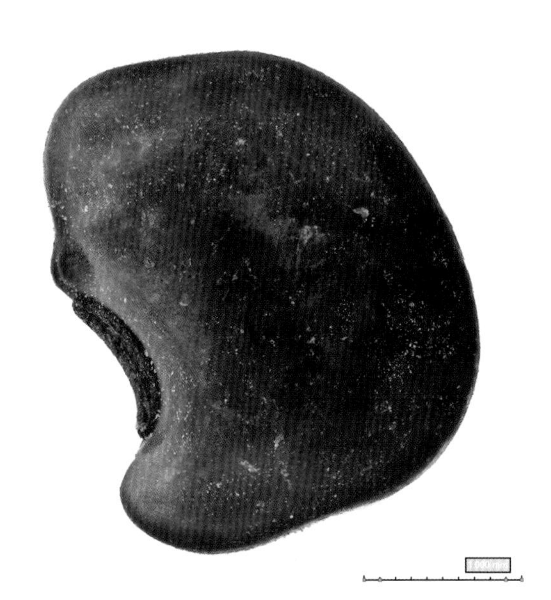

图 1.118 田皂角

| 木蓝属 |

119 ⁙ 野青树

学　名：*Indigofera suffruticosa* Mill.
别　名：假蓝靛
英文名：Guatemalan indigo

分类地位 被子植物门（Angiospermae）双子叶植物亚门（Dicotyledons）豆目（Fabales）蝶形花科（Papilionaceae）木蓝属（*Indigofera*）。

地理分布 原产于热带美洲，现广泛分布于世界热带地区。中国江苏、浙江、福建、台湾、广东、广西、云南有栽培。

形态特征 荚果镰状弯曲，长 1~1.5 厘米，紧挤，下垂，被毛，有种子 6~8 粒。种子短圆柱状，两端截平，干时为褐色。（见图 1.119）

图 1.119 野青树

120 ⁙ 毛木蓝

学　名：*Indigofera hirsuta* Linn. Sp. Pl.
别　名：刚毛木蓝

分类地位 被子植物门（Angiospermae）双子叶植物亚门（Dicotyledons）豆目（Fabales）蝶形花科（Papilionaceae）木蓝属（*Indigofera*）。

地理分布 产于中国浙江、福建、台湾、湖南、广东、广西及云南（河口）。生长于低海拔的山坡旷野、路旁、河边草地及海滨沙地上。热带非洲、亚洲、美洲及大洋洲也有分布。

形态特征 荚果线状圆柱形，长 1.5~2 厘米，直径 2.5~8 毫米，有展开的长硬毛，紧挤，有种子 6~8 粒，内果皮有黑色斑点，果梗下弯。（见图 1.120）

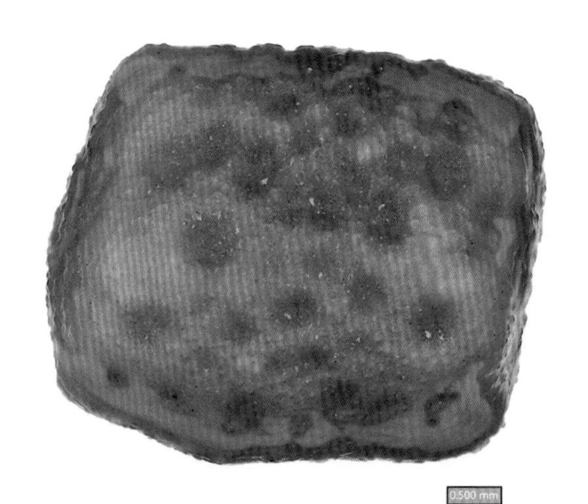

图 1.120 毛木蓝

十八、酢浆草科

1属1种

酢浆草属

121 酢浆草

学　名： *Oxalis corniculata* L.
别　名： 酸浆草、酸酸草、斑鸠酸、三叶酸、酸咪咪、钩钩草
英文名： Creeping woodsorrel

分类地位 被子植物门（Angiospermae）双子叶植物亚门（Dicotyledons）牻牛儿苗目（Geraniales）酢浆草科（Oxalidaceae）酢浆草属（*Oxalis*）。

地理分布 广泛分布于中国各地。亚洲温带和亚热带地区、欧洲、地中海和北美洲也有分布。

形态特征 蒴果圆柱状，具五棱，内含多数种子，果皮被短柔毛，成熟时胞背开裂，果皮卷曲。种子阔椭圆形，长 1.2~1.5 毫米，宽 0.7~1 毫米，两侧扁平，一端急尖。种子一侧中央有 1 条纵沟，沟两边各有 1 条纵脊棱，另一侧具 3 条纵脊棱，中间脊棱明显突出，种皮薄而脆，赭红色或深红棕色，表面具波浪状横棱，纹间深而宽，种子内含一直生胚，位于丰富的胚乳中。（见图 1.121）

图 1.121 酢浆草

十九、牻牛儿苗科

1属1种

老鹳草属

122 加洛林老鹳草

学　名： *Geranium carolinianum* L.
别　名： 野老鹳草
英文名： Carolina

分类地位 被子植物门（Angiospermae）双子叶植物亚门（Dicotyledons）牻牛儿苗目（Geraniales）牻牛儿苗科（Geraniaceae）老鹳草属（*Geranium*）。

地理分布 广泛分布于美洲以及中国各地。

形态特征 蒴果鸟喙状，果瓣向上卷曲，每瓣含种子1粒，果皮密被白色长柔毛，成熟时5瓣裂。种子阔椭圆形，长约2毫米，宽约1.3毫米，两端钝圆，种皮红褐色，表面具不甚明显而隐约可见的网状纹，网眼红褐色，网纹橘黄色。种脐微小圆形，稍突起，位于种子距基端约0.5毫米处，内脐圆形突起，褐色，在种脐与内脐之间有1条浅黄色的线状种脊，种子无胚乳，胚体淡黄色，子叶与胚根对折。（见图1.122）

图1.122 加洛林老鹳草

二十、凤仙花科

1属1种

凤仙花属

123 凤仙花

学　名：*Impatiens balsamina* L.
别　名：急性子、指甲花
英文名：Garden balsum

分类地位 被子植物门（Angiospermae）双子叶植物亚门（Dicotyledons）牻牛儿苗目（Geraniales）凤仙花科（Balsaminaceae）凤仙花属（*Impatiens*）。

地理分布 原产于南亚，现广泛分布于世界温带及热带地区。中国南北方均有栽培。以栽培供观赏为主。

形态特征 一年生草本，果实为肉质蒴果，纺锤形，密生茸毛，内含多数种子，成熟时种子被弹出。种子广椭圆形，长 2.5~4 毫米，宽 2~3 毫米，厚 1.2~2 毫米，赤褐色，顶端钝圆，基部稍斜圆，种子横切面椭圆形，一面稍平直，表面粗糙，具粗皱纹，密布锈褐色颗粒状突起和稀疏的橙黄色短条状附属物，易除掉。种脐位于种子腹面基部的一侧，圆形微突出，自种脐开始沿种子腹面中部直达顶端有 1 条细凹纹，种胚直生，黄白色，种子无胚乳。（见图 1.123）

图 1.123 凤仙花

二十一、亚麻科

1属1种

亚麻属

124 亚 麻

学　名： *Linum usitatissimum* L.
别　名： 鸦麻、胡麻饭、山西胡麻、山脂麻、胡脂麻、胡麻
英文名： Wild Flax

分类地位 被子植物门（Angiospermae）双子叶植物亚门（Dicotyledons）亚麻目（Linales）亚麻科（Linaceae）亚麻属（*Linum*）。

地理分布 中国东北、华北、西北、华东等地有分布。朝鲜、日本和俄罗斯也有分布。生长于向阳草地、荒地、山坡或灌木丛中。

形态特征 蒴果球形，成熟时顶端5瓣开裂，内分5室，每室有种子2粒。种子扁倒卵形，长4~4.5毫米，宽约2毫米，顶端钝圆，基部钝尖，种子周边较薄，颜色较浅，种皮革质，红褐色或深褐色，表面平滑有光泽，种脐长形，位于种子一侧下端凹口处，种胚直生，内无胚乳。（见图1.124）

图1.124 亚　麻

二十二、大戟科

3属4种

铁苋菜属

125 铁苋菜

学　名： *Acalypha australis* L.
别　名： 木夏草、血见愁
英文名： Copperleaf

分类地位 被子植物门（Angiospermae）双子叶植物亚门（Dicotyledons）大戟目（Euphorbiales）大戟科（Euphorbiaceae）铁苋菜属（*Acalypha*）。

地理分布 中国长江流域和黄河流域的中下游等地有分布。朝鲜、日本、越南、菲律宾也有分布。

形态特征 果实为蒴果，钝三棱状球形，直径 3~4 毫米，表面瘤状突起，具 3 室，每室含种子 1 粒。种子倒卵形，长 1.5~2.1 毫米，宽厚均为 1.2~1.5 毫米，黑褐色，表面近平滑，具极微细的网状纹，被一薄层灰白色附属物，乌暗无光泽，顶端圆形，基部较尖。种阜长圆形，白色透明，明显突起，易脱落。种脊线形，暗褐色，自种阜端部直达合点，合点细小点状。种脐位于种子基部内侧。种胚直立细小，乳白色，位于丰富的油质胚乳中央。（见图 1.125）

图 1.125 铁苋菜

叶下珠属

126 蜜柑草

学　名： *Phyllanthus matsumurae* Hayata
别　名： 篦棵棵、苗子草
英文名： Mastsumura leafflower

分类地位 被子植物门（Angiospermae）双子叶植物亚门（Dicotyledons）大戟目（Euphorbiales）大戟科（Euphorbiaceae）叶下珠属（*Phyllanthus*）。

地理分布 中国江苏、安徽、浙江、福建有分布。日本也有分布。为田园杂草。

形态特征 蒴果球形，稍扁，成熟时 3 瓣裂，每果瓣内含种子 1 粒，果皮表面近平滑，具细果梗。种子三棱状倒阔卵形，长约 1.6 毫米，宽约 1 毫米，背面拱圆，腹部中间有 1 条隆起的纵脊，把腹部分成两个相等的凹陷斜面。种皮黄褐色，表面密生细微的瘤状突起，并有稀疏的黑褐色斑纹。种脐小，近圆形，位于种子腹面的基部。种子含有胚乳，胚直生。（见图 1.126）

图 1.126 蜜柑草

大戟属

127 ※ 大 戟

学　名：*Euphorbia pekinensis* Rupr.
别　名：湖北大戟、京大戟、北京大戟

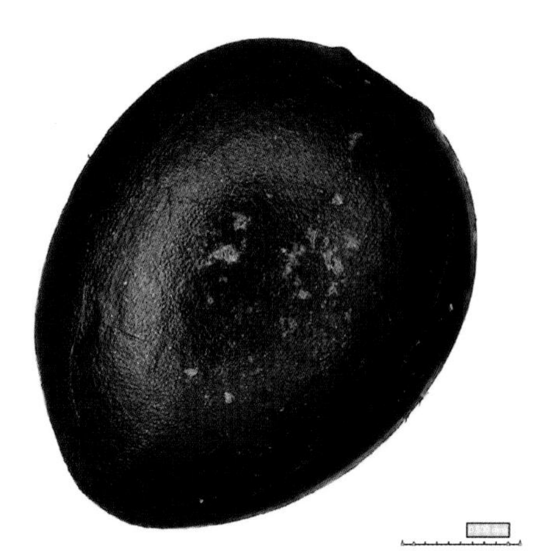
图 1.127 大 戟

分类地位 被子植物门（Angiospermae）双子叶植物亚门（Dicotyledons）大戟目（Euphorbiales）大戟科（Euphorbiaceae）大戟属（*Euphorbia*）。

地理分布 中国各地（除台湾、云南、西藏和新疆外）广泛分布，在北方尤为普遍。朝鲜和日本也有分布。

形态特征 蒴果球状，长约 4.5 毫米，直径 4~4.5 毫米，被稀疏的瘤状突起，成熟时分裂为 3 个分果瓣。花柱宿存且易脱落。种子长球状，长约 2.5 毫米，直径 1.5~2 毫米，暗褐色或微光亮，腹面具浅色条纹。种阜近盾状，无梗。（见图 1.127）

128 ※ 乳浆大戟

学　名：*Euphorbia esula* Linn.
别　名：乳浆草、宽叶乳浆大戟、松叶乳汁大戟、东北大戟、岷县大戟、太鲁阁大戟、新疆大戟、华北大戟、猫眼草、猫眼睛、新月大戟、欧洲柏大戟

图 1.128 乳浆大戟

分类地位 被子植物门（Angiospermae）双子叶植物亚门（Dicotyledons）大戟目（Euphorbiales）大戟科（Euphorbiaceae）大戟属（*Euphorbia*）。

地理分布 广泛分布于欧亚大陆，且归化于北美。在中国各地（除海南、贵州、云南和西藏外）广泛分布。生长于路旁、杂草丛、山坡、林下、河沟边、荒山、沙丘及草地。

形态特征 多年生草本。蒴果三棱状球形，长与直径均为 5~6 毫米，具 3 个纵沟；花柱宿存；成熟时分裂为 3 个分果。种子卵球状，长 2.5~3 毫米，直径 2~2.5 毫米，成熟时为黄褐色。种阜盾状，无柄。（见图 1.128）

| 二十三、伞形科 |

6 属 8 种

| 欧芹属 |

129 愚人欧芹

学　名： *Aethusa cynapium*
别　名： 毒欧芹、犬毒芹、小毒芹
英文名： Fool's Parsley

分类地位 被子植物门（Angiospermae）双子叶植物亚门（Dicotyledons）伞形目（Umbelliflorae）伞形科（Umbelliferae）欧芹属（*Petroselinum*）。

地理分布 原产于亚洲和欧洲。

形态特征 双悬果。分果瓣卵圆形，长 2~3 毫米，宽、厚均为 0.9~1.5 毫米，黄褐色至暗褐色，背面具 5 条明显突起显著隆起，棱边内凹成细沟，胚乳丰富，黄褐色。愚人欧芹有毒，含荷兰芹碱等生物碱。（见图 1.129）

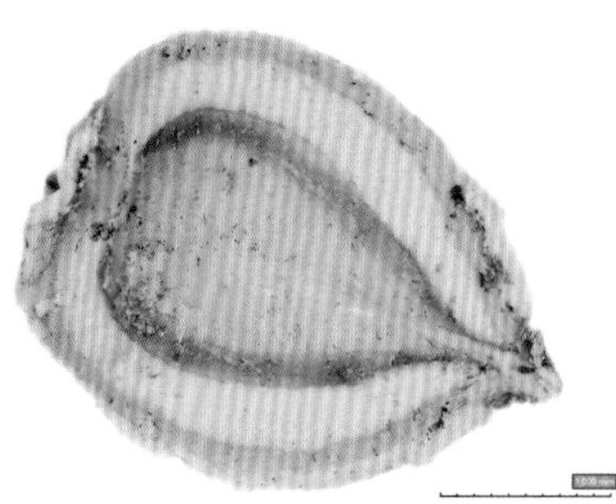

（a）腹面

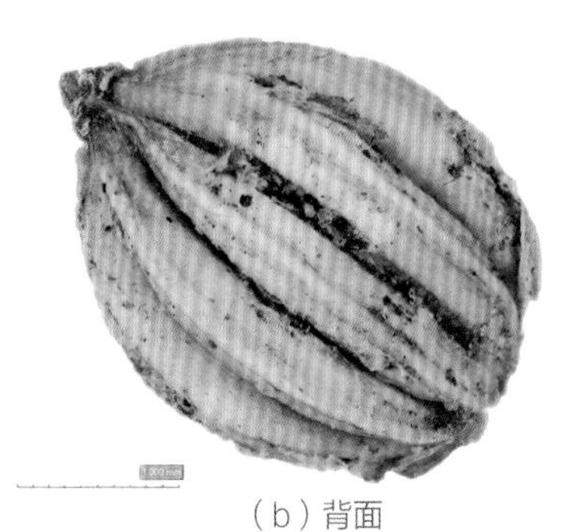

（b）背面

图 1.129 愚人欧芹

130 皱叶欧芹

学　名： *Petroselinum crispum*（Mill.）Mansfeld.
英文名： Curly garden parsleynym., Curly garden parsley

分类地位 被子植物门（Angiospermae）双子叶植物亚门（Dicotyledons）伞形目（Umbelliflorae）伞形科（Umbelliferae）欧芹属（*Petroselinum*）。

地理分布 原产于地中海地区，美国有引种栽培，中国尚无记载。

形态特征 果实为双悬果，分果瓣卵圆形，长 2~3 毫米，宽厚均为 0.9~1.5 毫米，灰白色、黄褐色至暗褐色，背面显著隆起，具 5 条明显突起的淡黄褐色纵脊棱，棱间宽，略隆起，棱边内凹成细沟，腹面纵向内凹，顶端渐尖，花柱宿存，成短喙状，基部钝圆，果实横切面呈面包形，周缘波浪状。胚体小，胚乳丰富，黄褐色。（见图 1.130）

图 1.130 皱叶欧芹

前胡属

131 ⁘ 前　胡

学　名： *Peucedanum praeruptorum* Dunn
别　名： 白花前胡、鸡脚前胡、官前胡、山独活

分类地位 被子植物门（Angiospermae）双子叶植物亚门（Dicotyledons）伞形目（Umbelliflorae）伞形科（Umbelliferae）前胡属（*Peucedanum*）。

地理分布 中国大部分地区广泛分布。生长于海拔250~2000米的山坡林缘、路旁或半阴性的山坡草丛中。

形态特征 多年生草本，果实卵圆形，背部扁压，长约4毫米，宽约3毫米，棕色，有稀疏短毛，背棱线形稍突起，侧棱呈翅状，比果体窄，稍厚，棱槽内油管3~5条，合生面油管6~10条，胚乳腹面平直。（见图1.131）

图1.131 前　胡

蛇床属

图1.132 蛇　床

132 ⁘ 蛇　床

学　名： *Cnidium monnieri*（L.）Cuss.
别　名： 蛇床子、假茴香、野芫荽
英文名： Common cnidium

分类地位 被子植物门（Angiospermae）双子叶植物亚门（Dicotyledons）伞形目（Umbelliflorae）伞形科（Umbelliferae）蛇床属（*Cnidium*）。

地理分布 分布于中国各地以及朝鲜、俄罗斯远东地区和欧洲其他一些国家。生长于农田、路旁、草丛。

形态特征 分果瓣阔椭圆形，一面平一面凸，长约2毫米，宽约1.2毫米，黄褐色，表面粗糙，背面翅状纵棱5条，翅间各有棱状油管1条，平的一面有棱状油管2条。（见图1.132）

窃衣属

133 ⁘ 窃 衣

学　名： *Torilis scabra*（Thunb.）DC.
别　名： 破子草、水防风、华南鹤虱
英文名： Common hedgeparsley

分类地位 被子植物门（Angiospermae）双子叶植物亚门（Dicotyledons）伞形目（Umbelliflorae）伞形科（Umbelliferae）窃衣属（*Torilis*）。

地理分布 中国西北、华北、中南、西南等地有分布。朝鲜、日本也有分布。

形态特征 双悬果长椭圆形，悬果瓣呈半长椭圆形，两端尖，长约 6 毫米（不含残存花柱），宽约 1 毫米，背面拱形，表面具 4 条宽棱，棱上生许多皮刺，刺末端稍弯，棱间有小棱，棱上无刺，果瓣接合面平坦，中间深凹，其凹口边缘有斜向上的直生白色刺状毛，果实顶端有残存花柱，呈尖头状。果内含种子 1 粒，果皮灰褐色，种子含丰富的胚乳，胚体微小。（见图 1.133）

（a）腹面
（b）背面

图 1.133 窃　衣

134 ⁘ 破子草

学　名： *Torilis japonica*（Houtt.）DC.
别　名： 小窃衣
英文名： Japanese Hedgeparsley

分类地位 被子植物门（Angiospermae）双子叶植物亚门（Dicotyledons）伞形目（Umbelliflorae）伞形科（Umbelliferae）窃衣属（*Torilis*）。

地理分布 中国各地有分布。亚洲其他国家（地区）、欧洲、非洲北部也有分布。生长于山坡、路旁、荒地，为田野杂草。

形态特征 一年生或二年生草本，双悬果，分果瓣卵状椭圆形，长 1.5~3.5 毫米，宽 0.8~1.2 毫米，背面钝圆，具 3 条纵脊陵，棱上着生较细的斜向上内弯的黄绿色钩刺，棱间凹成纵沟，腹面内弯曲，中间有 1 条纵脊，脊间灰褐色，顶端钝圆，具残存花柱，基部渐窄而尖突，果脐位于果实腹面的近端部，果实横切面宽肾形，有数个暗褐色的油管，胚体微小，黄绿色，内含丰富的与胚近同色的胚乳。（见图 1.134）

图 1.134 破子草

峨参属

135 刺毛峨参

学　名：Anthriscus caucalis
别　名：钩刺峨参

分类地位 被子植物门（Angiospermae）双子叶植物亚门（Dicotyledons）伞形目（Umbelliflorae）伞形科（Umbelliferae）峨参属（*Anthriscus*）。

地理分布 原产于欧洲和亚洲地区，现美洲也有分布，中国的连云港有记载。

形态特征 一年生草本，双悬果长卵形，长约 3 毫米，表面有钩状刺毛内折的小尖头，花柱基圆锥状，花柱 2 枚，极短，对弯，基部有一环细毛，顶端具短圆柱状的喙，喙长约为果长的 1/3，喙部具显著棱。（见图 1.135）

图 1.135 刺毛峨参

葛缕子属

136 葛缕子

学　名：*Carum carvi* L.
别　名：子午茴香、波斯小茴香

分类地位 被子植物门（Angiospermae）双子叶植物亚门（Dicotyledons）伞形目（Umbelliflorae）伞形科（Umbelliferae）葛缕子属（*Carum*）。

地理分布 原产于欧洲、亚洲温带地区，在中国分布于东北、华北、西北以及四川、西藏等地的路旁、草原或林缘。朝鲜、蒙古国也有分布。欧洲、北非以及美国、俄罗斯等有栽培。喜生长于海拔 2000 米以上的向阳山坡。

形态特征 果实长卵形，长 4~5 毫米，宽约 2 毫米，成熟后为黄褐色，果棱明显，每棱槽内有油管 1 个，合生面有油管 2 个。（见图 1.136）

图 1.136 葛缕子

二十四、旋花科

3 属 8 种

旋花属

137 田旋花

学　名： *Convolvulus arvensis* L.
别　名： 箭叶旋花、田野旋花
英文名： Field Bindweed, European glorybind

分类地位 被子植物门（Angiospermae）双子叶植物亚门（Dicotyledons）茄目（Solanales）旋花科（Convolvulaceae）旋花属（*Convolvulus*）。

地理分布 原产于欧洲，现已遍布全世界温带及亚热带地区，为农田有害杂草。中国北方地区普遍有分布。

形态特征 多年生草本，蒴果卵形，2 室，每室含种子 3~4 粒，有时 1 粒或 2 粒。种子三棱状长椭圆形或倒卵形，长 3.5~4.5 毫米，宽 2~3 毫米，暗褐色，乌暗无光泽，表面粗糙，具黄褐色的短条形波状突起，背面圆形隆起，腹面中央具纵脊，较钝脊的两侧面平坦或微内凹，两端钝圆，腹面的纵脊端部凹入，种子横切面近扇形，纵切面近斜卵圆形。种脐位于种子腹面纵脊基端的凹陷处，呈广倒“U”字形，缺口位于种子基部，胚折叠，子叶卷曲，有少量黄褐色胚乳。（见图 1.137）

（a）腹面

（b）背面

图 1.137 田旋花

茑萝属

138 圆叶茑萝

学　名： *Quamoclit coccinea*（L.）Moench
别　名： 橙红茑萝
英文名： Scarlet morningglory

分类地位 被子植物门（Angiospermae）双子叶植物亚门（Dicotyledons）茄目（Solanales）旋花科（Convolvulaceae）茑萝属（*Quamoclit*）。

地理分布 原产于热带美洲，现已传入全世界温带地区。中国各地有栽培供观赏或逸生为野草。

形态特征 一年生蔓性草本，蒴果圆球形，直径 5 毫米，为宿存萼所包 4 室，每室含种子 1~4 粒。种子三棱状圆形，长宽均为 3~3.5 毫米，暗褐色至黑褐色，乌暗无光泽，表面密被微毛，背面弓隆，中央有 1 条纵的浅凹沟，沟两侧近中部各有一纵脊隆起，隆脊钝圆，腹面中央纵脊突起，两侧面稍平坦，两端圆形，种子横切面斜四方形或多边形。种脐位于腹面纵脊的端部，马蹄形缺口端狭窄，端部明显隆起，种脐底部及周缘密生褐色的短茸毛。种胚折叠，子叶卷曲，黄褐色，有少量内胚乳。（见图 1.138）

（a）腹面

（b）背面

图 1.138 圆叶茑萝

139 ⁘ 茑 萝

学 名： *Quamoclit pennata*（Lam.）Bojer
别 名： 密萝松、五角星花、狮子草
英文名： Cypressvine morninglory, Cypressvine

分类地位 被子植物门（Angiospermae）双子叶植物亚门（Dicotyledons）茄目（Solanales）旋花科（Convolvulaceae）茑萝属（*Quamoclit*）。

地理分布 原产于热带美洲，现广泛分布于世界温带地区。中国各地有栽培。

形态特征 蒴果卵形，长 7~8 毫米，为宿存萼所包，通常内含种子 4 粒，种子短棒倒卵形，长 4.5~5.6 毫米，宽 2.2~2.5 毫米，厚约 2.3 毫米，暗褐色至黑褐色，乌暗无光泽，上部窄长，基部宽大，两端钝圆，表面具微小刻点，粗糙被微毛，背面自中部以下显著膨胀隆起，其中央有 1 条隐约可见的细纵沟，腹面中央隆起钝圆，种子横切面正圆形或近正圆形，纵切面长卵圆形。种脐位于种子腹面纵脊端部的凹陷处，马蹄形而略扁，凹陷，底部及周缘密被暗棕色短绒毛，缺口端狭窄，端部明显隆起。种胚折叠，子叶卷曲，黄白色，有少量内胚乳。（见图 1.139）

图 1.139 茑 萝

番薯属

140 ⁘ 圆叶牵牛

学 名： *Pharbitis purpurea*（L.）Voigt.
别 名： 紫花牵牛、毛牵牛
英文名： Roundleaf pharbitis, Morningglory

分类地位 被子植物门（Angiospermae）双子叶植物亚门（Dicotyledons）茄目（Solanales）旋花科（Convolvulaceae）番薯属（*Ipomoea*）。

地理分布 原产于热带美洲，现广泛分布于世界温带地区。中国黑龙江、吉林、辽宁、河北、江苏、山西、山东、陕西、青海、新疆等地有分布。野生或栽培，供观赏或药用。

形态特征 一年生茎缠绕草本。蒴果球形，成熟时为宿存萼所包，3 室，每室含种子 2 粒。种子三棱状倒卵形，长 4~5 毫米，宽 3.5~4 毫米，黑褐色，乌暗无光泽，表面密布微小刻点，背面隆起，中央有 1 条宽而浅的纵凹沟，腹面具一突起的钝纵脊，把腹面分成两个斜侧面，侧面上通常具 1~2 条粗横皱纹，腹面纵脊基端斜凹，种子横切面钝三角形，纵切面近半圆形。种脐位于种子腹面基部斜凹陷处，马蹄形，缺口宽大，朝向基部，明显凹入，边缘的毛较长，棕褐色。种胚折叠，子叶极卷曲，黄白色内含少量胚乳。（见图 1.140）

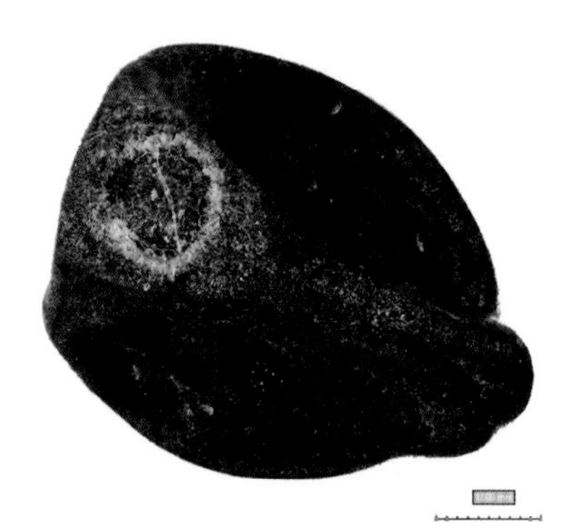

图 1.140 圆叶牵牛

141 ⁙ 裂叶牵牛

学　名： *Pharbitis nil*（Linn）Choisy
别　名： 牵牛
英文名： Imperial Japanese morningglory

图 1.141 裂叶牵牛

分类地位 被子植物门（Angiospermae）双子叶植物亚门（Dicotyledons）茄目（Solanales）旋花科（Convolvulaceae）番薯属（*Ipomoea*）。

地理分布 分布于世界各地。中国有分布。生长于果菜园、桑园、农田、路旁等处。

形态特征 种子为三面体状，恰似 1/4 西瓜，背面弓形隆起，中央具 1 条宽而浅的纵沟，腹面由一纵脊分成两个平面，黑色或黑褐色，长约 5 毫米，宽约 3.5 毫米，表面常被毛毡状极细微毛，边缘较锐，腹脊钝。种脐位于种子腹面纵脊的下方，马蹄形凹陷，密被棕色短毛。（见图 1.141）

142 ⁙ 小白花牵牛

学　名： *Ipomoea lacunosa* L.
别　名： 牵牛
英文名： Pitted morningglory

分类地位 被子植物门（Angiospermae）双子叶植物亚门（Dicotyledons）茄目（Solanales）旋花科（Convolvulaceae）番薯属（*Ipomoea*）。

地理分布 美国有分布，中国尚无记载。为农田杂草。

形态特征 一年生草本。果实为蒴果，球形 2 室，每室通常含种子 2 粒。种子三棱状宽卵形，长 4~5 毫米，宽 3.5~4 毫米，棕褐色，表面平滑，角质有光泽，两端钝尖，背面显著隆起，腹面 1 毫米 。具一纵脊突起，使腹面形成两斜面，微凹，腹面纵脊端处凹陷，种子横切面近扇形，纵切面长钝三角形。种脐位于种子腹面端部的凹陷处，大而明显，马蹄形，中间不内凹，具细颗粒状，脐缘平滑无毛，缺口宽大并朝向种子的基部。种胚折叠，子叶极卷曲，淡黄色，有少量胚乳。（见图 1.142）

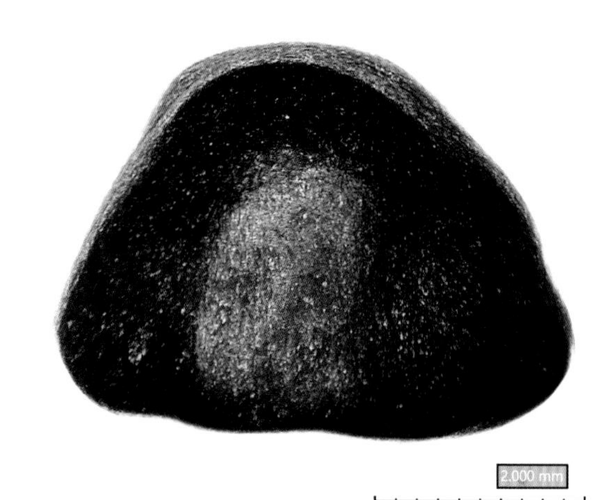

图 1.142 小白花牵牛

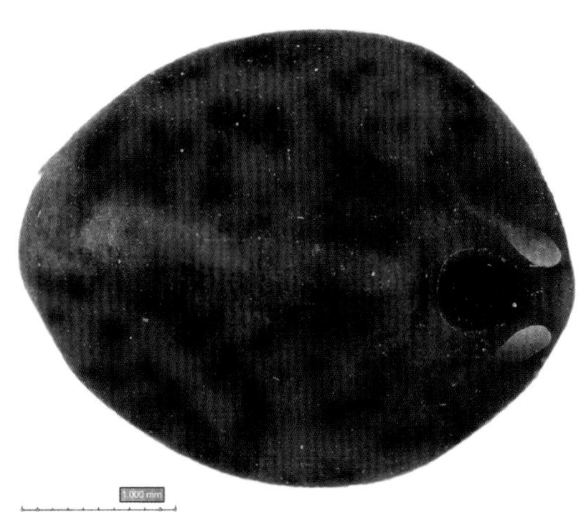

图 1.143 三裂叶薯

143 三裂叶薯

学　名： *Ipomoea triloba* L.
别　名： 小花假番薯、红花野牵牛

分类地位 被子植物门（Angiospermae）双子叶植物亚门（Dicotyledons）茄目（Solanales）旋花科（Convolvulaceae）番薯属（*Ipomoea*）。

地理分布 原产于热带美洲，现已成为热带地区的杂草。在中国产于广东及其沿海岛屿、台湾高雄。生长于丘陵路旁、荒草地或田野。

形态特征 蒴果近球形，高 5~6 毫米，具花柱基形成的细尖，被细刚毛，2 室 4 瓣裂，含种子 4 粒或较少，种子长 3.5 毫米，无毛。（见图 1.143）

144 五爪金龙

学　名： *Ipomoea cairica*（L.）Sweet
别　名： 槭叶牵牛、番仔藤、台湾牵牛花、掌叶牵牛、五爪龙

分类地位 被子植物门（Angiospermae）双子叶植物亚门（Dicotyledons）茄目（Solanales）旋花科（Convolvulaceae）番薯属（*Ipomoea*）。

地理分布 原产于亚洲或非洲热带地区，现广泛栽培或归化于所有热带地区。在中国分布于台湾、福建、广东及其沿海岛屿、广西、云南，在华南地区已广泛蔓延。

形态特征 蒴果近球形，高约 1 厘米，2 室，4 瓣裂。种子黑色，长约 5 毫米，边缘被褐色柔毛。（见图 1.144）

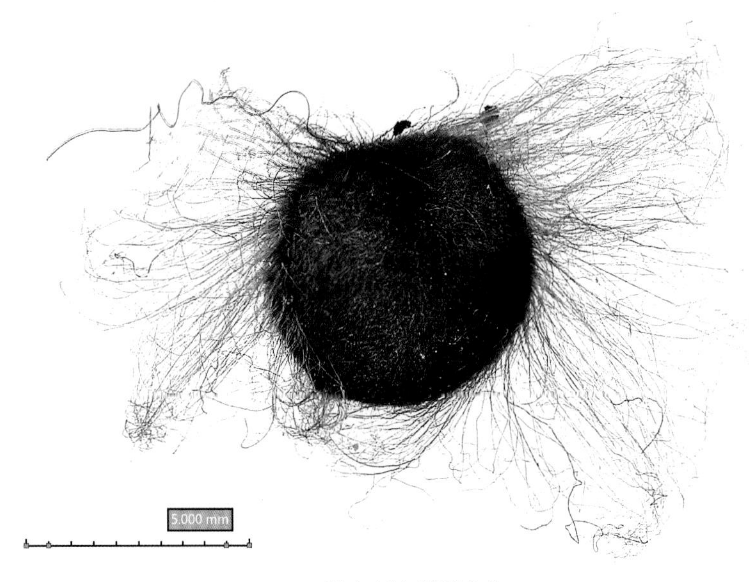

图 1.144 五爪金龙

二十五、泽泻科

2属4种

慈姑属

145 慈　姑

学　名：*Sagittaria trifolia* L. var. sinensis (Sims.) Makino

别　名：华夏慈姑、藉姑、槎牙、茨菰、白地栗

分类地位 被子植物门 (Angiospermae) 双子叶植物亚门 (Dicotyledons) 泽泻目 (Alismatales) 泽泻科 (Alismataceae) 慈姑属 (*Sagittaria*)。

地理分布 原产于中国。亚洲、欧洲、非洲的温带和热带地区均有分布。在欧洲多用于观赏，在中国、日本、印度和朝鲜用作蔬菜。在中国分布于长江流域及其以南各省，太湖沿岸及珠江三角洲为主产区，北方有少量栽培。

形态特征 多年生草本，瘦果两侧压扁，长约 4 毫米，宽约 3 毫米，倒卵形，具翅，背翅多少不整齐，果喙短，自腹侧斜上。种子褐色。(见图 1.145)

图 1.145 慈　姑

146 矮慈姑

学　名：*Sagittaria pygmaea* Miq.

别　名：凤梨草、瓜皮草、线叶慈姑

分类地位 被子植物门 (Angiospermae) 双子叶植物亚门 (Dicotyledons) 泽泻目 (Alismatales) 泽泻科 (Alismataceae) 慈姑属 (*Sagittaria*)。

地理分布 分布于越南、泰国、朝鲜、日本和中国等地，在中国广泛分布。生长于沼泽、水田、沟溪浅水处。

形态特征 一年生，稀多年生沼生或沉水草本，瘦果两侧压扁，具翅，近倒卵形，长 3~5 毫米，宽 2.5~3.5 毫米，背翅具鸡冠状齿裂，果喙自腹侧伸出，长 1~1.5 毫米。(见图 1.146)

图 1.146 矮慈姑

图 1.147 弯喙慈菇

147 ⁘ 弯喙慈菇

学　名：*Sagittaria latifolia* Willd.
别　名：弯喙慈菇

分类地位 被子植物门（Angiospermae）双子叶植物亚门（Dicotyledons）泽泻目（Alismatales）泽泻科（Alismataceae）慈姑属（*Sagittaria*）。

地理分布 北美洲东部和中部。

形态特征 多年生草本植物，瘦果黄褐色，具翅，近倒卵形，长 2~3 毫米，宽约 2 毫米，背翅具鸡冠状齿裂，果喙自腹侧伸出，长约 0.5 毫米。（见图 1.147）

| 泽泻属 |

148 ⁘ 泽　泻

学　名：*Alisma plantago-aquatica* Linn.
别　名：水泽、如意花

分类地位 被子植物门（Angiospermae）双子叶植物亚门（Dicotyledons）泽泻目（Alismatales）泽泻科（Alismataceae）泽泻属（*Alisma*）。

地理分布 分布于亚洲、欧洲、非洲、北美洲、大洋洲，在中国分布广泛。

形态特征 瘦果椭圆形或近矩圆形，长约 2.5 毫米，宽约 1.5 毫米，背部具 1~2 条不明显浅沟，下部平，果喙自腹侧伸出，喙基部突起膜质。种子紫褐色，具突起。（见图 1.148）

图 1.148 泽　泻

二十六、紫草科

9 属 12 种

琴颈草属

149 中间型琴颈草

学　名： *Amsinckia intermedia* Fisch. et Mey

分类地位 被子植物门（Angiospermae）双子叶植物亚门（Dicotyledons）紫草目（Boraginales）紫草科（Boraginaceae）琴颈草属（*Amsinckia*）。

地理分布 美国和澳大利亚有分布，中国尚无记载。为田间杂草。

形态特征 小坚果三角状长卵形，长 2~2.5 毫米，宽 1.2~1.5 毫米，灰褐色，上部渐窄成角状，向内弯，基部宽而钝圆，背面突圆，中央显著隆起成纵脊状，自基部延伸达顶端，腹面内凹，中央有一稍成波浪状的纵隆脊，表面极粗糙，具外突不一的细颗粒状突起，形成不规则略呈波状的横皱纹，小坚果内含种子 1 粒，果脐位于果实腹面的纵隆脊相连的基部，披针形至长卵圆形。种皮膜质。种胚弯生，多油质无胚乳。（见图 1.149）

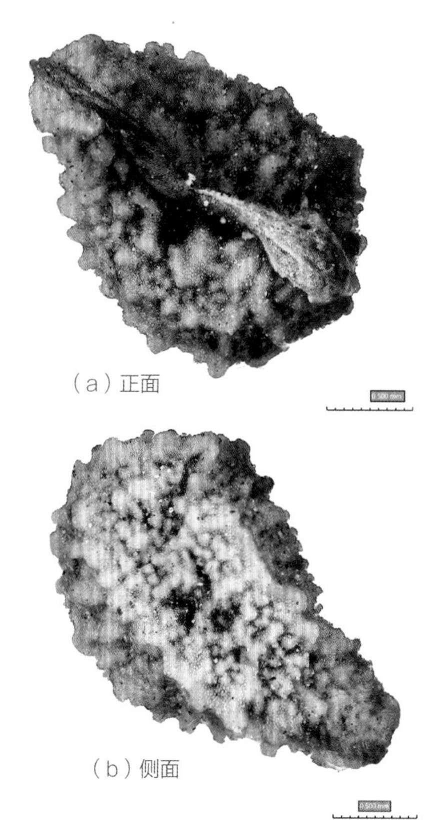

（a）正面

（b）侧面

图 1.149 中间型琴颈草

150 道格拉斯琴颈草

学　名： *Amsinckia douglasiana* A. DC.

英文名： Douglass fiddleneck

分类地位 被子植物门（Angiospermae）双子叶植物亚门（Dicotyledons）紫草目（Boraginales）紫草科（Boraginaceae）琴颈草属（*Amsinckia*）。

地理分布 澳大利亚有分布，中国尚无记载。为田间杂草。

形态特征 小坚果近三角状长卵形，长 2.5~3 毫米，宽 1.5~2.1 毫米，灰黄褐色至灰黑色，上部渐窄延长成钝角状，略向内弯，基部钝圆，表面极粗糙，具琉璃质颗粒状突起和不规则略呈波状的横皱纹，背面圆形隆起，中央有一显著的纵脊弯曲状，腹面中央有一略弯的纵脊把腹面分成两个斜面，果实内含种子 1 粒。果脐位于果实腹面基部，较大，宽卵圆形，灰白色。种皮薄膜质，黄褐色。种胚直生，略向内弯，富含油质无胚乳。（见图 1.150）

图 1.150 道格拉斯琴颈草

| 牛舌属 |

151 ※ 牛舌草

学　名：*Anchusa azurea* Mill.
别　名：蝎子草、华丽景天、长药景天、羊蹄、齿果羊蹄、羊蹄大黄、土大黄、牛舌棵子、野甜菜、土王根、牛舌头棵、牛耳大黄
英文名：Large bluealkanet

分类地位 被子植物门（Angiospermae）双子叶植物亚门（Dicotyledons）紫草目（Boraginales）紫草科（Boraginaceae）牛舌属（*Anchusa*）。

地理分布 原产于地中海地区，中国有栽培，世界其余各国（地区）也有栽培。生长于田边和道旁。为田间杂草或栽培供观赏。

形态特征 多年生草本，果实为小坚果，褐色或灰褐色，长5~8.5毫米，宽厚均为3~4.5毫米，表面极粗糙，具明显突起的琉璃质粗皱纹，纹间密布颗粒状突起，具釉质光泽，背面圆隆，呈卵状椭圆形，中央有从基部直达顶端的纵隆脊1条，腹面中央隆起成纵脊棱，把腹面分成两个斜面，顶端钝圆，基部宽圆。果内含种子1粒，横切面近圆形。果脐位于基端，大而明显，近圆形，浅凹陷，凹穴内有近圆形显著外突的白色饵体，周边具凹凸不平的瘤状突起形成的衣领环。种胚大而直立，富含油质，无胚乳。（见图1.151）

图1.151 牛舌草

| 紫草属 |

152 ※ 紫　草

学　名：*Lithospermum erythrorhizon* Sieb. et Zucc.
别　名：大紫草、茈草、紫丹、地血、鸦衔草、紫草根、山紫草、硬紫草

分类地位 被子植物门（Angiospermae）双子叶植物亚门（Dicotyledons）紫草目（Boraginales）紫草科（Boraginaceae）紫草属（*Lithospermum*）。

地理分布 分布于朝鲜、日本和中国。生长于山坡草地。

形态特征 小坚果卵球形，乳白色或带淡黄褐色，长约3.5毫米，平滑，有光泽，腹面中线凹陷呈纵沟。（见图1.152）

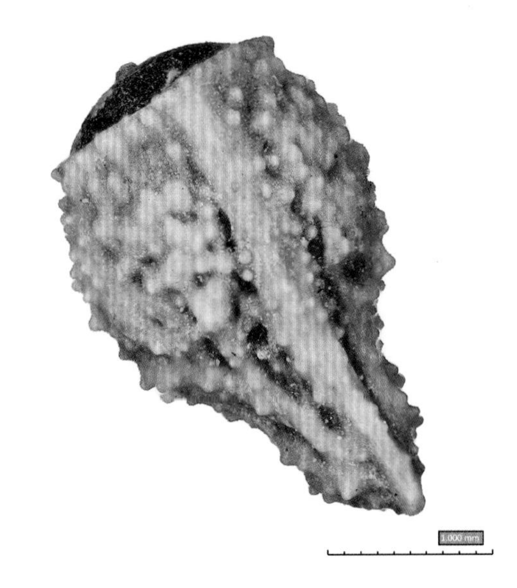

图1.152 紫　草

153 ⁘ 大紫草

学　名：*Lithospermum arvense* L.
别　名：麦家公
英文名：Field gromwell, Corn gromwell

分类地位 被子植物门（Angiospermae）双子叶植物亚门（Dicotyledons）紫草目（Boraginales）紫草科（Boraginaceae）紫草属（*Lithospermum*）。

地理分布 在中国分布于东北地区及河北、山东、陕西、江苏、浙江等地。欧洲、北美洲及日本等也有分布。生长于丘陵、草地或田边。为田间杂草。

形态特征 一年生草本，果实为 4 个小坚果。小坚果三棱状卵圆形，长 2~2.5 毫米，宽厚均为 1.5~2 毫米，黄灰褐色，表面具大小不同的琉璃质瘤状突起及小凹穴，稍有光泽。背面圆形隆起，腹面中央具一纵脊状突起，上部狭长延伸成角状，内弯，顶端钝圆，基部宽，近圆形。果内含种子 1 粒。果脐位于果实的基部，大而显著，近圆形，中央向外突出，周缘明显呈环脊。种皮膜质透明。种胚大而直生，黄白色，富含油质，无胚乳。（见图 1.153）

图 1.153 大紫草

斑种草属

154 ⁘ 狭苞斑种草

学　名：*Bothriospermum kusnezowii* Bge.

分类地位 被子植物门（Angiospermae）双子叶植物亚门（Dicotyledons）紫草目（Boraginales）紫草科（Boraginaceae）斑种草属（*Bothriospermum*）。

地理分布 在中国分布于河北、山西、内蒙古、宁夏、甘肃、陕西、青海及吉林、黑龙江等地。生长于海拔 830~2500 米的山坡道旁、干旱农田及山谷林缘。

形态特征 一年生草本，小坚果椭圆形，长约 2.5 毫米，腹面稍内弯，密生疣状突起，腹面的环状凹陷圆形，增厚的边缘全缘。（见图 1.154）

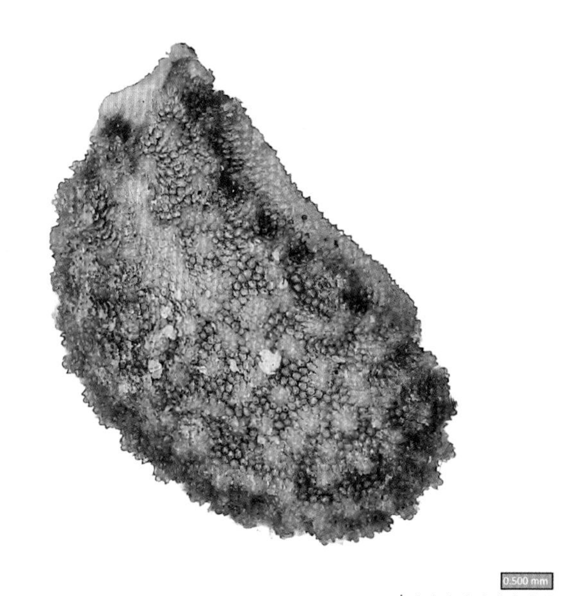

图 1.154 狭苞斑种草

155 ※ 多苞斑种草

学　名：*Bothriospermum secundum Maxim.*
别　名：野山蚂蟥、毛萝菜、山蚂蟥
英文名：Manybract Bothriospermum

图 1.155 多苞斑种草

分类地位 被子植物门（Angiospermae）双子叶植物亚门（Dicotyledons）紫草目（Boraginales）紫草科（Boraginaceae）斑种草属（*Bothriospermum*）。

地理分布 产于中国东北地区及河北、山东、山西、陕西、甘肃、江苏、云南。生长于山坡、道旁、河床、农田路边、山坡林缘灌木林下或山谷溪边阴湿处。

形态特征 小坚果肾形，长 1.5~1.6 毫米，宽 0.8~0.9 毫米，灰白色至深黄色，表面密生尖头状小瘤，背面拱凸无棱，腹面弯入，中间具纵长的椭圆形巨大凹陷，长为果体的 5/6，凹陷边缘隆起棱较细，凹陷底部红褐色或灰色，中间成脊，脊常裂为两半。果脐位于背面底部，较小，梯形或三角形，灰白色。（见图 1.155）

蓝蓟属

156 ※ 兰　蓟

学　名：*Echium vulgare* L.
别　名：蓝蓟、蛇花
英文名：Viper's bugloss

分类地位 被子植物门（Angiospermae）双子叶植物亚门（Dicotyledons）紫草目（Boraginales）紫草科（Boraginaceae）蓝蓟属（*Echium*）。

地理分布 中国新疆北部有分布，欧洲、亚洲西部和北美洲也有分布。生长于低山谷、草地以及多砾石的田野和牧场。为田野杂草。

形态特征 二年生草本，果实为4个小坚果。小坚果三棱状阔卵圆形，长 2~2.5 毫米，宽、厚均为 1.5~2 毫米，暗灰褐色至黑褐色，表面凹凸不平，具有光泽的琉璃质小瘤状或齿状突起，并微有皱纹，背面圆形隆起，中央有 1 条细脊状隆起，腹面稍平，中央有 1 条锐纵脊，周边明显凹凸不平，上部狭长延伸或短角状，基部近平齐。果内含种子 1 粒，果脐位于果实基部底面，近三角形，大而明显，周缘外突，中央内凹，平而浅。种皮薄膜质。种胚直生，灰白色，富含油质，无胚乳。（见图 1.156）

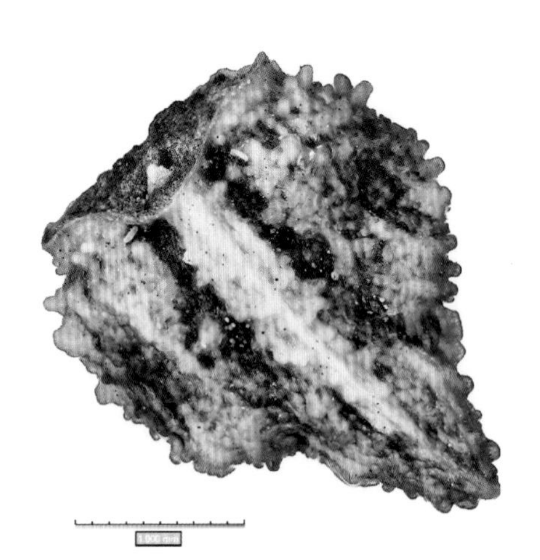
图 1.156 兰　蓟

鹤虱属

157 鹤 虱

学　名：*Lappula echinata* Gilib.
别　名：欧洲拉菩拉
英文名：European stickseed

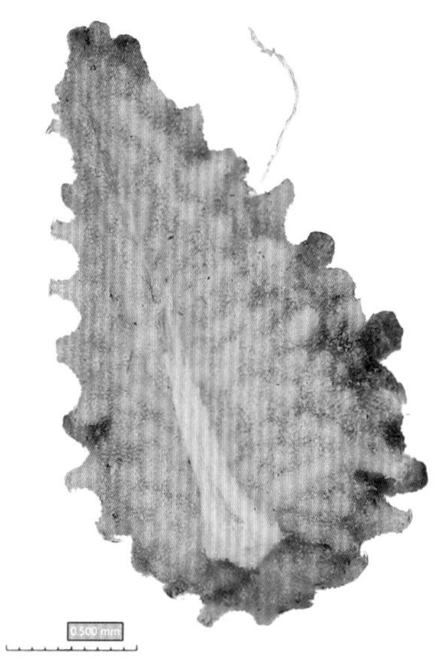

图 1.157 鹤　虱

分类地位 被子植物门（Angiospermae）双子叶植物亚门（Dicotyledons）紫草目（Boraginales）紫草科（Boraginaceae）鹤虱属（*Lappula*）。

地理分布 原产于欧洲及近东地区，现分布于美国北部及加拿大，中国尚无记载。为田间杂草。

形态特征 一年生草本。小坚果长卵圆形或楔形，长 2~2.8 毫米，宽、厚均为 1.5 毫米（不包括棘刺的长度），灰褐色，背面钝圆，周缘着生两圈锚状棘刺，棘刺长约 1 毫米。通常内圈棘刺较长，为 1~14 枚；外圈棘刺较短，为 15~16 枚。棘刺中空易折断。腹面圆突，中央具 1 条纵脊，自果实基部直达顶端，上部渐狭，顶端锐尖，基部圆形，表面粗糙，除棘刺外，密被琉璃质近白色的颗粒状突起，果实内含种子 1 粒。果脐位于腹面纵脊的基端处。种皮薄膜质，棕褐色。种胚宽卵形，富含油质，无胚乳。（见图 1.157）

勿忘草属

158 田野勿忘草

学　名：*Myosotis arvensis*
别　名：野勿忘草
英文名：Forget-me-not

图 1.158 田野勿忘草

分类地位 被子植物门（Angiospermae）双子叶植物亚门（Dicotyledons）紫草目（Boraginales）紫草科（Boraginaceae）勿忘草属（*Myosotis*）。

地理分布 原产于亚洲、非洲和欧洲。

形态特征 果实为 4 个小坚果，通常卵形，背腹扁，直立，平滑，有光泽。着生面小，位于腹面基部。（见图 1.158）

天芥菜属

159 欧洲天芥菜

学　名：*Heliotropium europaeum*
别　名：苦龙胆草、天芥菜、鸡疴粘、土柴胡、马驾百兴、草鞋底、牛插鼻

分类地位 被子植物门（Angiospermae）双子叶植物亚门（Dicotyledons）紫草目（Boraginales）紫草科（Boraginaceae）天芥菜属（*Heliotropium*）。

地理分布 原产于欧洲。在中国分布于江西、福建、台湾、广东、广西、云南、贵州及海南。

形态特征 子房为完全或不完全的4室，有胚珠4颗，花柱顶生，顶冠为扁圆锥状或平坦的盘状体。蒴果干燥，开裂为4个单种子或2个具双种子的分核。（见图1.159）

图1.159 欧洲天芥菜

丰花草属

160 阔叶丰花草

学　名：*Borreria latifolia*（Aubl.）K. Schum.
别　名：苦龙胆草、天芥菜、鸡疴粘、土柴胡、马驾百兴、草鞋底、牛插鼻

分类地位 被子植物门（Angiospermae）双子叶植物亚门（Dicotyledons）紫草目（Boraginales）紫草科（Boraginaceae）丰花草属（*Borreria*）。

地理分布 原产于南美洲。大约在1937年中国广东等地引进繁殖作军马饲料。

形态特征 蒴果椭圆形，长约3毫米，直径约2毫米，被毛，成熟时从顶部纵裂至基部，隔膜不脱落或1个分果爿的隔膜脱落。种子近椭圆形，两端钝，长约2毫米，直径约1毫米，干后为浅褐色或黑褐色，无光泽，有小颗粒。（见图1.160）

（a）腹面

（b）背面

图1.160 阔叶丰花草

| 二十七、田麻基科 |

1属1种

| 沙铃花属 |

161 ⁘ 蓝翅草

学　名： *Phacelia distans*
别　名： 野生天芥菜、蝎子草
英文名： Blue tansy, Purple tansy

分类地位 被子植物门（Angiospermae）双子叶植物亚门（Dicotyledons）茄目（Solanales）田麻基科（Hydrophyllaceae）沙铃花属（*Phacelia*）。

地理分布 原产于日本，现已遍布朝鲜、东南亚及北美。中国华北、华东、华中、华南、西南等地均有分布。野生或引种栽培作牧草和水土保持草。

形态特征 一年生草本，核果，种子棕色至棕黄色，长 2~3 毫米，宽 1~2 毫米，表面具凹凸弯曲沟壑，宽 0.2~0.3 毫米。（见图 1.161）

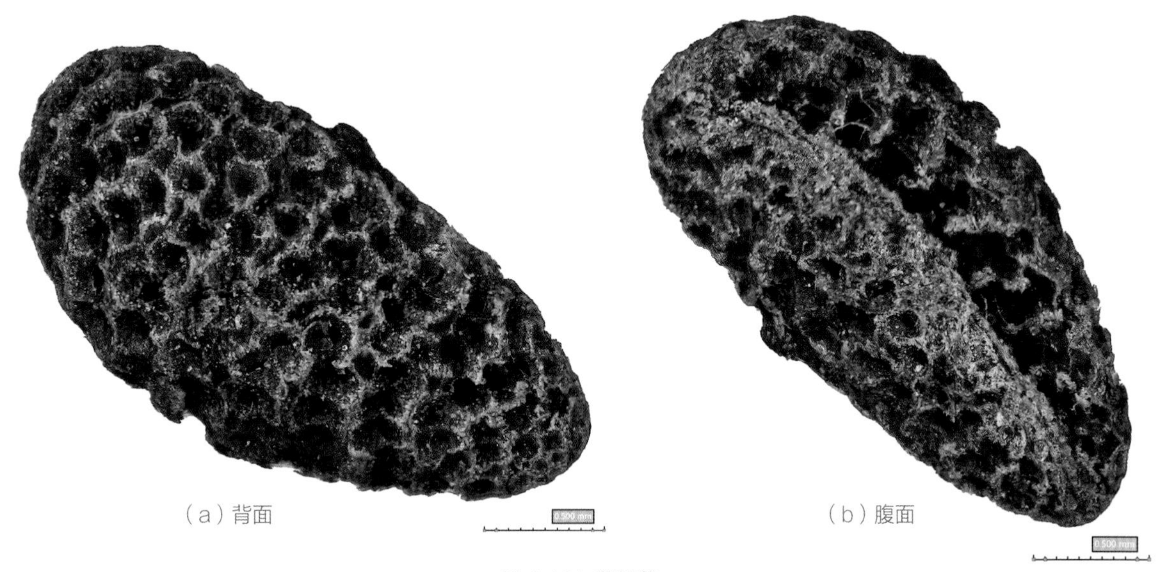

（a）背面　（b）腹面

图 1.161 蓝翅草

| 二十八、茄科 |

4属9种

| 酸浆属 |

162 ፨ 酸　浆

学　名：*Physalis alkekengi* L.
别　名：灯笼草、红菇娘
英文名：Franchet groundcherry

分类地位 被子植物门（Angiospermae）双子叶植物亚门（Dicotyledons）茄目（Solanales）茄科（Solanaceae）酸浆属（*Physalis*）。

地理分布 原产于欧洲，亚洲和美洲的许多国家有栽培。野生或栽培供观赏。中国江苏等地有分布。

形态特征 浆果红色，外包以血红色的鲜艳萼，浆果内含多数种子，种子圆肾形，长 1.8~ 2.5 毫米，宽 1.5~ 2 毫米，厚约 0.8 毫米，鲜黄色，表面密布弯曲的波状纹，背面圆形，腹面近截平，近胚根端处通常凹陷，种子横切面长椭圆形。种脐位于种子腹面凹陷内，线状卵形，凹入，与种皮近同色。种胚环状弯曲，淡黄褐色。胚乳油质，与种胚同色。（见图 1.162）

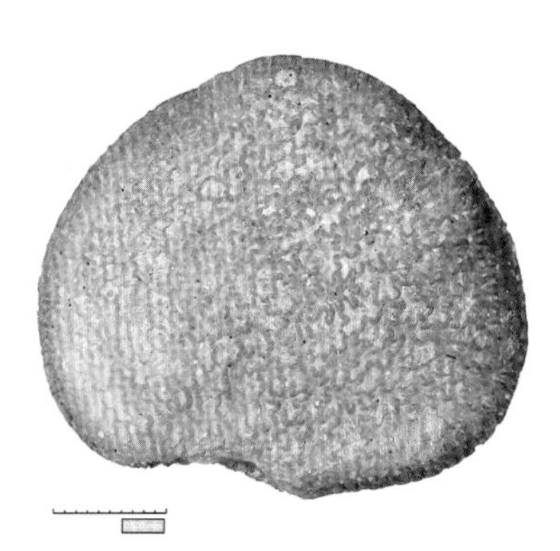

图 1.162 酸　浆

| 曼陀罗属 |

163 ፨ 无刺曼陀罗

学　名：*Datura inermis* Jacq.
英文名：Spineless Datura

分类地位 被子植物门（Angiospermae）双子叶植物亚门（Dicotyledons）茄目（Solanales）茄科（Solanaceae）曼陀罗属（*Datura*）。

地理分布 中国南北各地及美洲有分布。

形态特征 一年生直立草本。果实为蒴果，卵圆状球形，直径约 2 厘米，淡褐色，表面较粗 糙，成熟时自顶端向下 4 瓣开裂，内含多数种子。种子形状不规则，近圆形或肾形，两侧扁，长 3~3.8 毫米，宽 2.5~3 毫米，厚约 1.5 毫米，黑色或近黑色，表面密布较浅的小凹穴，乌暗无光泽，背面近圆形，腹面稍平。种子横切面长条状椭圆形。种脐位于种子腹面一端近胚根处，近三角形凹陷，上有白色珠柄残痕。种胚环状弯曲，白色，位于丰富胚乳的近边缘，胚乳淡黄色。（见图 1.163）

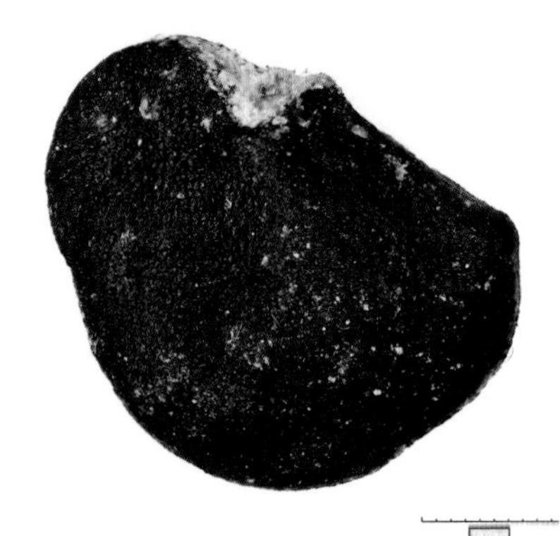

图 1.163 无刺曼陀罗

164 紫花曼陀罗

学　名：*Datura tatula* L.
别　名：山茄花、洋金花、醉心花
英文名：Purpleflower Datura

分类地位 被子植物门（Angiospermae）双子叶植物亚门（Dicotyledons）茄目（Solanales）茄科（Solanaceae）曼陀罗属（*Datura*）。

地理分布 中国各地和美洲等有分布。栽培或野生。

形态特征 一年生直立草本。果实为蒴果，卵形，长 3.2~4 厘米，宽 2.5~3 毫米，淡褐色，表面具近等长的针状刺，成熟时自顶端向下裂成 4 瓣。果内含种子多粒。种子近卵形或卵状三角形，两侧扁平，长 3~4.1 毫米，宽 2.6~3.1 毫米，厚约 1.6 毫米，黑褐色至黑色，表面具明显的粗网纹形成的密集小凹穴，周缘波纹状，背面斜圆，较厚，腹面稍斜平而薄，种子横切面扁，为细长椭圆形。种脐位于腹面近基部，长三角形，黄褐色，凹陷。种胚弯曲，黄白色，有丰富的蜡白色胚乳。（见图 1.164）

图 1.164 紫花曼陀罗

165 白曼陀罗

学　名：*Datura metel* L.
别　名：白花曼陀罗、洋金花、金盘托荔枝
英文名：Hindu Datura

分类地位 被子植物门（Angiospermae）双子叶植物亚门（Dicotyledons）茄目（Solanales）茄科（Solanaceae）曼陀罗属（*Datura*）。

地理分布 中国各地常有栽培或野生，美国也有栽培。

形态特征 一年生直立草本。果实为蒴果，扁圆形，直径约 3 厘米，淡褐色，表面疏生针状刺，成熟时自顶端向下 4 瓣开裂，内含多数种子。种子肾形，两侧扁平，长约 5 毫米，宽约 3.5 毫米，厚不及 1.5 毫米，黄褐色，表面密布点状小凹穴，近平坦，近边缘有 1 条波状细沟纹，边缘不规则波浪状，背面圆突，腹面中央内凹，种子横切面细长条形。种脐位于种子腹面较尖的一端，裂口状，其上常覆以残存的白色珠柄，外突。种胚白色，环状弯曲，胚乳丰富，淡黄色。（见图 1.165）

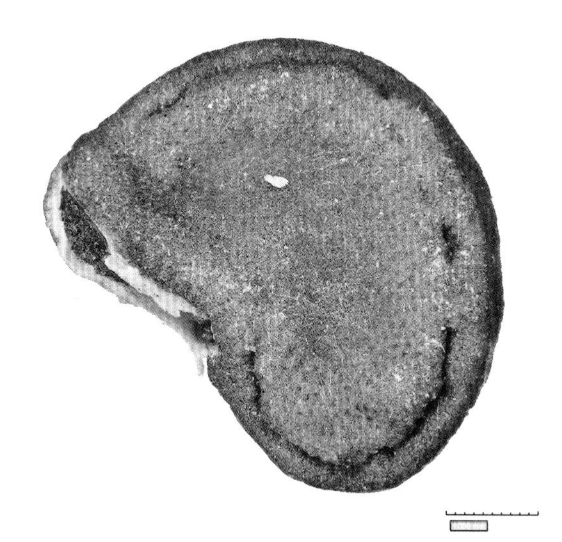

图 1.165 白曼陀罗

166 ⁙ 毛曼陀罗

学　名：*Datura innoxia* Mill.
别　名：凤茄花、串筋花
英文名：Downy thornapple

分类地位 被子植物门（Angiospermae）双子叶植物亚门（Dicotyledons）茄目（Solanales）茄科（Solanaceae）曼陀罗属（*Datura*）。

地理分布 中国南北各地有分布，野生或栽培。亚洲其他国家（地区）、欧洲、北美洲及拉丁美洲也有分布。

形态特征 本种的种子与白花曼陀罗（D. metd L.）极为相似，主要区别在于本种的种子较小，背部两侧边缘波纹沟槽明显较深。（见图1.166）

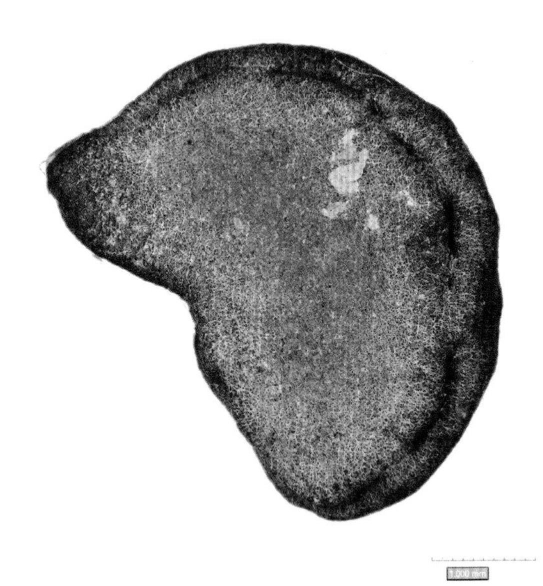

图 1.166 毛曼陀罗

167 ⁙ 曼陀罗

学　名：*Datura stramonium* L.
别　名：曼荼罗、满达、曼扎、曼达、醉心花、狗核桃、洋金花、枫茄花、万桃花、闹羊花、大喇叭花、山茄子
英文名：Jimsonweed

分类地位 被子植物门（Angiospermae）双子叶植物亚门（Dicotyledons）茄目（Solanales）茄科（Solanaceae）曼陀罗属（*Datura*）。

地理分布 中国各地及全世界温带和热带地区均有分布。生长于田间或荒地，多见于肥沃的冲积土或砾质土上。主要为害花生、豆类、薯类、棉花和蔬菜。

形态特征 一年生草本。果实为蒴果，卵圆形，长3~4厘米，宽2~4.5厘米，暗褐色至灰褐色，表面密布不等长的坚硬针状刺，成熟时自顶端开裂成4瓣，内含种子多数。种子圆状肾形，两侧扁平，长3~4毫米，宽2.3~3.6毫米，厚约1.5毫米，灰褐色至黑色，乌暗而无光泽，表面具网脊较厚的网状纹形成密集的小凹穴，背面厚而圆形，腹面较薄而略凹入，种子横切面细长、扁椭圆形。种脐位于腹面的凹陷处，长三角形，内凹，其上常被残存的近白色珠柄所覆盖。种胚环状弯曲，黄白色，有丰富的黄色胚乳。全株有毒。（见图1.167）

图 1.167 曼陀罗

168 ⁘ 重瓣曼陀罗

学　名： *Datura fastuosa*

分类地位 被子植物门（Angiospermae）双子叶植物亚门（Dicotyledons）茄目（Solanales）茄科（Solanaceae）曼陀罗属（*Datura*）。

地理分布 原产于印度，现作为观赏植物在世界各地广泛栽培。

形态特征 蒴果近球状或扁球状，疏生粗短刺，直径约3厘米，具不规则4瓣裂。种子多数呈扁三角形，淡褐色，宽约3毫米。（见图1.168）

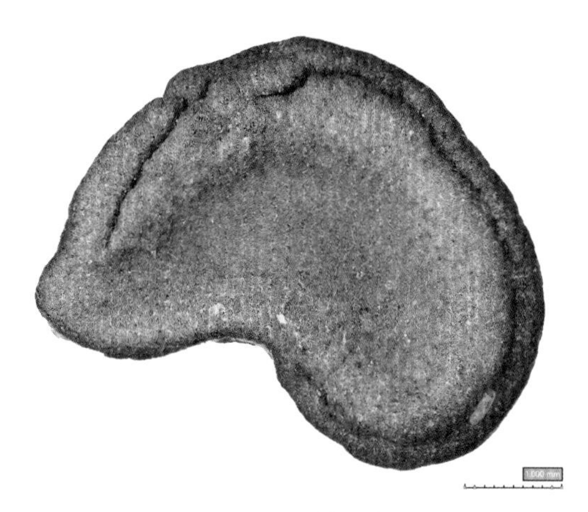

图 1.168 重瓣曼陀罗

| 辣椒属 |

169 ⁘ 灯笼椒

学　名： *Capsicum frutescens* L.（syn. C. annuum L.）var.grossum Bailey.

别　名： 彩椒、柿子椒

英文名： Sweet bell redpepper

分类地位 被子植物门（Angiospermae）双子叶植物亚门（Dicotyledons）茄目（Solanales）茄科（Solanaceae）辣椒属（*Capsicum*）。

地理分布 原产于热带地区。明朝末年传入中国，在中国各地均有栽培，以东北、华北以及华南沿海一带分布较多。

形态特征 种子扁肾形，长3~5毫米，淡黄色。（见图1.169）

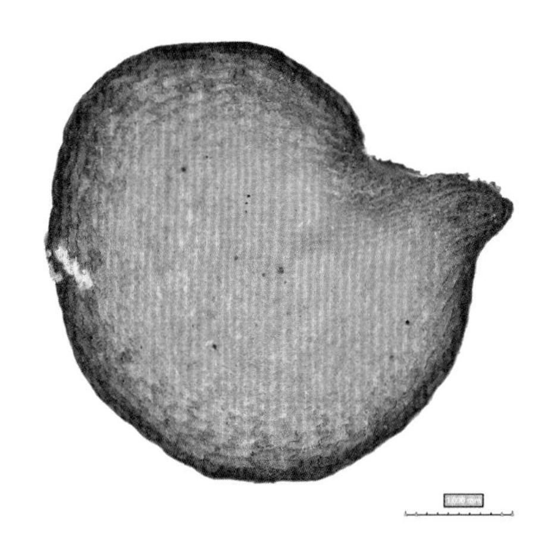

图 1.169 灯笼椒

| 茄　属 |

170 ⁘ 苦　蘵

学　名： *Physalis angulata* L.

别　名： 灯笼草、灯笼泡、天泡草

英文名： Franchet groundcherry

分类地位 被子植物门（Angiospermae）双子叶植物亚门（Dicotyledons）茄目（Solanales）茄科（Solanaceae）茄属（*Solanum*）。

地理分布 原产于欧洲，亚洲和美洲的许多国家有栽培。野生或栽培供观赏。中国江苏等地有分布。

形态特征 种子肾形或近卵圆形，两侧扁平，长约2毫米，淡棕褐色，表面具细网状纹，网孔密而深。（不同颜色种子见图1.170）

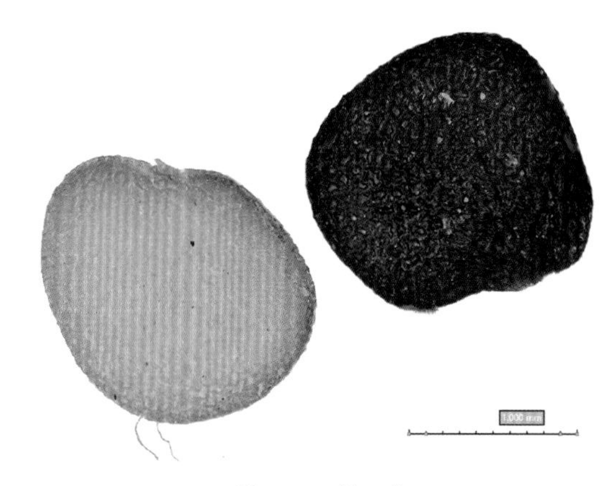

图 1.170 苦　蘵

二十九、玄参科

4属7种

母草属

171 母 草

学　名：*Lindernia crustacea*（L.）F. Muell

别　名：四方拳草、蛇通管、气痛草、四方草、小叶蛇针草、铺地莲、开怀草

分类地位 被子植物门（Angiospermae）双子叶植物亚门（Dicotyledons）玄参目（Personales）玄参科（Scrophulariaceae）母草属（*Lindernia*）。

地理分布 在中国分布于秦岭、淮河以南以及云南以东各省、自治区。俄罗斯、朝鲜、日本、亚洲热带地区、非洲以及美洲各地有分布。

形态特征 蒴果椭圆形，与宿萼近等长，种子近球形，浅黄褐色，有明显的蜂窝状瘤突。（见图1.171）

图 1.171 母　草

172 陌上草

学　名：*Lindernia procumbens*（Krock.）Philcox

别　名：水白菜、对坐神仙、对坐神仙草、白胶墙、白猪母菜、佰上菜、母草、额和吉日根纳

分类地位 被子植物门（Angiospermae）双子叶植物亚门（Dicotyledons）玄参目（Personales）玄参科（Scrophulariaceae）母草属（*Lindernia*）。

地理分布 分布于欧洲南部至日本，南至马来西亚也有。我国各地均有分布。喜湿，为稻田常见杂草。

形态特征 蒴果球形或卵球形，与萼近等长或略过之，室间2裂，种子多数，有格纹。（见图1.172）

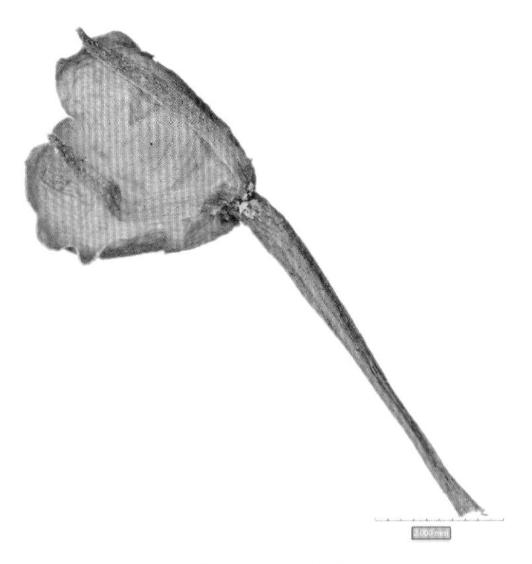

图 1.172 陌上草

柳穿鱼属

173 柳穿鱼

学　名：*Linaria vulgaris* Hill subsp. *sinensis*（Debeaux）Hong
别　名：姬金鱼草

分类地位 被子植物门（Angiospermae）双子叶植物亚门（Dicotyledons）玄参目（Personales）玄参科（Scrophulariaceae）柳穿鱼属（*Linaria*）。

地理分布 原产于欧亚大陆北部温带地区。柳穿鱼有较强的耐寒性，生长在阳光充足或者半阴半阳处排水正常、土层深厚松软且通透性强的土壤中，不适宜生长在过于瘠薄和高温的环境中。

形态特征 蒴果卵球状，长约8毫米。种子盘状，边缘有宽翅，成熟时中央常有瘤状突起。（见图1.173）

图1.173 柳穿鱼

阴行草属

174 阴行草

学　名：*Siphonostegia chinensis* Benth.
别　名：黑草、野白芷、野葱、野香葱、野姜葱
英文名：Chinese siphonostegia

分类地位 被子植物门（Angiospermae）双子叶植物亚门（Dicotyledons）玄参目（Personales）玄参科（Scrophulariaceae）阴行草属（*Siphonostegia*）。

地理分布 在中国分布甚广，内蒙古及东北、华北、华中、华南、西南等地区都有。日本、朝鲜、俄罗斯也有分布。

形态特征 种子椭圆形，虫茧状，两端尖，长0.8~1毫米，宽约0.4毫米，深褐色或黑褐色，有时为黄褐色，表面具较整齐的粗大网纹，网眼横向伸长，腹部常具稍扭曲的窄翼，到种子两端各延伸出较宽的翅状突起，两端的翅状物方向多少扭转。种脐位于种子基端，黑色。（见图1.174）

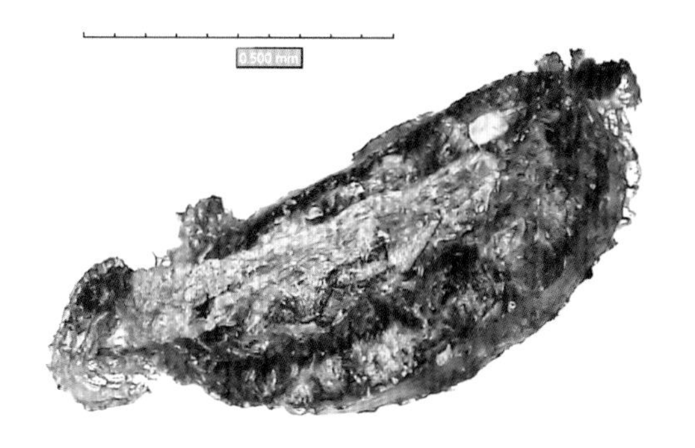

图1.174 阴行草

婆婆纳属

175 阿拉伯婆婆纳

学　名： *Veronica persica* Poir.
别　名： 波斯婆婆纳
英文名： Birdseye speedwell, Byzantine speedwell, Iran speedwell, Persian speedwell

分类地位 被子植物门（Angiospermae）双子叶植物亚门（Dicotyledons）玄参目（Personales）玄参科（Scrophulariaceae）婆婆纳属（*Veronica*）。

地理分布 原产于亚洲西部及欧洲。在中国分布于华东、华中及贵州、云南、西藏东部、新疆（伊宁）等地区，为归化的路边及荒野杂草。

形态特征 蒴果倒心脏形，扁平，顶端 2 深裂，凹口角度大于直角，中央残存的花柱超出缺口很多，成熟时果实 2 瓣裂，内含多数种子。果皮具网纹。 种子舟形或阔椭圆形，长约 1.8 毫米，宽约 1.1 毫米，背面拱形，腹面内凹。种皮薄，淡黄色或浅黄褐色，表面有明显的皱纹。种脐小，线形，黑褐色，其周围呈红褐色，位于种子腹面的中央。种子内含有肉质胚乳，胚直生。（见图 1.175）

图 1.175 阿拉伯婆婆纳

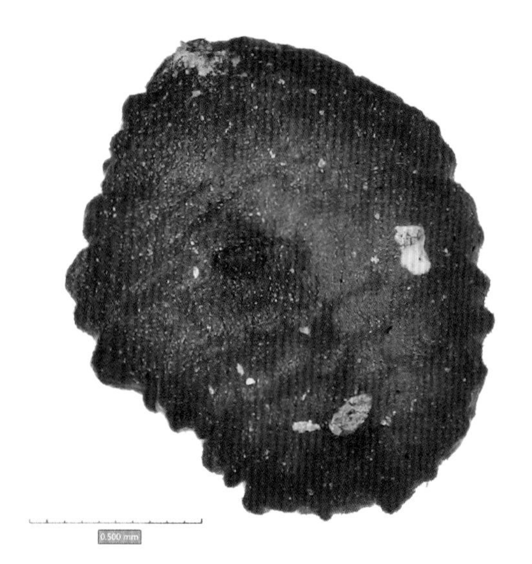

图 1.176 小婆婆纳

176 ⁘ 小婆婆纳

学　名：*VeroniCa serpyllifolia* L.

别　名：百里香叶婆婆纳、仙桃草、地涩涩纳

分类地位 被子植物门（Angiospermae）双子叶植物亚门（Dicotyledons）玄参目（Personales）玄参科（Scrophulariaceae）婆婆纳属（*Veronica*）。

地理分布 分布于我国东北、陕西、新疆、内蒙古。

形态特征 蒴果肾形或肾状倒心形，长 2.5~3 毫米，宽 4~5 毫米，基部圆或几乎平截，边缘有一圈多细胞腺毛，花柱长约 2.5 毫米。（见图 1.176）

177 ⁘ 大花婆婆纳

学　名：*Veronica himalensis* D. Don

别　名：大婆婆纳

分类地位 被子植物门（Angiospermae）双子叶植物亚门（Dicotyledons）玄参目（Personales）玄参科（Scrophulariaceae）婆婆纳属（*Veronica*）。

地理分布 原产于中国西藏、云南西北部。尼泊尔、不丹、锡金、印度东北部也有分布。

形态特征 蒴果卵形，顶端急尖，长约 8 毫米，宽约 5 毫米，顶端疏生多细胞柔毛或几乎无毛，花柱长 5~10 毫米。种子长约 1 毫米。（见图 1.177）

图 1.177 大花婆婆纳

三十、角胡麻科

1属1种

长角胡麻属

178 长角胡麻

学　名：*Proboscidea louisiana*（Mill.）Wooton et Standl.
英文名：Wooton et Standley

分类地位 被子植物门（Angiospermae）单子叶植物亚门（Monocotyledons）紫葳目（Bignoniales）角胡麻科（Martyniaceae）长角胡麻属（*Probosidea*）。

地理分布 产于墨西哥及中美洲。在亚洲热带地区已成为归化种。我国云南南部首次记录。

形态特征 总状花字顶生或近于顶生，苞片早落，花萼基部具膜质小苞片2枚。萼片5个，不等大。花冠钟状，基部紧缩，檐部裂片5个，不等大，圆形。雄蕊2枚，退化雄蕊存在，花药极叉开，丁字形着生。子房1室，在下部成假4室融合。蒴果，外果皮薄，易脱落，内果皮木质，具纵棱纹，沿缝线开裂，顶端具2枚短钩状突起。（见图1.178）

图1.178 长角胡麻

三十一、爵床科

1属1种

爵床属

179 爵　床

学　名：*Rostellularia procumbens*（L.）Nees

别　名：鼠尾红、疳积草、巴骨癀、棒头草、小青草、五罗草、野辣子叶、山苏麻、小夏枯草、瓦子草、赤眼老母草、大鸭草、香苏、小青、野万年青、六角英、互子草、爵麻

英文名：Creeping rostellularia

分类地位 被子植物门（Angiospermae）双子叶植物亚门（Dicotyledons）马鞭草目（Verbenales）爵床科（Acanthaceae）爵床属（*Rostellularia*）。

地理分布 产于中国秦岭以南，在中国广泛分布。也常见于亚洲南部其他国家（地区）、澳大利亚。生长于旷野草地和路旁的阴湿处，喜湿暖的气候，不耐严寒，忌盐碱地。宜选肥沃、疏松的砂壤土种植。

形态特征 为常见野草。蒴果线形，果体呈压扁状，淡棕色，表面上部被白色短柔毛，先端短尖，基部渐狭。种子卵圆形而微扁，长13~1.5毫米，宽0.8~1.2毫米，黑褐色，表面具网状纹突起。（见图1.179）

图1.179　爵　床

| 三十二、马鞭草科 |

1属1种

| 马鞭草属 |

180 ⁘ 马鞭草

学　名： *Verbena officinalis* L.
别　名： 马鞭梢、铁马鞭、白马鞭、疟马鞭、凤颈草、紫顶龙芽草、野荆芥
英文名： Vervain

分类地位 被子植物门（Angiospermae）双子叶植物亚门（Dicotyledons）马鞭草目（Verbenales）马鞭草科（Verbenaceae）马鞭草属（*Verbena*）。

地理分布 分布于中国各地及全球温带地区。生长于田野、路旁、村边。混生长于粮食作物地、芝麻地和苜蓿地。

形态特征 多年生草本。果实为蒴果，长约 2 毫米，外果皮薄，成熟时裂为 4 个小坚果，每个小坚果内含种子 1 粒。小坚果近长扁圆柱形，长 1.5~2 毫米，宽、厚均为 0.6~0.8 毫米，背面赤褐色，稍有光泽，具外突纵脊 4~5 条，顶端及两侧还具有横纹结成的网状，腹面中央有一纵脊隆起，构成两个平坦侧面，面上密被近星状或颗粒状的黄白色突起，背面基部略延伸成半圆形的边，并与背腹相交的边缘相连。果脐位于果实腹面基部，被白色的附属物遮盖。种胚直立，位于少量胚乳的中央，胚乳油质。（见图 1.180）

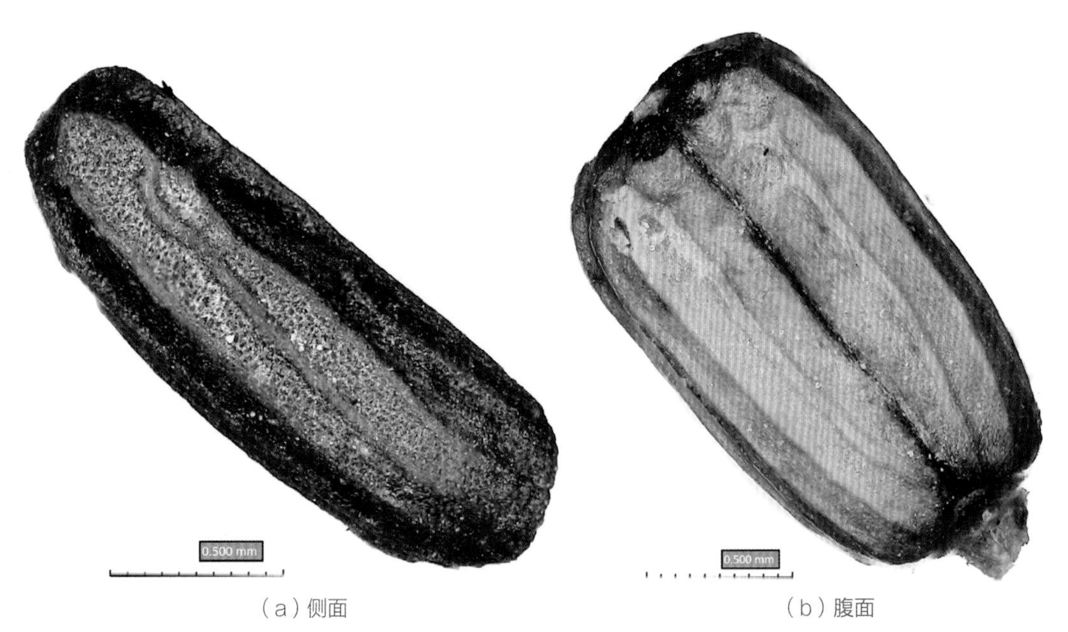

（a）侧面　　（b）腹面

图 1.180 马鞭草

三十三、唇形科

10 属 13 种

藿香属

181 藿 香

学　名： *Agastache rugosa* (Fisch. et Mey.) O. Ktze.
别　名： 排香草、野藿香

分类地位 被子植物门（Angiospermae）双子叶植物亚门（Dicotyledons）唇形目（Lamiales）唇形科（Lamiaceae）藿香属（*Agastache*）。

地理分布 中国各地广泛分布，主产于四川、江苏、浙江、湖南、广东等地。俄罗斯、朝鲜、日本及北美洲也有分布。

形态特征 果实包藏于宿萼内，小坚果三棱状卵形，长 1.5~1.6 毫米，宽 0.4~1.1 毫米，果顶端钝圆，背面略拱，腹面明显隆起，中间有 1 条锐纵棱把腹部分成两个斜面，果背面有数条褐色纵线纹，上半部密被白色茸毛。果内含种子 1 粒，果皮暗褐色，果脐三角形，表面有白色球状覆盖物。种皮膜质。种脐与内脐之间有 1 条褐色线状种脊，种胚直生，无胚乳。（见图 1.181）

（a）侧面

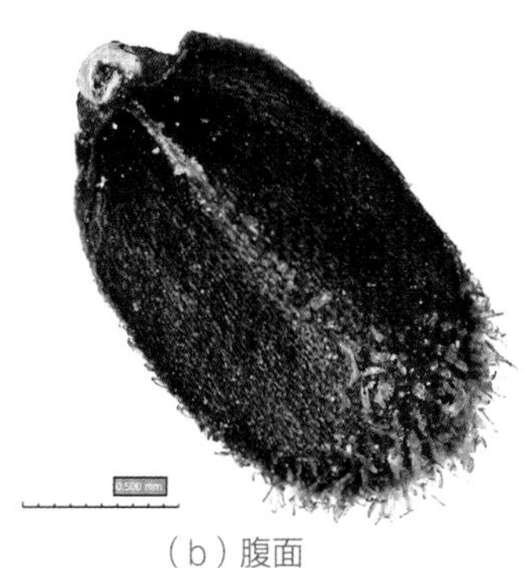

（b）腹面

图 1.181 藿　香

益母草属

182 益母草

学　名： *Leonurus heterophyllus* Sweet
别　名： 茺蔚
英文名： Motherwort

分类地位 被子植物门（Angiospermae）双子叶植物亚门（Dicotyledons）唇形目（Lamiales）唇形科（Lamiaceae）益母草属（*Leonurus*）。

地理分布 中国各地均有分布。生长于田边、荒地、河滩或山沟草丛中。为田野野生杂草。

形态特征 越年生草本。果实为小坚果，椭圆状三棱形，长 2.1~2.5 毫米，宽 1.2~1.5 毫米，黄褐色至褐色，背面平圆，粗糙，具网状纹或短条状的瘤状突起，腹面具一纵脊状突起，把腹面分成两个斜面，较粗糙，具点状突起，两侧边缘具薄脊，上部较宽，顶端钝圆并向腹面倾斜，下部稍窄。果内含种子 1 粒。果脐位于果实的基部，三棱状椭圆形或长椭圆形。种子横切面近三角形。种胚直形，黄白色，无胚乳。（见图 1.182）

图 1.182 益母草

183 ⁘ 细叶益母草

学　名： *Leonurus sibiricus* L.
别　名： 四美草、风葫芦草
英文名： Downy thornapple

分类地位 被子植物门（Angiospermae）双子叶植物亚门（Dicotyledons）唇形目（Lamiales）唇形科（Lamiaceae）益母草属（*Leonurus*）。

地理分布 分布于朝鲜、日本、俄罗斯、蒙古国、中国、美洲和非洲，在中国分布于河北北部、山西、陕西北部、黑龙江、吉林、辽宁和内蒙古等地。生长于石质及砂质草地上及松林中，所在地海拔可达 1500 米。

形态特征 小坚果长圆状三棱形，长 2.5 毫米，顶端截平，基部楔形，褐色。（见图 1.183）

图 1.183 细叶益母草

| 石荠苎属 |

184 ⁘ 石荠苎

学　名： *Mosla scabra* (Thunb.) C. Y. Wu et H. W. Li
别　名： 鬼香油、小鱼仙草、香茹草
英文名： Scabrous mosla

分类地位 被子植物门（Angiospermae）双子叶植物亚门（Dicotyledons）唇形目（Lamiales）唇形科（Lamiaceae）石荠苎属（*Mosla*）。

地理分布 中国大部分省、自治区、直辖市有分布。朝鲜、日本、越南也有分布。生长于田边、路旁、村落、林缘、溪边。

形态特征 小坚果近半球形，三面体状，长约 1 毫米，宽约 0.8 毫米，褐色或茶褐色，表面具雕刻状深网纹，常覆有白色粉状物，背面凸，圆钝，腹面明显两面体状，但界棱不明显，果顶端圆。基部钝，果皮易破碎，现出黄色有光泽的种子。果脐位于果实基端，向腹部倾斜，椭圆形，近背部横贯锐棱突起。（见图 1.184）

图 1.184 石荠苎

紫苏属

185 ※ 紫　苏

学　名：*Perilla frutescens* (L.) Britt.
别　名：桂荏、白苏、赤苏、红苏、黑苏、白紫苏、青苏、苏麻、水升麻

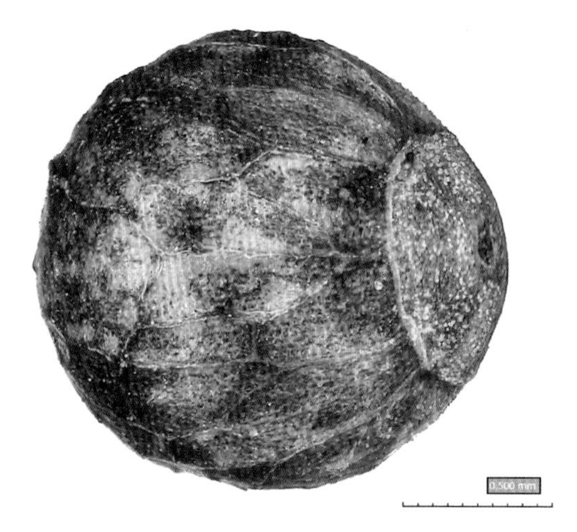

图 1.185 紫　苏

分类地位 被子植物门（Angiospermae）双子叶植物亚门（Dicotyledons）唇形目（Lamiales）唇形科（Lamiaceae）紫苏属（*Perilla*）。

地理分布 分布于中国、不丹、印度、中南半岛、印度尼西亚（爪哇岛）、日本、朝鲜。中国各地广泛栽培。

形态特征 一年生直立草本。小坚果近球形，灰褐色，直径约 1.5 毫米，具网纹。（见图 1.185）

夏枯草属

186 ※ 欧洲夏枯草

学　名：*Prunella vulgaris* L.
英文名：Common selfheal

分类地位 被子植物门（Angiospermae）双子叶植物亚门（Dicotyledons）唇形目（Lamiales）唇形科（Lamiaceae）夏枯草属（*Prunella*）。

地理分布 原产于欧洲及北美洲，现已分布于亚洲、北美洲、拉丁美洲、非洲北部和大洋洲。中国各地均有分布。生长于田边和宅旁。

形态特征 多年生草本。果实为小坚果，倒卵形至椭圆形，稍呈三棱形，长 1.5~2 毫米，宽约 1 毫米，厚不及 1 毫米，黄褐色，表面平滑，有明显的油脂光泽，背面较宽圆，中央具 2 条红褐色纵细线纹，腹面中突成脊钝圆，脊的两边各具 1 条红褐色纵细条纹，果顶端钝圆，基部较尖。果内含种子 1 粒。果脐位于果实基部，脐上有 1 个外突的白色附属物。种子横切面近椭圆形，种胚直生，淡黄褐色，无胚乳。（见图 1.186）

图 1.186 欧洲夏枯草

187 夏枯草

学　名： *Prunella asiatica* Nakai
别　名： 夕句、乃东、燕面、麦夏枯、铁色草、棒柱头花、灯笼头、棒槌草、锣锤草、牛牯草、广谷草、棒头柱、六月干、夏枯头、大头花、灯笼草、古牛草、牛佤头、丝线吊铜钟
英文名： Asian selfheal

分类地位 被子植物门（Angiospermae）双子叶植物亚门（Dicotyledons）唇形目（Lamiales）唇形科（Lamiaceae）夏枯草属（*Prunella*）。

地理分布 在中国分布于东北地区。日本、朝鲜、俄罗斯沿海也有分布。生长于林缘、路旁湿地。

形态特征 小坚果阔椭圆形，长约 1.5 毫米，宽约 1.1 毫米，褐色或棕褐色，表面细颗粒状，有光泽，背面较平或微凸，中央具一较宽的双线浅沟，上端与边缘同样的浅沟相通，腹部中央具隆起的双线宽脊，把腹面分成两个斜面，果顶端圆，基部较尖。果脐着生在果实腹面纵脊尾端，覆以白色“V”字形附属物，背面有白色小突尖，易被误以为发芽。（见图 1.187）

图 1.187 夏枯草

鼠尾草属

188 雪见草

学　名： *Salvia plebeia* R. Br.
别　名： 荔枝草、癞蛤蟆草、青蛙草、皱皮草
英文名： Common sage

分类地位 被子植物门（Angiospermae）双子叶植物亚门（Dicotyledons）唇形目（Lamiales）唇形科（Lamiaceae）鼠尾草属（*Salvia*）。

地理分布 中国各地（除新疆、甘肃、青海、西藏外）有分布。广泛分布于亚洲其他国家（地区）及大洋洲。为田野杂草，又是锈病病原植物。

形态特征 小坚果包藏于宿萼内，果体三棱状倒阔卵形，长 0.8~1.2 毫米，宽 0.6~0.8 毫米，背面拱形，腹面下半部隆起成短细纵脊棱，把腹部下半部分成两个斜面。果内含 1 粒种子。果皮暗黄褐色或褐色，表面粗糙，具小颗粒，无光泽。果脐圆形，与果皮同色，位于果实基端，种子与果实同形，种脐与内脐之间有 1 条褐色线状种脊，种皮膜质。种胚直生，无胚乳。（见图 1.188）

图 1.188 雪见草

图 1.189 鼠尾草

189 ⁘ 鼠尾草

学　名： *Salvia japonica* Thunb.
别　名： 洋苏草、普通鼠尾草、庭院鼠尾草

分类地位 被子植物门（Angiospermae）双子叶植物亚门（Dicotyledons）唇形目（Lamiales）唇形科（Lamiaceae）鼠尾草属（*Salvia*）。

地理分布 原产于欧洲南部与地中海沿岸地区。在中国主要生长在浙江、安徽南部、江苏、江西、湖北、福建、台湾、广东、广西等地，日本也有分布。

形态特征 小坚果椭圆形，长约 1.7 毫米，直径约 0.5 毫米，褐色，光滑。种子肾形，长约 1 毫米，直径约 0.3 毫米，淡黄褐色至黄褐色，种皮表面粗糙具突起。（见图 1.189）

| 水苏属 |

190 ⁘ 光叶水苏

学　名： *Stachys palustris* L.
别　名： 望江青、天芝麻、白马兰、泥灯心、野地蚕、白根草

分类地位 被子植物门（Angiospermae）双子叶植物亚门（Dicotyledons）唇形目（Lamiales）唇形科（Lamiaceae）水苏属（*Stachys*）。

地理分布 产自中国新疆北部。北欧、西欧、中欧、俄罗斯、哈萨克斯坦、巴尔干半岛、西亚至印度北部、蒙古国、日本及北美洲也有分布。

形态特征 多年生草本，小坚果倒卵圆形，长 1.8 毫米，黑色、光滑。种子肾形，长约 1.5 毫米，直径约 0.6 毫米，淡黄褐色，表面粗糙，具小颗粒，种脐略凹陷。（见图 1.190）

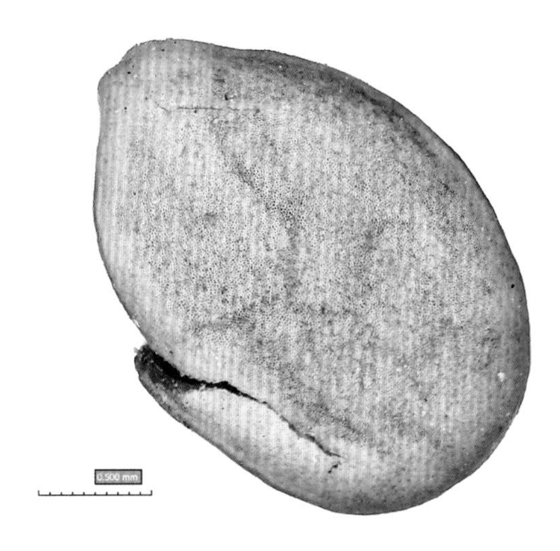

图 1.190 光叶水苏

野芝麻属

191 宝盖草

学　名：Lamium amplexicaule L.
别　名：佛座、珍珠莲
英文名：Henbit deadnettle

分类地位 被子植物门（Angiospermae）双子叶植物亚门（Dicotyledons）唇形目（Lamiales）唇形科（Lamiaceae）野芝麻属（*Lamium*）。

地理分布 中国东北地区及江苏、浙江、四川、江西、云南、西藏等地有分布，欧洲及亚洲其他国家（地区）也有分布。生长于路边、荒地。混杂于粮食、经济作物和蔬菜的种子中。

形态特征 一年生草本。果实为小坚果，卵状三棱形，长 1.5~2 毫米，宽约 1 毫米，厚不及 1 毫米，灰褐色，表面散生不规则的白色蜡质小瘤状突起，背面钝圆，腹面中央横凸成纵脊，直伸果实基部，把腹面分成两个斜面，边缘较薄，与背面相连的周缘具锐脊，果顶端钝圆，向腹面倾斜，基部渐窄钝尖。果内含种子1 粒。果脐位于果实腹面的基部，卵圆形，具有白色附属物。种子横切面呈宽扇形，种胚直生，淡黄褐色，无胚乳。（见图 1.191）

（a）覆盖种皮形态

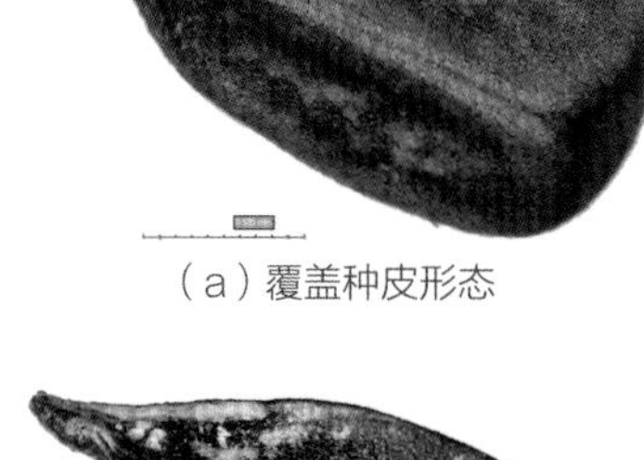

（b）剥去种皮形态

图 1.191 宝盖草

欧夏至草属

192 欧夏至草

学　名：*Marrubium vulgare* L.
别　名：悦芙草
英文名：Common hoarhound

分类地位 被子植物门（Angiospermae）双子叶植物亚门（Dicotyledons）唇形目（Lamiales）唇形科（Lamiaceae）欧夏至草属（*Marrubium*）。

地理分布 产于中国新疆西部（伊犁地区）。广泛分布于中欧。生长于路旁、沟边、干燥灰壤土上。

形态特征 多年生草本。轮伞花序腋生，多花，在枝条上部者紧密，在枝条下部者较疏松，圆球状，直径 1.5~2.3 厘米，苞片钻形，与萼筒等长或稍长，向外方反曲，密被长柔毛。花萼管状，长约 7 毫米，外面沿肋有糙硬毛，余部有腺点，内面在萼檐处密生长柔毛，脉 10 条凸出，齿通常 10 枚，其中 5 枚主齿较长，5 枚副齿较短且数目不定，长 1~ 4 毫米，钻形，在先端处呈钩吻状弯曲。花冠白色，长约 9 毫米，冠筒长约 6 毫米，外面密被短柔毛，内面在中部有一毛环，余均无毛，冠檐二唇形，上唇等长或稍短于下唇，直伸或开张，先端 2 裂，下唇开张，3 裂，中裂片最宽大，肾形，先端波状而 2 浅裂。雄蕊 4 枚，着生于冠筒中部，均内藏，前对较长，花丝极短，花药卵圆形 2 室。花柱丝状，先端不等 2 浅裂，小坚果卵圆状三棱形，有小疣点。种子扁圆形，淡黄褐色，无胚乳。（见图 1.192）

图 1.192 欧夏至草

|荆芥属|

193 荆 芥

学　名： *Nepeta cataria* L.
别　名： 假荆芥、樟脑草

分类地位 被子植物门（Angiospermae）双子叶植物亚门（Dicotyledons）唇形目（Lamiales）唇形科（Lamiaceae）荆芥属（*Nepeta*）。

地理分布 产于中国新疆、甘肃、陕西、河南、山西、山东、湖北、贵州、四川及云南等地。阿富汗、日本有分布，在美洲及非洲南部逸为野生。

形态特征 多年生草本。小坚果卵形，几近三棱状，灰褐色，长约 1.7 毫米，直径约 1 毫米。（见图 1.193）

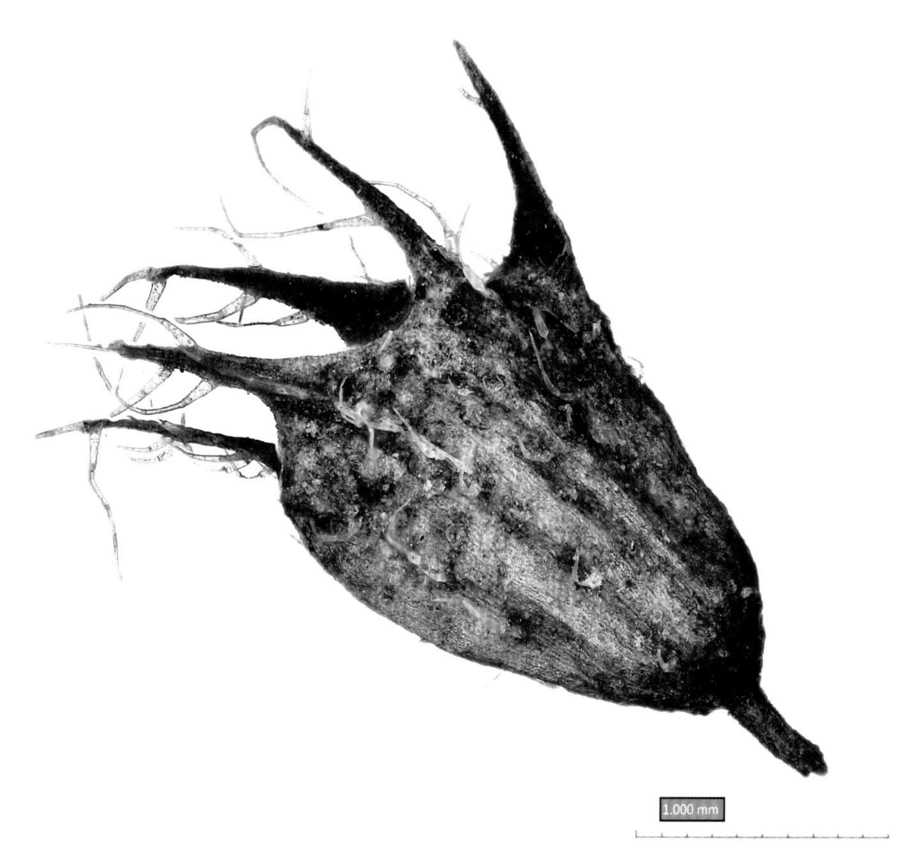

图 1.193 荆 芥

| 三十四、车前科 |

1属2种

| 车前属 |

194 ⁘ 车 前

学　名： *Plantago asiatica* L.
别　名： 芣苢、马舄、当道、陵舄、牛舌草、虾蟆衣、牛遗、胜舄、车轮菜、胜舄菜、虾蟆草、钱贯草、牛舄、野甜菜、地胆头、白贯草、猪耳草、饭匙草、七星草、五根草、黄蟆龟草、蟾蜍草、猪肚子、灰盆草、打官司草、车轱辘草、驴耳朵草、钱串草、牛甜菜、黄蟆叶、牛耳朵棵
英文名： Asiatic plantain

分类地位 被子植物门（Angiospermae）双子叶植物亚门（Dicotyledons）车前目（Plantaginales）车前科（Plantaginaceae）车前属（*Plantago*）。

地理分布 原产于亚洲。中国各地有分布。俄罗斯、日本、印度尼西亚也有分布。生长于路旁、沟边和田埂处，为野生杂草。

形态特征 多年生草本，蒴果卵形至纺锤形，长约3毫米，外有宿存萼，上部呈钟状，先端钝，有宿存花柱，成熟时周裂。果内含种子4~8粒。种子细小，长约1.6毫米，宽0.7~1毫米，厚不及0.5毫米，暗褐色至黑褐色，形状很不规则，近菱形、梭形或椭圆形，表面具不规则的黄褐色波状网纹突起，有明显的油脂状光泽，背面较平坦，腹面略突起，呈盾状，周边较薄，有棱角。种脐位于种子腹面中部突起处，椭圆形，暗褐色，上附有黄白色至白色的覆盖物。种胚直生，位于丰富胚乳的中央。（见图1.194）

图1.194 车　前

195 ⁘ 具芒车前

学　名： *Plantago aristata* Michx
英文名： Bottlebrush indianwheat

分类地位 被子植物门（Angiospermae）双子叶植物亚门（Dicotyledons）车前目（Plantaginales）车前科（Plantaginaceae）车前属（*Plantago*）。

地理分布 在中国青岛郊区有被发现，美国、加拿大有分布。生长于田间及荒地。为田野野生杂草。

形态特征 果实为蒴果，周裂，内含种子2粒。种子长椭圆形，舟状，长2~3毫米，宽1~1.5毫米，厚约0.6毫米，黄褐色至褐色，表面略粗糙，具模糊的细网纹，乌暗无光泽，背面圆形隆起，中央有1条细横凹纹，腹面中央显著内凹，边缘具较宽平的舟缘，凹陷内中央有1条白色"8"字形双环状纹，为种脐。脐的周围有褐色和黄白色的环带各一圈，种子横切面近"凹"字形。种胚直立黄褐色，位于近同色的胚乳中央。（见图1.195）

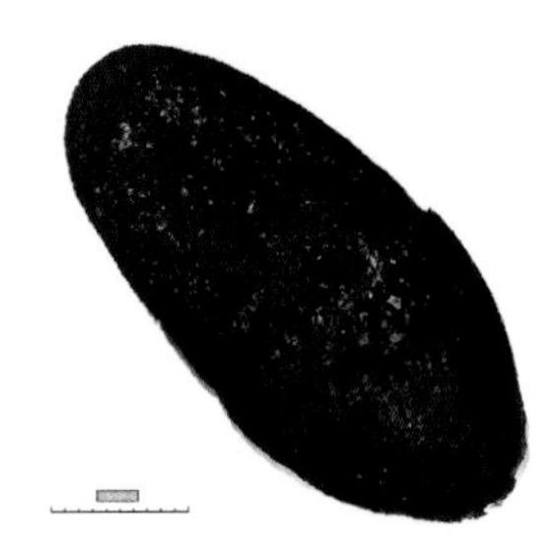

图1.195 具芒车前

三十五、茜草科

4 属 5 种

茜草属

196 ⁘ 茜 草

学　名：*Rubia corodifolia* Linn.
别　名：茹藘、茹卢本、茅搜、藘茹、搜、茜根、蒨草、地血、牛蔓、芦茹、血见愁、过山龙、地苏木、活血丹、红龙须根、沙茜秧根、五爪龙、满江红、九龙根、红棵子根、拉拉秧
英文名：Bengal madder

分类地位 被子植物门（Angiospermae）双子叶植物亚门（Dicotyledons）茜草目（Rubiales）茜草科（Rubiaceae）茜草属（*Rubia*）。

地理分布 广泛分布于亚洲北部及澳大利亚。中国的东北至华北地区有分布。为田野杂草。

形态特征 浆果近球形，稍扁，直径 5~6 毫米，成熟时外果皮呈红色至紫黑色，表面平滑，有光泽，背面拱形，腹面稍平直，中央有 1 突起。果内含种子 1 粒。果脐圆形，呈双圆圈，位于果实腹面一端。种子圆球形，直径 3~4.5 毫米，厚约 2.7 毫米，背面拱形，腹面平，中央深凹陷，腔内填满海绵状附属物。种皮灰褐色，表面粗糙，无光泽，密布小瘤。种脐位于种子腹面，近圆形，凹陷。种子含丰富的白色胚乳，胚直生其中。（见图 1.196）

（a）背面

（b）侧面

图 1.196 茜　草

拉拉藤属

197 ⁘ 小叶猪殃殃

学　名：*Galium trifidum*
别　名：小叶四叶葎

分类地位 被子植物门（Angiospermae）双子叶植物亚门（Dicotyledons）茜草目（Rubiales）茜草科（Rubiaceae）拉拉藤属（*Galium*）。

地理分布 广泛分布于亚洲北部、欧洲、美洲北部及澳大利亚。产于中国黑龙江、吉林、辽宁、内蒙古、河北、山西、江苏、安徽、浙江、江西、福建、台湾、湖南、广东、广西、四川、贵州、云南、西藏。为田野杂草。

形态特征 离果小，近球状，双生或有时单生，种子直径 1~2.5 毫米，干时黑色，光滑无毛，果柄纤细而稍长，长 2~10 毫米。（见图 1.197）

图 1.197 小叶猪殃殃

198 ※ 猪殃殃

学　名：*Galium aparine*
别　名：锯仔草、颔围草、猪殃殃、三宝莲、齿蛇草、锯子草、麦筛子
英文名：Cleavers, Catchweed, Bedstraw

分类地位 被子植物门（Angiospermae）双子叶植物亚门（Dicotyledons）茜草目（Rubiales）茜草科（Rubiaceae）拉拉藤属（*Galium*）。

地理分布 产于欧洲、亚洲、美洲，中国长江流域及黄河中下游地区有分布。生长于草地、果园、田埂、路旁和休闲地，为麦田、油菜田的主要杂草。

形态特征 一年生草本。果实由2个心皮构成，成熟时分离。分离心皮扁圆球形，长、宽均为1.5~2毫米，厚约1.5毫米，灰黑色，表面密布灰白色透明的棘刺状突起，突起基部膨大，末端呈钩状，背面宽圆隆突，腹面圆口状凹入，上面有脱裂痕，并覆盖灰色的珠柄，分离心皮内含种子1粒。种子位于心皮背面的中央，黄褐色至暗褐色，表面具排列整齐而突起的细网纹，横切面呈半圆球的空腔。胚环状，黄色，位于淡灰黄色胚乳的中央。（见图1.198）

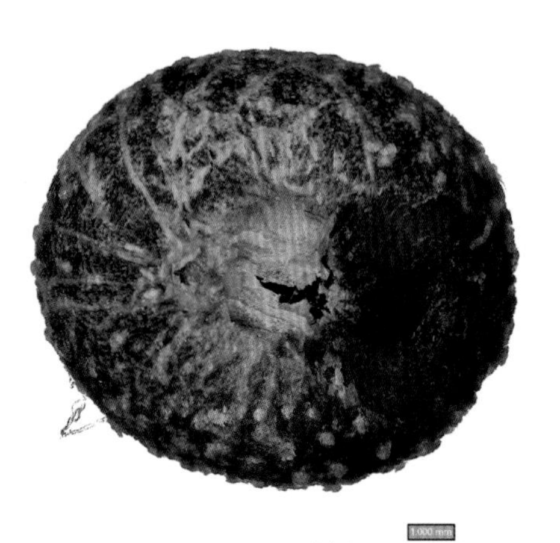

图 1.198 猪殃殃

田茜属

图 1.199 田野茜草

199 ※ 田野茜草

学　名：*Sherardia arvensis* L.
别　名：雪亚迪草、野茜
英文名：Blue fieldmadder

分类地位 被子植物门（Angiospermae）双子叶植物亚门（Dicotyledons）茜草目（Rubiales）茜草科（Rubiaceae）田茜属（*Sherardia*）。

地理分布 原产于欧洲及西亚。现在北美洲、南美洲、北非、澳大利亚、新西兰、日本、中国台湾等地有分布。新归化于湖南省长沙市岳麓区和江苏省苏州市高新区，为中国大陆首次记录。

形态特征 小坚果，卵形，长2~5毫米，常具2分果。花萼宿存。种子肾形，长1~3毫米。（见图1.199）

墨苜蓿属

200 墨苜蓿

学　名： *Richardia brasiliensis* Gomez

分类地位 被子植物门（Angiospermae）双子叶植物亚门（Dicotyledons）茜草目（Rubiales）茜草科（Rubiaceae）墨苜蓿属（*Richardia*）。

地理分布 中国西北、华北、西南、东北、华南以及华东等地山区都有栽培，新疆偶见有野生状的。亚洲、欧洲、美洲、非洲等温暖地区都有栽培。

形态特征 分果瓣3~6个，长2~3.5毫米，长圆形至倒卵形，背部密覆小乳突和糙伏毛，腹面有一条狭沟槽，基部微凹。（见图1.200）

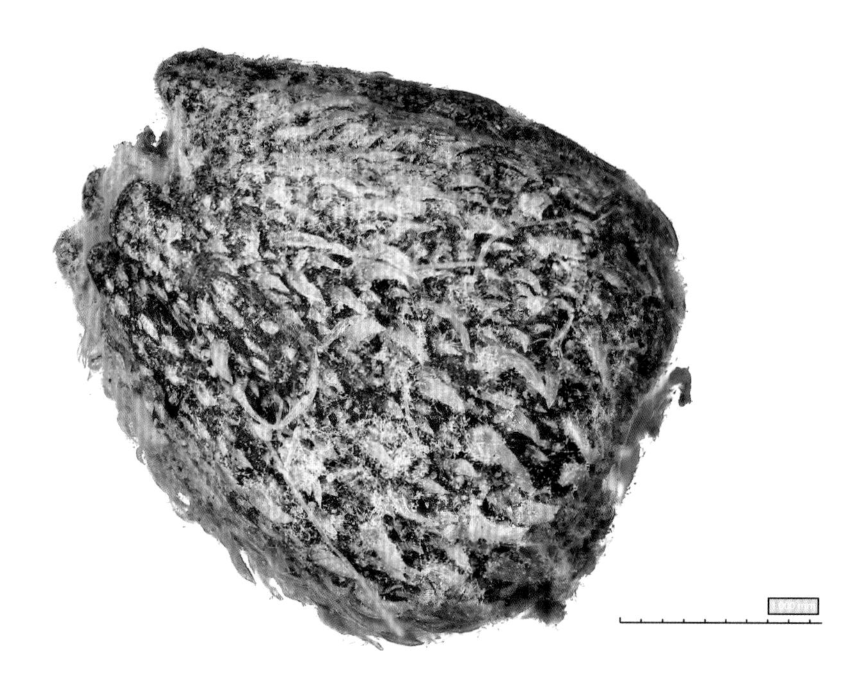

图1.200 墨苜蓿

三十六、菊科

30 属 39 种

联毛紫菀属

201 钻叶紫菀

学　名： *Symphyotrichum subulatum*（Michx.）G.L.Nesom
别　名： 剪刀菜、白菊花、土柴胡、九龙箭、钻形紫菀

分类地位 被子植物门（Angiospermae）双子叶植物亚门（Dicotyledons）菊目（Asterales）菊科（Asteraceae）联毛紫菀属（*Symphyotrichum*）。

地理分布 原产于北美。1827 年在中国澳门被发现。现广泛分布于中国华中、华东、西南及华南地区。生长在海拔 1100~1900 米的山坡灌丛、草坡、沟边、路旁或荒地。

形态特征 瘦果线状长圆形，长 1.5~2 毫米，稍扁，具边肋，两面各具 1 肋，疏被白色微毛，冠毛 1 层，细而软，长 3~4 毫米。（见图 1.201）

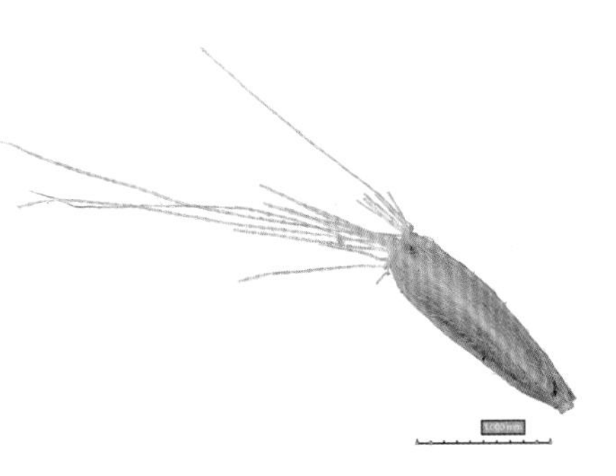

图 1.201 钻叶紫菀

蓟　属

202 田　蓟

学　名： *Cirsium arvense*
别　名： 丝路蓟、加拿大蓟

分类地位 被子植物门（Angiospermae）双子叶植物亚门（Dicotyledons）菊目（Asterales）菊科（Asteraceae）蓟属（*Cirsium*）。

地理分布 在中国分布于新疆天山及准噶尔盆地、甘肃、西藏。欧洲、俄罗斯、哈萨克斯坦、中亚、阿富汗、印度都有分布。

形态特征 瘦果线状长圆形，长 1.5~2 毫米，稍扁，具边肋，两面瘦果淡黄色，接近圆柱形，顶端截形，但稍见偏斜。冠毛污白色，多层，基部连合成环，整体脱落，冠毛刚毛长、羽毛状，长达 2.8 厘米。（不同颜色种子见图 1.202）

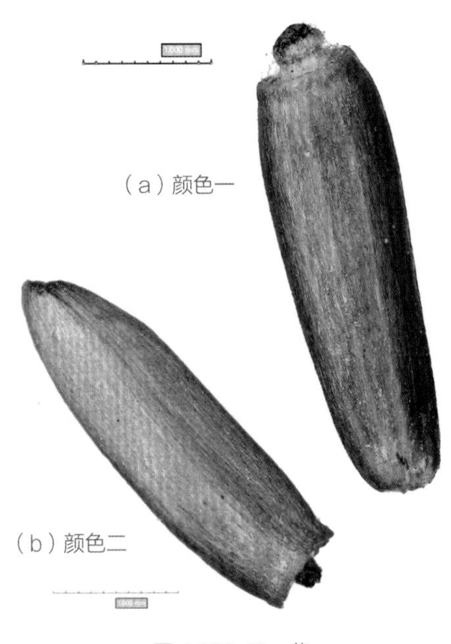

图 1.202 田　蓟

203 ⁘ 矛叶蓟

学　名： *Cirsium vulgare*
别　名： 翼蓟、欧洲蓟、矛蓟
英文名： Spear Thistle

分类地位 被子植物门（Angiospermae）双子叶植物亚门（Dicotyledons）菊目（Asterales）菊科（Asteraceae）蓟属（*Cirsium*）。

地理分布 分布于中国东北至西南地区及欧洲、日本，现中国、日本、美国等广为栽培。生长于山坡、草地。野生或栽培供药用。

形态特征 瘦果褐色，倒披针形，具多层白色冠毛。（见图 1.203）

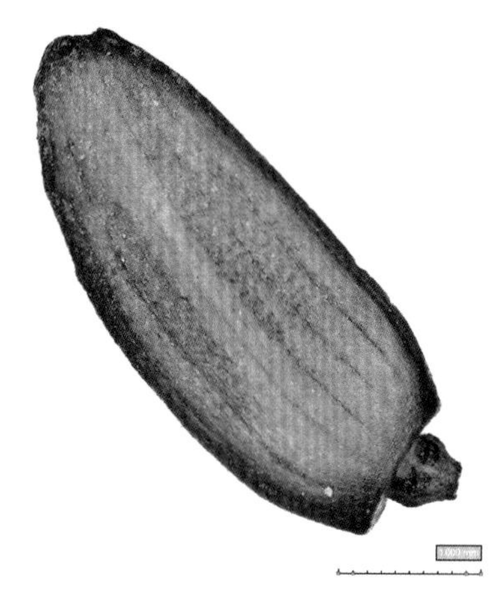

图 1.203 矛叶蓟

204 ⁘ 大刺儿菜

学　名： *Cephalanoplos setosum*（Willd.）Kitam.
别　名： 刺蓟、马刺蓟

分类地位 被子植物门（Angiospermae）双子叶植物亚门（Dicotyledons）菊目（Asterales）菊科（Asteraceae）蓟属（*Cirsium*）。

地理分布 在中国分布于华北、东北及陕西、河南等地。多见于农田、路旁或荒地。

形态特征 瘦果长圆形长 4.5~7 毫米，压扁，淡褐黑色，稍光亮。冠毛羽状，污白色，先端略粗糙。（见图 1.204）

图 1.204 大刺儿菜

205 ⁘ 刺儿菜

学　名： *Cirsium arvense* var. integrifolium
别　名： 小蓟、青青草、蓟蓟草、刺狗牙、刺蓟、枪刀菜、小恶鸡婆

分类地位 被子植物门（Angiospermae）双子叶植物亚门（Dicotyledons）菊目（Asterales）菊科（Asteraceae）蓟属（*Cirsium*）。

地理分布 除西藏、云南、广东、广西外，中国各地均有分布。欧洲东部、中部、俄罗斯、哈萨克斯坦、蒙古国、朝鲜、日本广有分布。分布于平原、丘陵和山地。

形态特征 瘦果淡黄色，椭圆形或偏斜椭圆形，压扁，长约 3 毫米，宽约 1.5 毫米，顶端斜截形。冠毛污白色，多层，整体脱落；冠毛刚毛长、羽毛状，长约 3.5 厘米，顶端渐细。（见图 1.205）

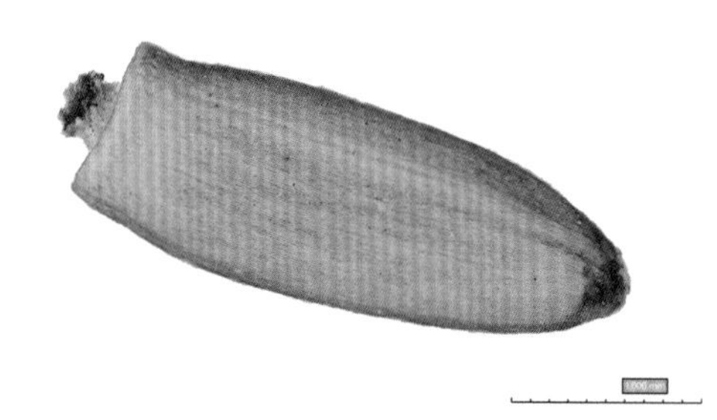

图 1.205 刺儿菜

大翅蓟属

206 ⁘ 苏格兰刺蓟

学　名：*Onopordum acanthium* L.
别　名：大刺蓟、新疆牛蒡、大翅蓟
英文名：Scotch cottonthistle, Scotch thistle

分类地位 被子植物门（Angiospermae）双子叶植物亚门（Dicotyledons）菊目（Asterales）菊科（Asteraceae）大翅蓟属（*Onopordum*）。

地理分布 产于欧洲，已传入美国，中国尚无记载。为田间一年生有害杂草。

形态特征 瘦果倒卵形至长卵形或长椭圆形，两侧扁，长 4.5~5 毫米，宽 2.5~3 毫米，淡灰褐色至灰褐色，表面略有光泽，具 4 条纵脊肋和粗的横皱纹，纵脊肋的上端常略突起，脊肋间另有 1 条至数条细纵线纹，有时具暗褐色至黑色的条纹或斑点，顶端钝圆，无颈圈，羽状冠毛极易脱落，中央花柱残痕扁平而略突出，灰白色，顶面观呈近方形或菱形，果实基部较尖。果内含种子 1 粒。果脐稍凹入，有时凹入极不明显。种胚大而直生。富含油质，无胚乳。（见图 1.206）

图 1.206 苏格兰刺蓟

蒿　属

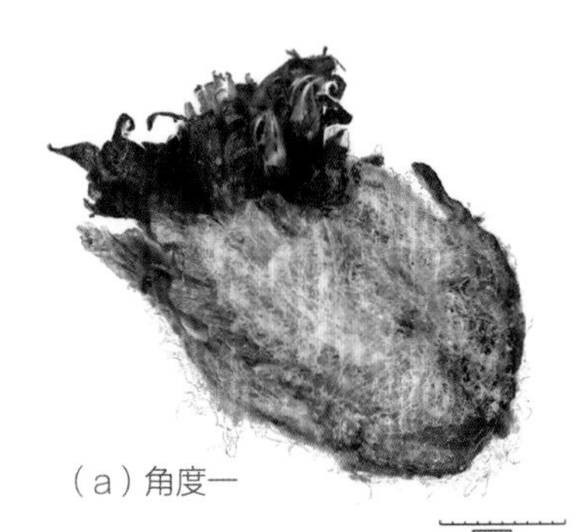

（a）角度一

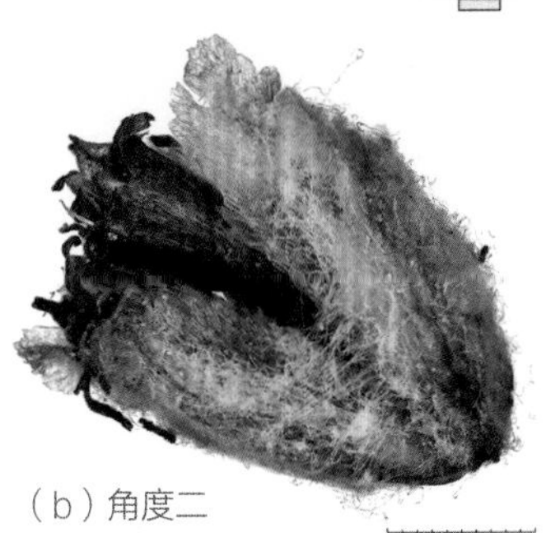

（b）角度二

图 1.207 艾　蒿

207 ⁘ 艾　蒿

学　名：*Artemisia argyi* L é vl. et Van.
别　名：艾

分类地位 被子植物门（Angiospermae）双子叶植物亚门（Dicotyledons）菊目（Asterales）菊科（Asteraceae）蒿属（*Artemisia*）。

地理分布 分布于蒙古国、朝鲜、俄罗斯（远东地区）和中国。在中国除极干旱与高寒地区外，几乎遍及。日本有栽培。生长于低海拔至中海拔地区的荒地、路旁、河边及山坡等地，也见于森林草原及草原地区，局部地区为植物群落的优势种。

形态特征 多年生草本或略成半灌木状，瘦果长卵形或长圆形，无毛，有四棱，表面浅黄绿色，种皮薄，质软。（不同角度种子见图 1.207）

飞廉属

208 飞　廉

学　名： *Carduus nutans* L.

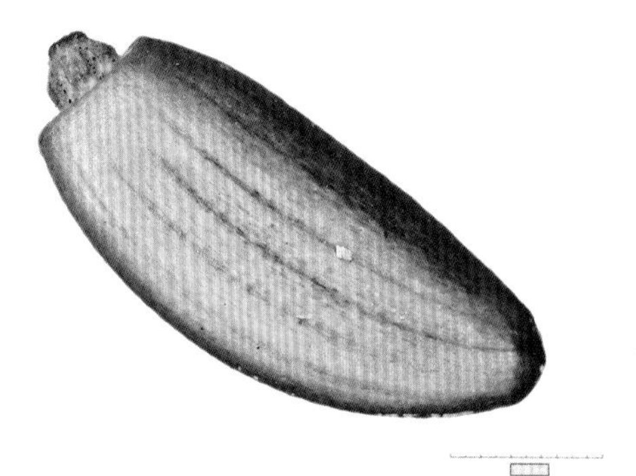

图 1.208 飞　廉

分类地位 被子植物门（Angiospermae）双子叶植物亚门（Dicotyledons）菊目（Asterales）菊科（Asteraceae）飞廉属（*Carduus*）。

地理分布 在中国分布于天山、准噶尔阿拉套山、准噶尔盆地地区。欧洲、北非、中亚及西伯利亚都广有分布。

形态特征 瘦果灰黄色，楔形，稍压扁，长约 3.5 毫米，有多数浅褐色的细纵线纹及细横皱纹，下部收窄，基底着生面稍偏斜，顶端斜截形，有果缘，果缘全缘，无锯齿。冠毛白色，多层，不等长，向内层渐长，长达 2 厘米，冠毛刚毛锯齿状，向顶端渐细，基部连合成环，整体脱落。（见图 1.208）

鬼针草属

209 狼把草

学　名： *Bidens tripartita* L.
别　名： 鬼叉、鬼针、鬼刺

分类地位 被子植物门（Angiospermae）双子叶植物亚门（Dicotyledons）菊目（Asterales）菊科（Asteraceae）鬼针草属（*Bidens*）。

地理分布 主产于中国东北、华北、华东、华中、西南及陕西、甘肃、青海、新疆等地。

形态特征 瘦果扁平，长圆状倒部形成倒卵状楔形，长 4.5~9 毫米，直径 1.5~22 毫米，边缘有倒生小刺，两面中央各只一条纵肋，两侧上端各有一向上的刺，刺上有细小的逆刺。（见图 1.209）

图 1.209 狼把草

天名精属

210 天名精

学　名： *Carpesium abrotanoides* L.
别　名： 地菘、天蔓青、鹤虱、野烟叶、野烟、野叶子烟
英文名： Scotch cottonthistle, Scotch thistle

分类地位 被子植物门（Angiospermae）双子叶植物亚门（Dicotyledons）菊目（Asterales）菊科（Asteraceae）天名精属（*Carpesium*）。

地理分布 在中国产于华东至西南各省、自治区及河北、陕西等地。东亚、南亚及东南亚北部至亚洲中部地区均有分布。生长于村旁、路边荒地、溪边及林缘，垂直分布可达海拔 2000 米。

形态特征 瘦果细长，狭圆柱形有纵条纹棱，先端收缩成喙状，顶端具软骨质环状物，无冠毛，长 3~3.5 毫米，宽约 0.5 毫米，喙上及果实基部有浅黄色腺体。果内含种子 1 粒。果皮黄褐色，表面光滑无毛，约具 14 条细纵棱。果脐圆形，凹陷，位于果实基端。种皮薄，种胚直生，无胚乳。（见图 1.210）

图 1.210 天名精

红花属

211 黄　花

学　名： *Carthamus lanatus* L.
别　名： 绵毛红花
英文名： Saffwer weelly

分类地位 被子植物门（Angiospermae）双子叶植物亚门（Dicotyledons）菊目（Asterales）菊科（Asteraceae）红花属（*Carthamus*）。

地理分布 产于澳大利亚，中国尚无记载。为农田杂草。

形态特征 一年生草本。果实为瘦果，斜倒卵形，宽与厚几乎相同，长 4~6 毫米，宽 3~45 毫米，灰黄色或灰褐色，或具黑色的斑纹，略有光泽，瘦果四棱形，棱脊钝，棱上端稍外突，上部表面具瘤状或不规则粗波状突起，果顶端宽，近截平，近中央具扁平而狭长的膜质冠毛，黄白色，有时易脱落，中央花柱残痕圆形，微微突出，基部较窄，钝尖，近基端有一侧微凹。果内含种子 1 粒，果脐位于基部一侧凹陷内，较大，近圆形。种子倒卵形，棕黑色，表面光滑而有光泽。种胚大而直生，无胚乳。（见图 1.211）

图 1.211 黄　花

矢车菊属

212 黄矢车菊

学　名：*Centaurea solstitialis* L.
别　名：仲夏矢车菊、黄星蓟、金黄星蓟、黄花稗、圣巴纳比蓟
英文名：Barnabys thistle, Yellow starthistle

分类地位 被子植物门（Angiospermae）双子叶植物亚门（Dicotyledons）菊目（Asterales）菊科（Asteraceae）矢车菊属（*Centaurea*）。

地理分布 原产于地中海地区，分布于澳大利亚、美国，中国尚无记载。为农田杂草或荒地杂草。

形态特征 一年生或二年生草本。果实为瘦果，长倒卵形，长 2~2.5 毫米，宽 1~1.5 毫米，黄褐色至黑褐色，表面具褐色或黄褐色条纹，顶端截平，周缘具扁平而细长的、长短不一的白色冠毛（有时脱落），最内一层包围花柱残痕，冠毛侧缘具密微毛，基部稍窄向腹面内弯成钝钩，腹面基部具明显的凹陷。果内含种子 1 粒，果脐位于果实腹面凹陷内，近长圆形。种子横切面扁圆形，种胚大而直生，黄褐色，无胚乳。（见图 1.212）

图 1.212 黄矢车菊

213 马尔塔矢车菊

学　名：*Centaurea melitensis*
别　名：马耳他星蓟、马耳他蓟、鸡距蓟、黄鸡距蓟、野爱尔兰人
英文名：Maltese Star-thistle

分类地位 被子植物门（Angiospermae）双子叶植物亚门（Dicotyledons）菊目（Asterales）菊科（Asteraceae）矢车菊属（*Centaurea*）。

地理分布 原产于地中海地区。

形态特征 瘦果无肋棱，但或有细脉纹，被稀疏的柔毛或脱毛，极少无毛，侧生着生面，顶端截形，有果缘，果缘边缘有锯齿。冠毛 2 列，多层，白色或褐色，与瘦果等长或短于或长于瘦果，外列冠毛多层，向内层渐长，冠毛刚毛毛状，边缘锯齿状或糙毛状；内列冠毛 1 层，膜片状，极少为毛状，极少为无冠毛。（见图 1.213）

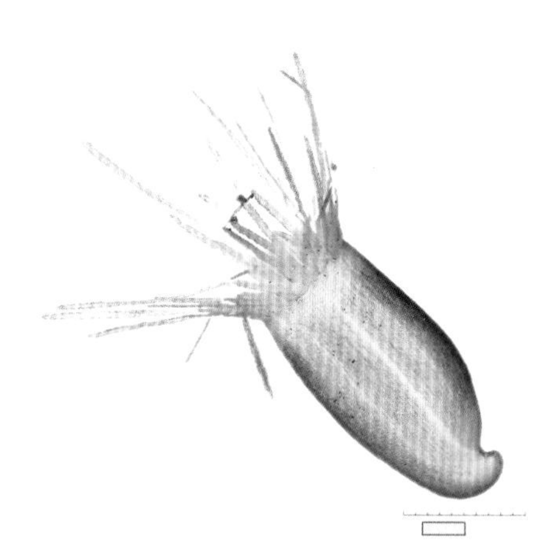

图 1.213 马尔塔矢车菊

214 ⁘ 矢车菊

学　名：*Centaurea cyanus* Linn.
别　名：蓝芙蓉、翠兰、荔枝菊
英文名：Maltese Star-thistle

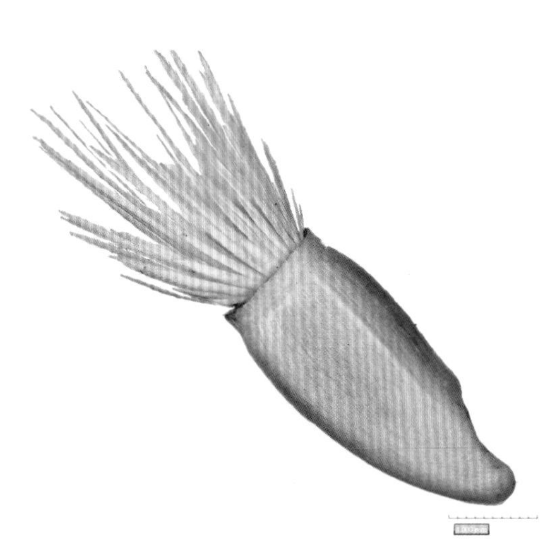

图 1.214 矢车菊

分类地位 被子植物门（Angiospermae）双子叶植物亚门（Dicotyledons）菊目（Asterales）菊科（Asteraceae）矢车菊属（*Centaurea*）。

地理分布 分布于欧洲、高加索地区及中亚、北美洲和中国。

形态特征 瘦果椭圆形，长约 3 毫米，宽约 1.5 毫米，有细条纹，被稀疏的白色柔毛。冠毛白色或浅土红色，2 列，外列多层，向内层渐长，长达 3 毫米；内列 1 层，极短，全部冠毛刚毛毛状。（见图 1.214）

菊　属

215 ⁘ 珍珠菊

学　名：*Chrysanthemum segetum* L.
别　名：南茼蒿
英文名：Corn Marigold

分类地位 被子植物门（Angiospermae）双子叶植物亚门（Dicotyledons）菊目（Asterales）菊科（Asteraceae）菊属（*Chrysanthemum*）。

地理分布 北美洲有分布，中国尚无记载。生长于农田和荒地。

形态特征 一年生草本，果实为瘦果，短圆柱形，长 1.9~2.5 毫米，宽 1~15 毫米，黄褐色，表面光滑，具明显突起的宽纵条纹 10 条，棱间有纵沟，颜色稍深，果体上宽下窄，顶端边缘无衣领状环，中央具圆锥形花柱残痕，微突起，基部稍窄。果内含种子 1 粒，种子横切面圆形，周缘齿状波浪形，种胚大而直生，无胚乳。（见图 1.215）

图 1.215 珍珠菊

母菊属

216 ⁘ 淡甘菊

学　名： *Matricaria inodora* L.
别　名： 无臭母菊、白花淡菊
英文名： False chamomile

分类地位 被子植物门（Angiospermae）双子叶植物亚门（Dicotyledons）菊目（Asterales）菊科（Asteraceae）母菊属（*Matricaria*）。

地理分布 分布于中国东北地区及欧洲。生长于田间、路旁、牧场和荒野。

形态特征 瘦果矩圆形，背腹扁，长约 1.8 毫米，宽约 1 毫米，黑褐色或黑色，表面具颗粒状突起或横皱，背面稍隆起，两侧具黄褐色厚翅，腹面中部有 1 条厚翅状纵棱将腹面分成两个斜面，顶端平截，具菱形或三角形的衣领状环，环宽，边缘具波状齿，环中央具较低的花柱残痕，基底截平。果脐位于果实基底，椭圆形，凹陷，中央具稍突出的维管束痕。（不同角度种子见图 1.216）

（a）角度一

（b）角度二

图 1.216 淡甘菊

菊苣属

217 ⁘ 菊　苣

学　名： *Cichorium intybus* L.
别　名： 咖啡草、齐柯里菊
英文名： Blue daisy, Blue sailors, Bunck, Chicory, Common chicory, Coffeeweed

分类地位 被子植物门（Angiospermae）双子叶植物亚门（Dicotyledons）菊目（Asterales）菊科（Asteraceae）菊苣属（*Cichorium*）。

地理分布 中国西北、华北等地区有分布，亚洲其他国家（地区）、非洲、北美洲、大洋洲也有分布。生长于田边、山坡、荒地和路边。为田间杂草。

形态特征 多年生草本。果实为瘦果，长楔形，长 2~3 毫米，上端宽 1~13 毫米，基部宽 0.6~0.8 毫米，深褐色，具明显纵脊棱，通常五棱，有时四棱，表面具密集的细颗粒状突起及黑褐色至黑色的条纹，果实上宽下窄，两端截平，顶端周缘密布灰白色、粗硬的短鳞片状冠毛，中央具圆形花柱残痕，微突起。果内含种子 1 粒。果脐大，近五角形，黄色。种子横切面为四边形或五边形。种胚大而直生，无胚乳。（见图 1.217）

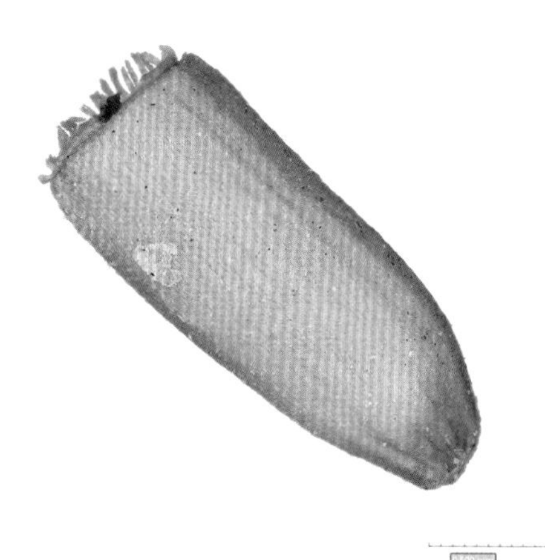
图 1.217 菊　苣

水飞蓟属

218 水飞蓟

学　名： *Silybum marianum* (L.) Gaertn.
别　名： 奶蓟草、老鼠筋、水飞雉、奶蓟
英文名： Scotch cottonthistle, Scotch thistle

分类地位 被子植物门（Angiospermae）双子叶植物亚门（Dicotyledons）菊目（Asterales）菊科（Asteraceae）水飞蓟属（*Silybum Adans*）。

地理分布 分布于欧洲、地中海地区、北非及亚洲中部。中国各地公园、植物园或园庭都有栽培。

形态特征 瘦果压扁，长椭圆形或长倒卵形，长约 7 毫米，宽约 3 毫米，褐色，有线状长椭圆形的深褐色色斑，顶端有果缘，果缘边缘全缘，无锯齿。冠毛多层，刚毛状，白色，向中层或内层渐长，长达 1.5 厘米，冠毛刚毛锯齿状，基部连合成环，整体脱落，最内层冠毛极短，柔毛状，边缘全缘，排列在冠毛环上。（见图 1.218）

（a）背面

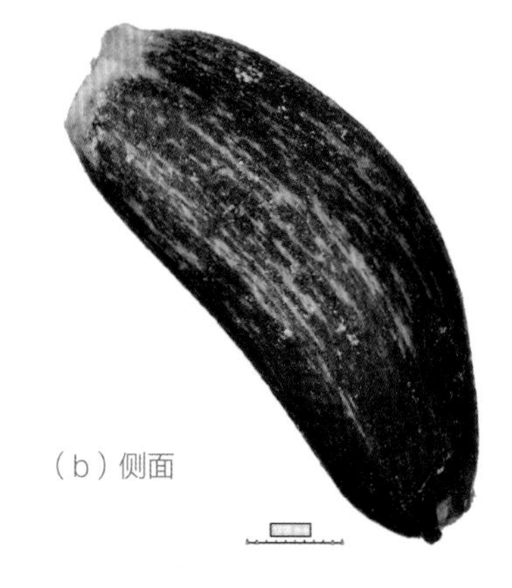

（b）侧面

图 1.218 水飞蓟

春黄菊属

219 臭甘菊

学　名： *Anthemis cotula* L.
别　名： 小白菊、狗茴香、猪茴香、雏菊、野甘菊、春黄菊
英文名： Dogfennel

分类地位 被子植物门（Angiospermae）双子叶植物亚门（Dicotyledons）菊目（ Asterales）菊科（Asteraceae）春黄菊属（*Anthemis*）。

地理分布 原产于欧洲，现广泛分布于全世界，中国尚无记载。生长于农田、菜园、农场和荒地，多见于肥沃的砾质土壤。为农田和荒地的野生杂草。

形态特征 一年生草本。果实为瘦果，圆柱状长卵形，上部较粗，下部较细，长 1.2~1.9 毫米，中部直径 0.5~0.8 毫米，淡黄褐色、褐色至深褐色或棕褐色，乌暗无光泽，表面具 8~10 条纵脊棱，棱上具瘤状突起，棱间凹陷，稍平坦，顶端近圆形，中央具花柱残痕，略突出，暗褐色，基部斜截。果内含种子 1 粒。果脐位于果实腹面的中央，黄白色，常明显膨大而突出。种子横切面近圆形，纵切面长卵形。种胚直生，黄褐色，富含油质，无胚乳。（见图 1.219）

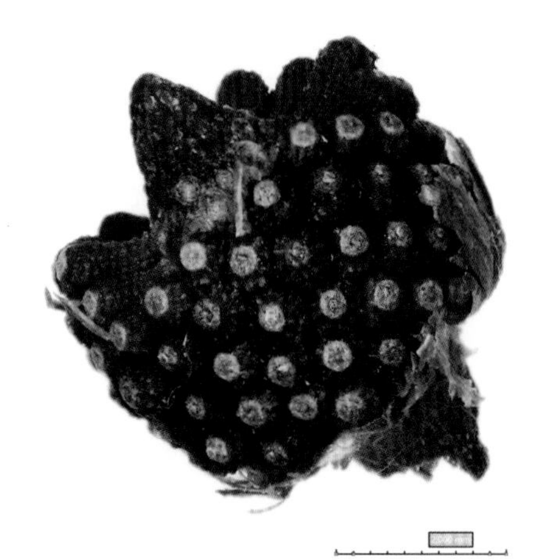

图 1.219 臭甘菊

牛蒡属

220 牛 蒡

学　名： *Arctium lappa* L.
别　名： 大葛仙、葛仙米、葛仙子、牛头葛仙
英文名： Burdock

（a）颜色一

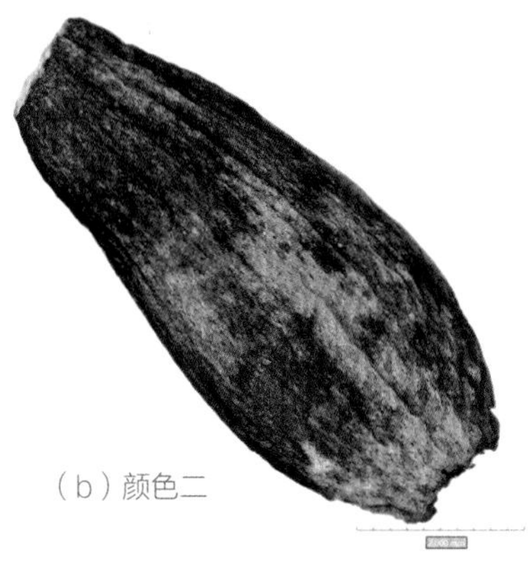

（b）颜色二

图 1.220 牛 蒡

分类地位 被子植物门（Angiospermae）双子叶植物亚门（Dicotyledons）菊目（Asterales）菊科（Asteraceae）牛蒡属（*Arctium*）。

地理分布 分布于中国东北至西南地区及欧洲，现中国、日本、美国等广为栽培。生长于山坡、草地。野生或栽培供药用。

形态特征 二年生草本。果实为瘦果，长倒卵形，长 5~7 毫米，宽 2~25 毫米，两侧扁，直或略弯曲，灰褐色或淡黄褐色，散生不规则紫黑色至黑色斑点或近波状横纹，两侧面具明显突起的纵脊棱 1~3 条，棱间具细纵棱数条及不规则的斜向突起，上部具较明显的波状横皱褶，顶端边缘略隆起，具深褐色的衣领状环，无冠毛，果体上宽下窄，上部稍收缩，中央具略突起的花柱残痕，基部渐窄，斜截。果内含种子 1 粒。果脐位于果实基部，淡灰白色，近四边形。种子横切面呈斜卵圆形。种胚大而直生，黄褐色，无胚乳。（不同颜色种子见图 1.220）

天人菊属

221 天人菊

学　名： *Gaillardia pulchella* Foug
别　名： 虎皮菊、老虎皮菊
英文名： Rosering gaillardia

分类地位 被子植物门（Angiospermae）双子叶植物亚门（Dicotyledons）菊目（Asterales）菊科（Asteraceae）天人菊属（*Gaillardia*）。

地理分布 原产于北美洲，中国北方有栽培及偶有野生。以栽培供观赏为主。

形态特征 一年生草本。果实为瘦果，倒圆锥状四棱形，长 2~3 毫米（不包括冠毛），宽 1.5~2.5 毫米，淡褐色至暗赤褐色，表面具明显外突的纵脊棱 4 条，棱间粗糙：顶端宽波浪形，周缘着生 5~8 枚宽大而呈膜质的鳞片状冠毛，冠毛顶端渐次延长成芒状，芒缘有细齿，中央具宿存的花柱，圆形，稍突起，中下部至基端密布褐色的长柔毛，基部渐窄至锐尖，果实内含种子 1 粒。果脐位于果实的基部，圆形。种子横切面呈方状菱形或斜方形。种胚大而直立，无胚乳。（见图 1.221）

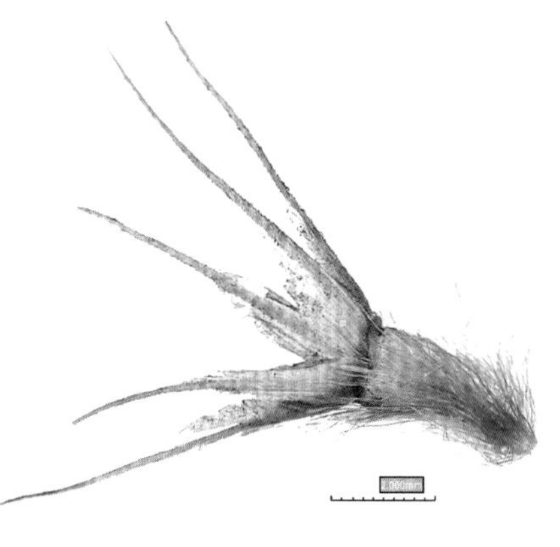

图 1.221 天人菊

向日葵属

222 小花向日葵

学　名： *Helianthus petiolaris* Nutt.
英文名： Prairie sunflower

分类地位 被子植物门（Angiospermae）双子叶植物亚门（Dicotyledons）菊目（Asterales）菊科（Asteraceae）向日葵属（*Helianthus*）。

地理分布 原产于北美洲，中国尚无记载。

形态特征 一年生草本。瘦果狭长倒卵形或近长椭圆形，两侧扁，长3~4毫米，宽1.5~2毫米，灰褐色，表面具细纵条纹和横的不规则波状黑褐色花纹，并密生向上的淡褐色细毛，两侧略突出成脊状边，上端近截平，中央的花柱残痕突出，黑褐色，基部较尖。果内含种子1粒。果脐位于果实下端，稍偏斜，褐色，边缘略增厚而突起，表面光滑，稍有光泽，果脐近中部有一小裂口。种胚大而直生，富含油质无胚乳。（见图1.222）

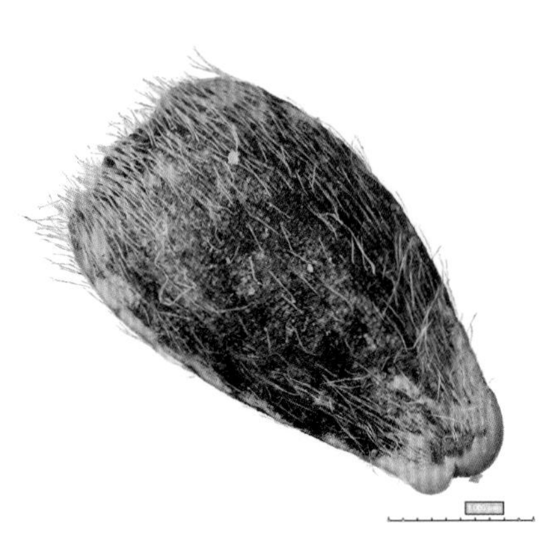

图1.222 小花向日葵

223 野向日葵

学　名： *Helianthus annuus* L.
别　名： 莫桑比克蟛蜞菊、头带草、胡椒之友
英文名： Common sunflower

分类地位 被子植物门（Angiospermae）双子叶植物亚门（Dicotyledons）菊目（Asterales）菊科（Asteraceae）向日葵属（*Helianthus*）。

地理分布 原产于北美洲，现在中国广为栽培。

形态特征 一年生草本。果实为瘦果，宽倒卵状长圆形至倒卵状椭圆形，两侧略扁，长4~7毫米，宽2.4~2.9毫米，灰白色、灰黄褐色至灰褐色，表面平坦，具不规则黑褐色至黑色的斑纹和纵向的细线纹，上端圆形或近圆形，中央的花柱残痕圆形，微突出，基部渐窄，端部钝圆或斜截。果内含种子1粒。果脐位于果实基部，略偏斜，脐部有一小裂口。种子横切面长椭圆形。种胚大而直生，黄色，无胚乳。（见图1.223）

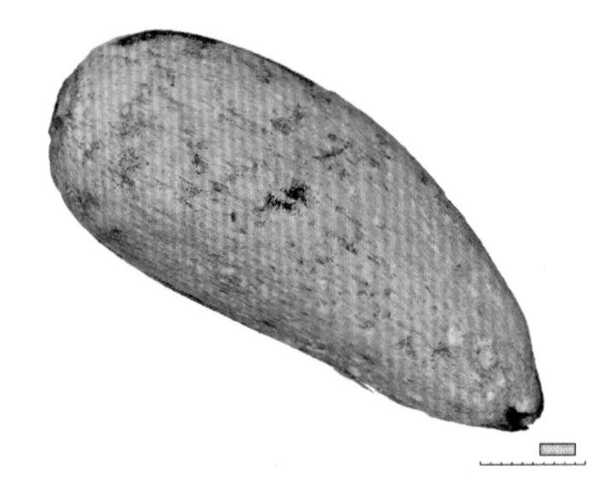

图1.223 野向日葵

泥胡菜属

224 泥胡菜

学　名：*Hemistepta lyrata* Bge.
别　名：苦伶仃、买糖干、苦草
英文名：Lyrate hemistepta

分类地位 被子植物门（Angiospermae）双子叶植物亚门（Dicotyledons）菊目（Asterales）菊科（Asteraceae）泥胡菜属（*Hemistepta*）。

地理分布 中国各地有分布，越南、老挝、印度、日本也有分布。生长于田边、路旁和荒地。为野生杂草。

形态特征 二年生草本。果实为瘦果，长倒卵状椭圆形，一侧直，一侧稍外凸，长2~2.5毫米，宽0.75~11毫米，红褐色至暗褐色，表面具15条纵细脊棱，棱细而突出，棱间呈纵沟，暗褐色，顶端斜截，冠毛2层，白色，羽状，长于果体，易脱落或有残存，周缘衣领状环不整齐，黄褐色，外突出，环中央花柱残痕较短，基部斜截。果内含种子1粒，果脐位于果实端部。脐边圆形外突，黄褐色。种子横切面椭圆形，周边细波浪形。种胚直立，黄褐色，无胚乳。（见图1.224）

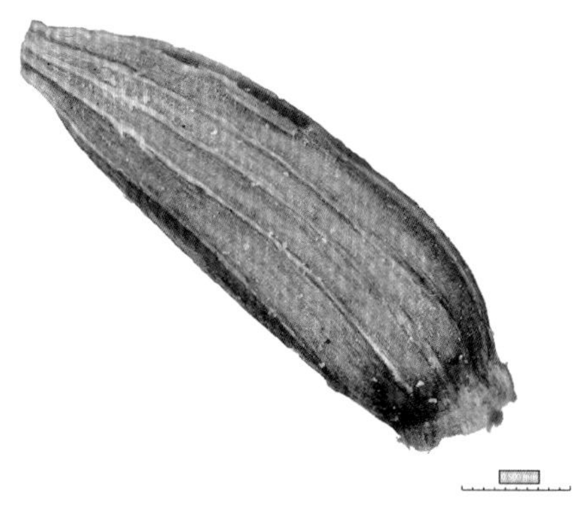

图1.224 泥胡菜

苦荬菜属

225 齿缘苦荬

学　名：*Ixeris dentata*（Thunb.）Nakai
别　名：氨基酸草、苦麻草、盘儿草

分类地位 被子植物门（Angiospermae）双子叶植物亚门（Dicotyledons）菊目（Asterales）菊科（Asteraceae）苦荬菜属（*Ixeris*）。

地理分布 在中国分布于西南部。朝鲜、日本也有分布。

形态特征 瘦果纺锤形，略扁，有等粗的纵肋，黑褐色，长4~5毫米，喙长1~2毫米，冠毛浅棕色。（见图1.225）

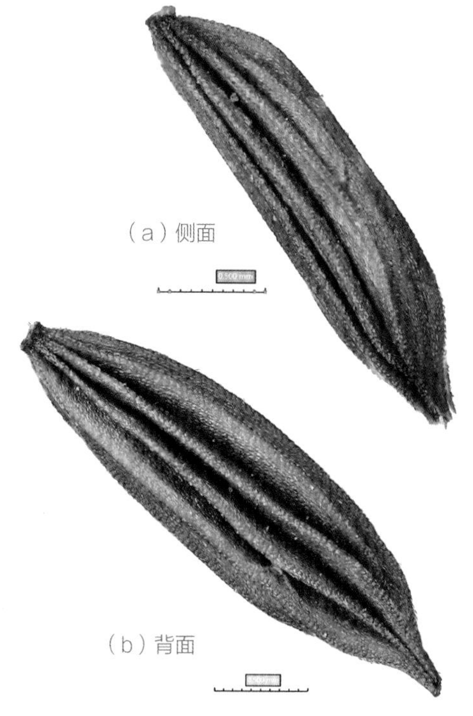

图1.225 齿缘苦荬

苦苣菜属

226 苣荬菜

学　名： *Sonchus wightianus* DC.
别　名： 荬菜、野苦菜、野苦荬、苦葛麻、苦荬菜、取麻菜、苣菜

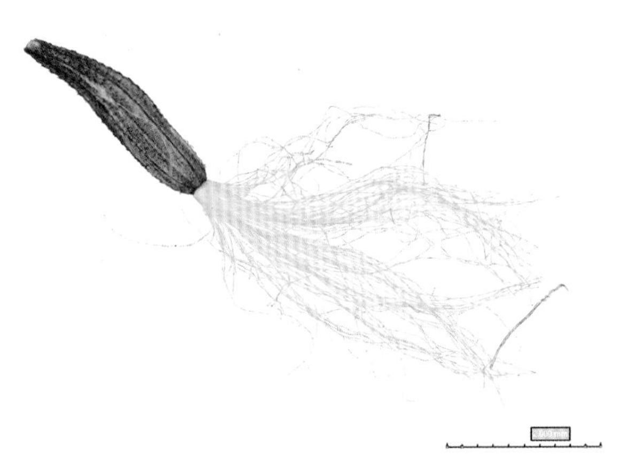

图 1.226 苣荬菜

分类地位 被子植物门（Angiospermae）双子叶植物亚门（Dicotyledons）菊目（Asterales）菊科（Asteraceae）苦苣菜属（*Sonchus*）。

地理分布 原产于欧洲，现世界各地广泛分布。在中国分布广泛。生长于田间和荒地。为农田杂草。

形态特征 多年生草本。果实为瘦果，狭长椭圆形，长 2.5~3.5 毫米，宽约 1 毫米，深黄褐色至暗褐色，两侧扁平，两侧面各具 5 条或更多明显突起的纵脊棱，棱间具较模糊的细横皱纹，近顶端渐窄，端部截平，周缘有冠毛，冠毛丝棉状，白色，极易脱落，衣领状环外突，浅黄色，环中央有花柱残痕。黄色外突，近基部明显狭窄，端部截平或微凹。果内含种子 1 粒。果脐位于果实的基端。种子横切面棱状椭圆形。种胚直生，黄褐色，无胚乳。（见图 1.226）

马兰属

227 马　兰

学　名： *Kalimeris indica*（L.）Sch. Bip.
别　名： 紫菊、阶前菊、鸡儿肠、马兰头、竹节草、马兰菊、蟛蜞菊、鱼鳅串、红梗菜、日边菊、田菊、毛蜞菜、红马兰、马兰青、路边菊、螃蜞头草、蓑衣莲、灯盏细辛、红管药、鸡油儿、田蒿子、剪刀草、田茶菊、泥鳅串

分类地位 被子植物门（Angiospermae）双子叶植物亚门（Dicotyledons）菊目（Asterales）菊科（Asteraceae）马兰属（*Kalimeris*）。

地理分布 在中国分布于西部、中部、南部、东部各地区。朝鲜、日本、中南半岛至印度也有分布。生长在林缘、草丛、溪岸、路旁。

形态特征 瘦果倒卵状矩圆形，极扁，长 1.5~2 毫米，宽约 1 毫米，褐色，边缘浅色而有厚肋，上部被腺毛及短柔毛，冠毛长 0.1~0.8 毫米，弱而易脱落，不等长。（见图 1.227）

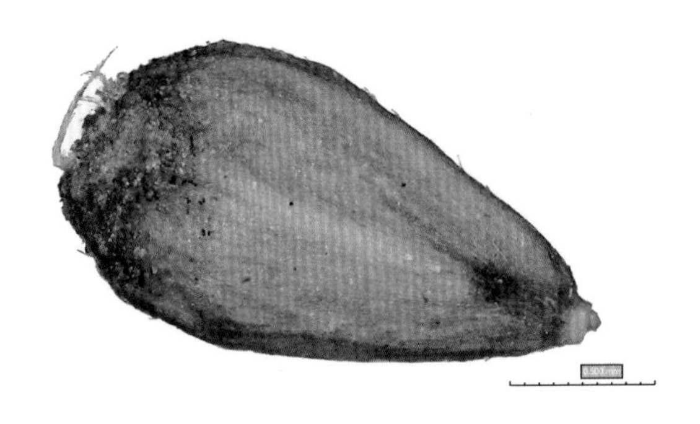

图 1.227 马　兰

| 蒲公英属 |

228 蒲公英

学　名：*Taraxacum mongolicum* Hand. Mazz.
别　名：黄花地丁、婆婆丁、华花郎

分类地位 被子植物门（Angiospermae）双子叶植物亚门（Dicotyledons）菊目（Asterales）菊科（Asteraceae）蒲公英属（*Taraxacum*）。

地理分布 中国大部分地区有分布。朝鲜、蒙古国、俄罗斯也有分布。

形态特征 瘦果倒卵状披针形，暗褐色，长 4~5 毫米，宽 1~1.5 毫米，上部具小刺，下部具成行排列的小瘤，顶端逐渐收缩为长约 1 毫米的圆锥至圆柱形喙基，喙长 6~10 毫米，纤细，冠毛白色，长约 6 毫米。（见图 1.228）

图 1.228　蒲公英

229 药蒲公英

学　名：*Taraxacum officinale*
别　名：西洋蒲公英

分类地位 被子植物门（Angiospermae）双子叶植物亚门（Dicotyledons）菊目（Asterales）菊科（Asteraceae）蒲公英属（*Taraxacum*）。

地理分布 产于中国新疆各地。哈萨克斯坦、吉尔吉斯斯坦及欧洲、北美洲等地也有分布。

形态特征 瘦果浅黄褐色，长 3~4 毫米，中部以上有大量小尖刺，其余部分具小瘤状突起，顶端突然缢缩为长 0.4~0.6 毫米的喙基，喙纤细，长 7~12 毫米，冠毛白色，长 6~8 毫米。（见图 1.229）

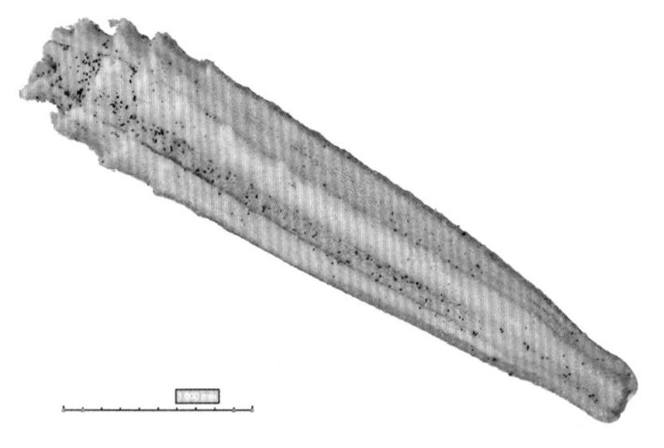

图 1.229　药蒲公英

飞蓬属

230 小飞蓬

学　名：*Conyza canadensis*（L.）Crong
别　名：小白酒草、小飞莲、加拿大蓬
英文名：Daisyfleabane, Horseweed

分类地位 被子植物门（Angiospermae）双子叶植物亚门（Dicotyledons）菊目（Asterales）菊科（Asteraceae）飞蓬属（*Erigeron*）。

地理分布 在中国分布于东北、华北、华东、西北等地区。北美洲和欧洲也有分布。生长于农田、田边、路旁、荒野和村落。

形态特征 瘦果矩圆形，较扁，长约1.2毫米，宽约0.4毫米，淡黄色至黄褐色，表面具微毛，常具稀疏白伏毛，顶端截平，稍收缩，中央凹陷，具花柱基，冠毛刚毛状，宿存，一层，基部联合成环，白色，果基收缩，底部具杯状。果脐圆形，边缘白色，果两侧边具窄翼或锐棱。（见图1.230）

图1.230　小飞蓬

231 一年蓬

学　名：*Erigeron annuus*（L.）Pers.
别　名：白顶飞蓬、蓬头草、千层塔
英文名：Annual fleabane, Daisy fleabane

分类地位 被子植物门（Angiospermae）双子叶植物亚门（Dicotyledons）菊目（Asterales）菊科（Asteraceae）飞蓬属（*Erigeron*）。

地理分布 原产于美洲，现在分布于中国大部分地区以及北美洲、欧洲。生长于山坡耕地、林缘、路旁、荒地、草原和牧场。

形态特征 瘦果矩圆形至长倒卵形，扁四棱状，长约1毫米，宽约0.3毫米，黄色至浅褐色，表面粗糙，具稀疏短毛，两扁面各有一隆起中脊，侧面具窄翼状棱脊，顶端微收缩截平，具鳞片状短冠毛和矮衣领状环，花柱残痕淡黄色，较粗，基部截平，基端具碗口状果脐。（见图1.231）

图1.231　一年蓬

鼠麴草属

232 鼠麴草

学　名：*Gnaphalium affine* D. Don
别　名：鼠曲草

分类地位 被子植物门（Angiospermae）双子叶植物亚门（Dicotyledons）菊目（Asterales）菊科（Asteraceae）鼠麴草属（*Gnaphalium*）。

地理分布 分布于中国、日本、朝鲜、菲律宾、印度尼西亚、中南半岛及印度。在中国分布于台湾、华东、华南、华中、华北、西北及西南。生长于低海拔干地或湿润草地上，尤以稻田最常见。

形态特征 瘦果倒卵形或倒卵状圆柱形，长约 0.5 毫米，有乳头状突起。冠毛粗糙，污白色，易脱落，长约 1.5 毫米，基部联合成 2 束。（见图 1.232）

图 1.232　鼠麴草

稻槎菜属

233 欧洲稻槎菜

学　名：*Lapsana communis* Linn.
别　名：多肋稻槎菜、菊苣尾水芹
英文名：Lapsana communist flower, Common nipplewort、Succory Dock-Cress

分类地位 被子植物门（Angiospermae）双子叶植物亚门（Dicotyledons）菊目（Asterales）菊科（Asteraceae）稻槎菜属（*Lapsana*）。

地理分布 分布于欧洲大陆。

形态特征 一年生草本，瘦果淡黄色，稍压扁，有 12 条粗细不等细纵肋。（见图 1.233）

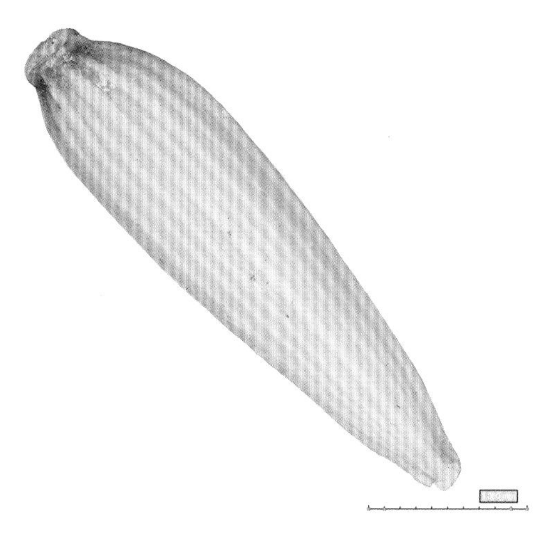

图 1.233　欧洲稻槎菜

一点红属

234 一点红

学　名：*Emilia sonchifolia*（L.）DC
别　名：红背叶、羊蹄草、野木耳菜、红头草、叶下红、紫背叶

分类地位 被子植物门（Angiospermae）双子叶植物亚门（Dicotyledons）菊目（Asterales）菊科（Asteraceae）一点红属（*Emilia*）。

地理分布 产于中国西南、华南、华东。常生长于山坡荒地、田埂、路旁。亚洲热带、亚热带和非洲广泛分布。

形态特征 瘦果圆柱形，长3~4毫米，具5棱，肋间被微毛，冠毛丰富、白色、细软。（见图1.234）

图 1.234　一点红

金钮扣属

235 金钮扣

学　名：*Acmella paniculata*（Wallich ex Candolle）R. K. Jansen
别　名：天文草、雨伞草、大黄花

分类地位 被子植物门（Angiospermae）双子叶植物亚门（Dicotyledons）菊目（Asterales）菊科（Asteraceae）金钮扣属（*Spilanthes*）。

地理分布 在中国广泛分布。日本、中南半岛、印度、菲律宾、朝鲜也有分布。

形态特征 瘦果，3棱或背向压扁，沿角上常有毛，顶冠具芒刺2~3条或无芒刺。（见图1.235）

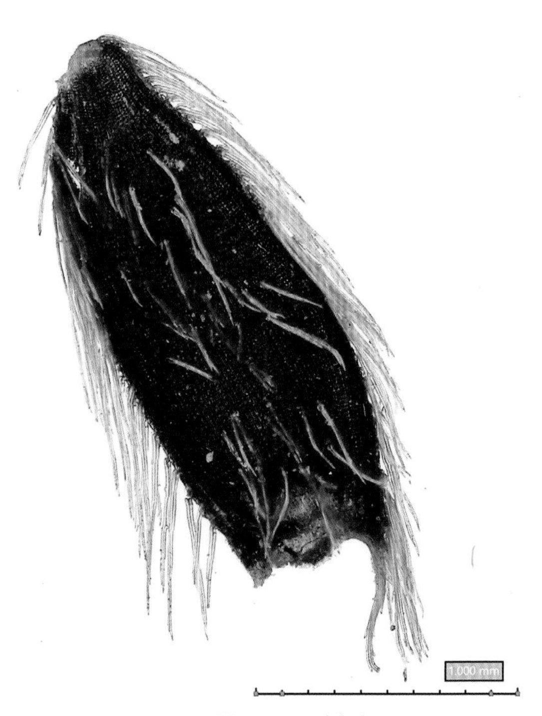

图 1.235　金钮扣

黄鹌菜属

236 黄鹌菜

学　名： *Youngia japonica*

别　名： 毛连连、野芥菜福建、黄花枝香草、野青菜、还阳草

分类地位 被子植物门（Angiospermae）双子叶植物亚门（Dicotyledons）菊目（Asterales）菊科（Asteraceae）黄鹌菜属（*Youngia*）。

地理分布 在中国广泛分布。日本、中南半岛、印度、菲律宾、朝鲜也有分布。

形态特征 瘦果纺锤形，压扁，褐色或红褐色，长1.5~2毫米，向顶端有收缢，顶端无喙，有11~13条粗细不等的纵肋，肋上有小刺毛。冠毛长2.5~3.5毫米，糙毛状。（见图1.236）

图 1.236　黄鹌菜

还阳参属

237 具毛还阳参

学　名： *Crepis sibirica* L.

别　名： 毛连连、野芥菜福建、黄花枝香草、野青菜、还阳草

分类地位 被子植物门（Angiospermae）双子叶植物亚门（Dicotyledons）菊目（Asterales）菊科（Asteraceae）还阳参属（*Crepis*）。

地理分布 广泛分布于中国境内。

形态特征 瘦果圆柱状、纺锤状，向两端收窄，近顶处有收缢，有10~20条高起的等粗纵肋，沿脉有小或微刺毛或无毛，顶端无喙或有喙状物、长细喙。冠毛1层，白色，与瘦果等长或稍长于瘦果或短于瘦果，不脱落或脱落，硬或软，基部连合成环或不连合成环，糙毛状。（见图1.237）

图 1.237　具毛还阳参

苍耳属

238 刺苍耳

学　名： *Xanthium spinosum* L.（中国种）

分类地位 被子植物门（Angiospermae）双子叶植物亚门（Dicotyledons）菊目（Asterales）菊科（Asteraceae）苍耳属（*Xanthium*）。

地理分布 分布于欧洲南部、非洲南部、北美洲、拉丁美洲。中国未见记载。

形态特征 瘦果扁平，2 枚，包于总苞内。总苞一般长约 12 毫米，宽约 5 毫米，密被短柔毛和较疏、短的刺。刺无毛或仅基部有毛。刺尖具倒钩刺，钩刺尖端具 2 枚一长一短的平行的粗硬刺。（见图 2.238）

图 2.238 刺苍耳

239 苍　耳

学　名： *Xanthium strumarium* L.（中国种）

分类地位 被子植物门（Angiospermae）双子叶植物亚门（Dicotyledons）菊目（Asterales）菊科（Asteraceae）苍耳属（*Xanthium*）。

地理分布 全世界均有分布。

形态特征 瘦果扁平，2 枚，包于总苞内。总苞一般长约 12 毫米，宽约 7 毫米，表面密布或稀布细而短的倒钩刺，刺和体表无毛。总苞顶端常具 2 枚不等大的喙状刺。（见图 2.239）

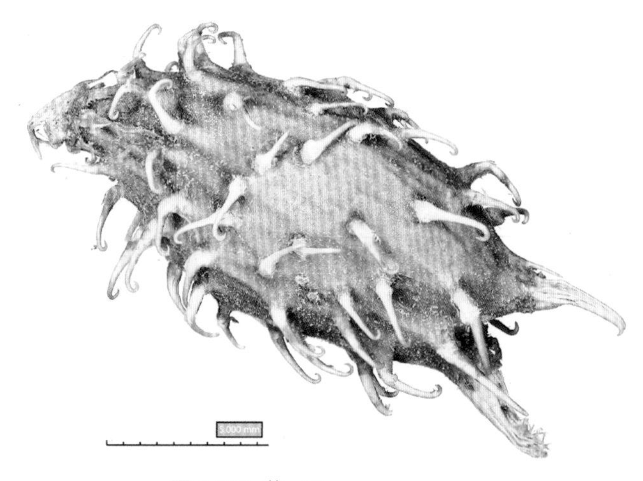

图 2.239 苍　耳

三十七、忍冬科

1属1种

忍冬属

240 ※ 忍 冬

学　名： *Lonicera Japonica*
别　名： 二宝花、二花、二苞花、双花、忍冬花、忍冬藤、通灵草、金银花、金银藤、银花、鸳鸯藤
英文名： Honeysuckle, Chinese honeysuckle

分类地位 被子植物门（Angiospermae）双子叶植物亚门（Dicotyledons）败酱目（Valerianales）忍冬科（Caprifoliaceae）忍冬属（*Lonicera*）。

地理分布 中国各地均有分布，种植区域主要集中在山东、陕西、河南、河北、湖北、江西、广东等地。朝鲜和日本也有分布，在北美洲逸生成为难除的杂草。

形态特征 种子椭圆形或三角状卵形，稍扁，长 2.1~28 毫米，宽 1.6~2.5 毫米，厚 1.2~1.6 毫米，表面黑色或棕色有光泽，背面略隆起，有 2 条明显凹沟，腹面不平，无明显沟棱，但密布浅穴，顶端稍圆，基部稍尖，为一褐色的圆形种脐。（见图 1.240）

图 1.240 忍 冬

三十八、桑科

2属2种

葎草属

241 ⁘ 葎　草

学　名： *Humulus scandens*（Lour.）Merr.
别　名： 拉拉藤、蛇割藤
英文名： Japanese hop

分类地位 被子植物门（Angiospermae）双子叶植物亚门（Dicotyledons）荨麻目（Urticales）桑科（Moraceae）葎草属（*Humulus*）。

地理分布 中国除新疆和青海外的各省、自治区、直辖市均有分布。朝鲜、日本及北美洲也有分布。生长于田野、沟边和荒地。主要危害小麦、玉米、果树等。

形态特征 一年生草本。果实为瘦果，扁球形，长、宽均为3~5.5毫米，厚约2毫米，两面凸圆，周边均较薄，周缘有1条明显的、外突的脊棱，表面灰褐色至褐红色，具灰白色或黄褐色的云片状花纹和隐约可见的纵脉纹约10条，果顶端平圆，中央深褐色，基部显著突出，圆柱形。果内含种子1粒。种子纵切面近圆形。种皮较薄，橙红色。种胚盘旋状，淡黄色，无胚乳。（见图1.241）

图1.241 葎　草

大麻属

242 ⁘ 大　麻

学　名： *Cannabis sativa* L.
别　名： 山丝苗、线麻、胡麻
英文名： Marijuana

分类地位 被子植物门（Angiospermae）双子叶植物亚门（Dicotyledons）荨麻目（Urticales）桑科（Moraceae）大麻属（*Cannabis*）。

地理分布 原分布于不丹、印度和中亚细亚，现各国（地区）均有野生或栽培。中国各地也有栽培或沦为野生，甘肃等地有种植，在新疆常见野生。

形态特征 瘦果为宿存黄褐色苞片所包，果皮坚脆，表面具细网纹，种子扁平，胚弯曲，子叶厚肉质。（见图1.242）

图1.242 大　麻

三十九、荨麻科

1属1种

苎麻属

243 ፨ 苎　麻

学　名：*Boehmeria nivea*（L.）Gaud.
别　名：野麻、青麻、白麻
英文名：Ramie

分类地位 被子植物门（Angiospermae）双子叶植物亚门（Dicotyledons）荨麻目（Urticales）荨麻科（Urticaceae）苎麻属（*Boehmeria*）。

地理分布 在中国广泛分布于云南、贵州、广西、广东、福建、江西、台湾、浙江、湖北、四川、甘肃、陕西、河南南部。越南、老挝等地也有分布。

形态特征 雌雄同株异花。雄花花序在茎的中下部，雌花花序在茎的上部，两者交界处往往同一花序上着生雌雄两种花。雄花花被4片，黄绿色；雄蕊4枚，子房退化，花药黄白色，肾形、2室。雌花花被壶状，有密毛，先端2~4裂，蕾期呈红色、黄色或绿色。瘦果很小，扁球形或卵球形，长1~1.3毫米，宽约1毫米，厚约0.8毫米，褐色。（见图1.243）

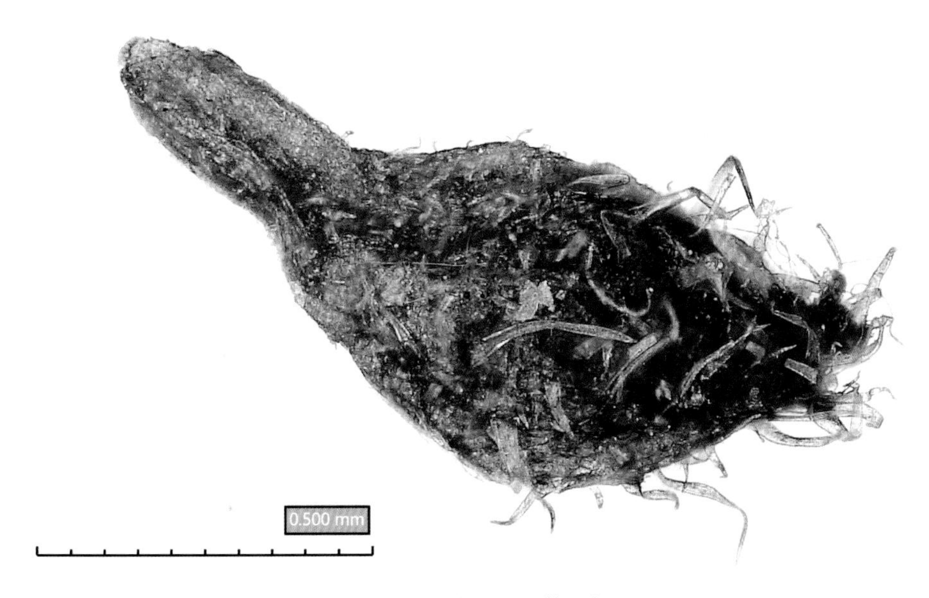

图1.243 苎　麻

四十、千屈菜科

2 属 2 种

千屈菜属

244 耳叶水苋

学　名： *Ammannia arenaria* H. B. K.
别　名： 金桃仔、大仙桃草

分类地位 被子植物门（Angiospermae）双子叶植物亚门（Dicotyledons）桃金娘目（Myrtales）千屈菜科（Lythraceae）千屈菜属（*Lythrum*）。

地理分布 分布于中国浙江、江苏、河南、河北南部、陕西、甘肃南部等地。

形态特征 蒴果扁球形，成熟时约 1/3 突出于萼之外，紫红色，直径 2~3.5 毫米，成不规则周裂，种子半椭圆形。（见图 1.244）

图 1.244　耳叶水苋

水苋菜属

245 海索草叶千屈菜

学　名： *Lythrum hyssopifolia*
英文名： Hyssop loosestrife

分类地位 被子植物门（Angiospermae）双子叶植物亚门（Dicotyledons）桃金娘目（Myrtales）千屈菜科（Lythraceae）水苋菜属（*Ammannia* ）。

地理分布 原产于欧洲，澳大利亚部分地区、北美东部和西部也有分布。通常生长在潮湿的栖息地，例如沼泽和潮湿的农出、稻田。

形态特征 一年生或二年生草本，蒴果椭圆形，含有许多微小的种子。（见图 1.245）

图 1.245　海索草叶千屈菜

四十一、柳叶菜科

1属1种

月见草属

246 月见草

学　名： *Oenothera biennis* L.
别　名： 夜来香、填刻花
英文名： Evening primrose

分类地位 被子植物门（Angiospermae）双子叶植物亚门（Dicotyledons）千屈菜目（Lythales）柳叶菜科（Onagraceae）月见草属（*Oenothera*）。

地理分布 中国东北地区及山东有分布，江苏有栽培。北美洲各地也有分布。生长于田间、路旁、平原和荒地。

形态特征 二年生或短期多年生草本，蒴果圆柱状四棱形，长约 2.5 厘米，成熟时 4 裂，内含种子多数。种子长 1.2~ 2 毫米，宽 1~1.5 毫米，形状不规则，常为三棱形、四棱形或五棱形，有锐棱角，还有短锥形、近梯形、长方形或半圆形，棕褐色至黑褐色，表面不平坦，有细皱纹，乌暗而无光泽。种脐微凹，位于种子下端，自脐部至顶端有 1 条深色线纹，种胚直，黄白色，油质柔软，种子无胚乳，种子遇水有黏液。（不同形状种子见图 1.246）

图 1.246 月见草

四十二、报春花科

2属3种

珍珠菜属

247 星宿菜

学　名： *Lysimachia fortunei* Maxim.
别　名： 红根草、大田基黄

分类地位 被子植物门（Angiospermae）双子叶植物亚门（Dicotyledons）报春花目（Primulales）报春花科（Primulaceae）珍珠菜属（*Lysimachia*）。

地理分布 分布于中国、朝鲜、日本、越南。在中国产于中南、华南、华东各省、自治区。

形态特征 蒴果球形，直径2~2.5毫米。（见图1.247）

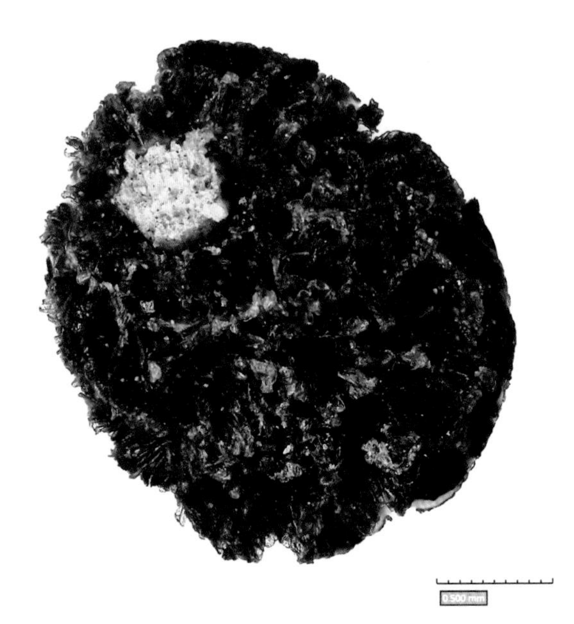

图1.247 星宿菜

248 金爪儿

学　名： *Lysimachia gramica* Hence
别　名： 小茄、红苦藤菜、路边黄、雪公须、五星黄、爬地黄、小救驾、小苦藤菜、枪伤药
英文名： Striate Loosestrife

分类地位 被子植物门（Angiospermae）双子叶植物亚门（Dicotyledons）堇菜目（Violales）报春花科（Primulaceae）珍珠菜属（*Lvsimachia*）。

地理分布 在中国分布于江苏、浙江、湖北、四川、贵州等地。生长于路边及荒地中。

形态特征 蒴果球形，直径4~5毫米，表面着生多细长柔毛，5瓣裂。种子锥状，凹凸不平，周边薄，横切面呈近三角形，表面近黑色，粗糙，有网状格纹。子房圆形，有毛。（见图1.248）

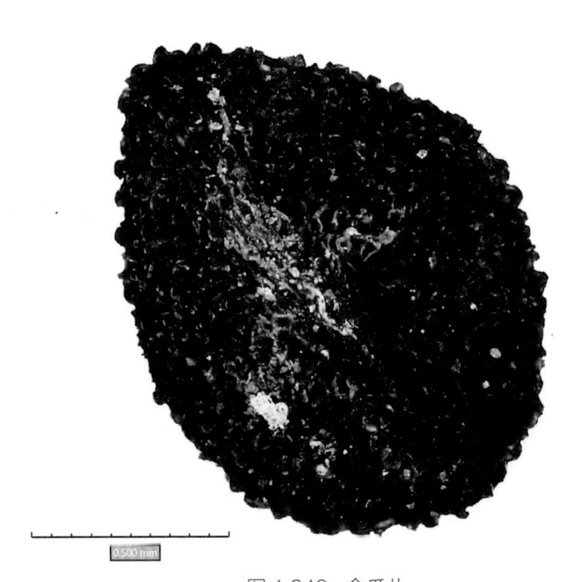

图1.248 金爪儿

报春花属

249 ⁘ 樱 草

学　名： *Primula sieboldii* E. Morren

别　名： 红根草、大田基黄

分类地位 被子植物门（Angiospermae）双子叶植物亚门（Dicotyledons）报春花目（Primulales）报春花科（Primulaceae）报春花属（*Primula*）。

地理分布 分布于中国、朝鲜、日本、越南。在中国产于中南、华南、华东各省、自治区。

形态特征 蒴果近球形，长约为花萼的一半。长约 2.5 毫米，宽约 2.5 毫米，种皮黑褐色，粗糙，种脐平截。（见图 1.249）

图 1.249 樱 草

四十三、眼子菜科

2属4种

眼子菜属

250 眼子菜

学　名： *Potamogeton distinctus* A.Benn
别　名： 鸭子菜、水案板、牙齿草
英文名： Distinct pondweed

分类地位 被子植物门（Angiospermae）单子叶植物亚门（Monocotyledons）眼子菜目（Potamogetonales）眼子菜科（Potamogetonaceae）眼子菜属（*Potamogeton*）。

地理分布 分布于中国大部分地区以及朝鲜、日本和俄罗斯远东地区。生长于水稻田、沟塘、水湿地。

形态特征 瘦果阔卵形，多突起状，长约3.5毫米，宽2.6毫米：棕褐色或黑褐色：表面粗糙，突起部分具皱纹：背面半圆形，具3脊，中脊高而尖锐，波状缘，两侧脊低而钝，具4~5个突起，两端突起最大，腹面近直，中央具1个丘状突起，顶端具短喙，基底平，三角形，每角具1个突起。（见图1.250）

图1.250　眼子菜

251 篦齿眼子菜

学　名： *Potamogeton pectinatus* L.
别　名： 龙须眼子菜、柔花眼子菜、矮眼子菜、铺散眼子菜

分类地位 被子植物门（Angiospermae）单子叶植物亚门（Monocotyledons）眼子菜目（Potamogetonales）眼子菜科（Potamogetonaceae）眼子菜属（*Potamogeton*）。

地理分布 在中国分布于青海（青海湖）。俄罗斯、挪威等国家也有分布。主要生长于清水河沟等微酸性水体中，生长地海拔在3300米以上。

形态特征 核果倒卵圆形，长3.5~5毫米，顶端斜生长约0.3毫米的喙，背部钝圆。（见图1.251）

图1.251　篦齿眼子菜

252 ※ 小叶眼子菜

学　名： *Potamogeton cristatus* Regel et Maack.
别　名： 水竹叶、鸡冠眼子菜、突果眼子菜
英文名： Little leaf pond weed

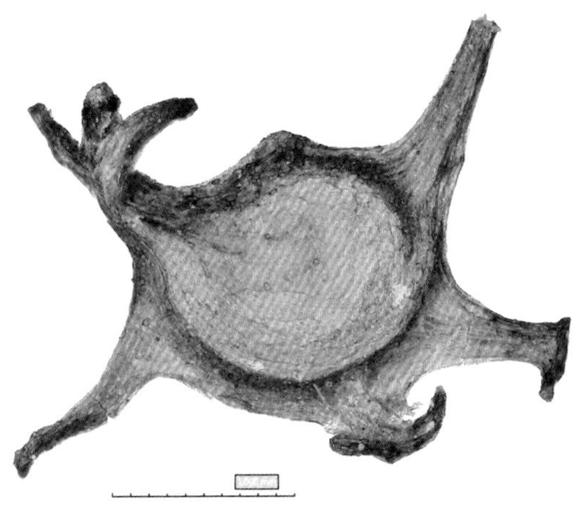

图 1.252　小叶眼子菜

分类地位 被子植物门（Angiospermae）单子叶植物亚门（Monocotyledons）眼子菜目（Potamogetonales）眼子菜科（Potamogetonaceae）眼子菜属（*Potamogeton*）。

地理分布 产于中国，东北、华北、西南地区均有分布。俄罗斯、朝鲜、日本也有分布。

形态特征 多年生水生草本。核果斜倒阔卵形，长约 1.4 毫米（不包括冠状突起），宽约 1.1 毫米。果内含种子 1 粒。果皮黄褐色，外果皮边缘扩展，在果实背面的纵脊棱呈鸡冠状突起（有 6~8 个长短不一的突起），内果皮骨质，坚硬。种皮膜质，包裹着胚体。种胚弯曲成钩状，无胚乳。（见图 1.252）

| 角果藻属 |

253 ※ 角果藻

学　名： *Zannichellia palustris*
别　名： 丝葛藤、角果菜、奥苏马格、角茨藻

分类地位 被子植物门（Angiospermae）单子叶植物亚门（Monocotyledons）眼子菜目（Potamogetonales）眼子菜科（Potamogetonaceae）角果藻属（*Zannichellia*）。

地理分布 产于中国南北各地。美洲、欧洲广泛分布，亚洲的日本也有分布。生长于淡水或咸水中，亦见于海滨或内陆盐碱湖泊。

形态特征 瘦果肾形稍扁，先端具喙，稍向背面弯曲。（见图 1.253）

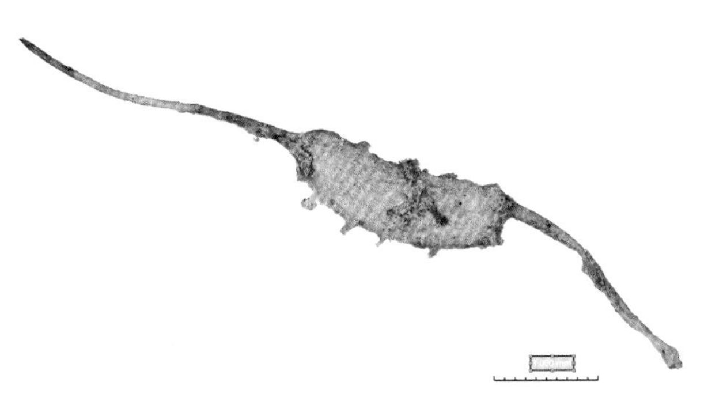

图 1.253　角果藻

四十四、鸭跖草科

2属4种

鸭跖草属

254 饭包草

学　名：*Commelina bengalensis* L.
别　名：兰姑草、大号日头舅、千日菜、火柴头
英文名：Bengal Dayflower

分类地位 被子植物门（Angiospermae）单子叶植物亚门（Monocotyledons）鸭跖草目（Commelinales）鸭跖草科（Commelinaceae）鸭跖草属（*Commelina*）。

地理分布 在中国分布于河北及淮河、秦岭以南各地。亚洲其他国家（地区）、非洲的热带和亚热带地区也有分布。生长于田间、路边、宅旁和湿地。

形态特征 果实为蒴果，长4~5毫米，3室，每室含种子5粒。种子椭圆形微弯或一端截平，长1.8~3.4毫米，宽1.4~2.2毫米，厚1~15毫米，土灰色至淡褐色，背面隆起，有不规则波状细皱纹，腹面中央有1条略突起稍弯的与种皮同色的条纹。种脐位于种子弯曲内侧的背腹交界处。微内凹，中央略突起，圆形。种胚藏于圆形胚盖下的圆柱状凹腔内，淡黄褐色，圆柱形，顶端截平。呈铁钉头状，基部钝圆而略扩展，外包以淡灰褐色的鞘，胚乳极丰富，灰白色或蜡白色，粉质。（见图1.254）

图1.254 饭包草

255 鸭跖草

学　名：*Commelina communis* Linn
别　名：鸡舌草、碧竹草、竹鸡草、竹叶菜、淡竹叶、耳环草、碧蝉花、蓝姑草
英文名：Common Dayflower, Dayflower

分类地位 被子植物门（Angiospermae）单子叶植物亚门（Monocotyledons）鸭跖草目（Commelinales）鸭跖草科（Commelinaceae）鸭跖草属（*Commelina*）。

地理分布 分布于中国部分地区以及朝鲜、日本、俄罗斯和北美洲。生长于农田、果菜园、路旁、湿草地和林缘等处。

形态特征 蒴果脑状半球形或长椭圆形，平凸状，直径3~4.5毫米，宽约3毫米，土灰色或淡灰褐色，表面凹凸不平，粗糙，背面隆起，凹凸较深，腹面较平，略见凹凸，中央有略呈弧形的黑色种脐线达种子两端。种子一侧（背腹结合面）有一圆形凹陷，中央有1个突起，内藏短柱状胚。（见图1.255）

图1.255 鸭跖草

水竹叶属

256 水竹叶

学　名： *Murdannia triquetra* Bruckn
别　名： 鸡舌草、鸡舌癀、小叶挂蓝青、小叶鸦雀草、鸭脚草、水金钗、断节草、分节草、水叶草、水竹叶菜、肉草、三角菜
英文名： Triquetrous Murdannia, Water Murdannia

分类地位 被子植物门（Angiospermae）单子叶植物亚门（Monocotyledons）鸭跖草目（Commelinales）鸭跖草科（Commelinaceae）水竹叶属（*Murdannia*）。

地理分布 在中国分布于云南、四川、贵州、广西、广东。印度、越南、老挝、柬埔寨等也有分布。为水田杂草。

形态特征 蒴果矩圆状三棱形，两端较钝，果皮光滑，成熟时3瓣裂，每室含种子2粒。种子半阔椭圆形，长约3毫米，宽约1.6毫米，一端钝圆，另一端截平，背面拱形，表面粗糙，具不明显的皱纹和浅而模糊的凹穴，腹面平坦，中央有一条深褐色的脐线。种皮浅棕色。远离种脐位于种子背腹相接处有一个圆形的脐眼状胚盖，种胚短圆柱状，藏在胚盖之下的腔室内，含有肉质胚乳。（见图1.256）

图 1.256　水竹叶

257 裸花水竹叶

学　名： *Murdannia nudiflora*（L.）Brenan
别　名： 山韭菜、竹叶草地韭菜、天芒针
英文名： Nakedflower Murdannia

分类地位 被子植物门（Angiospermae）单子叶植物亚门（Monocotyledons）鸭跖草目（Commelinales）鸭跖草科（Commelinaceae）水竹叶属（*Murdannia*）。

地理分布 产于中国云南、广西、广东、湖南、四川、河南南部、山东、安徽、江苏、浙江、江西、福建。老挝、印度、斯里兰卡、日本、印度尼西亚、巴布亚新几内亚及夏威夷等太平洋岛屿和印度洋岛屿也有分布。生长于低海拔的水边潮湿处，少见于草丛中，在云南可生长于海拔1500米处。

形态特征 蒴果卵圆状三棱形，长3~4毫米，成熟时3瓣裂，内分3室，每室含2粒种子。种子半阔卵形，长约1.6毫米，宽约12毫米，顶端钝圆，基部截平，背部拱圆形，腹部稍隆起，其中央有条不甚明显的短脐线。种皮淡棕色，表面粗糙，并具明显的小孔穴。远离种脐位于背腹交界微凹处有一个圆形的脐眼状胚盖，种胚短圆柱状，藏在胚盖之下的腔室内，含有丰富的肉质胚乳。（见图1.257）

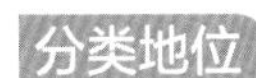

图 1.257　裸花水竹叶

四十五、莎草科

5 属 7 种

藨草属

258 水毛花

学　名：*Scirpus triangulatus* Roxb
别　名：三角草、水三棱草、丝毛草、三棱观
英文名：Triangular bulrush

图 1.258　水毛花

分类地位 被子植物门（Angiospermae）单子叶植物亚门（Monocotyledons）莎草目（Cyperales）莎草科（Cyperaceae）藨草属（*Scirpus*）。

地理分布 分布于中国大部分地区以及朝鲜、日本、马来西亚、印度。生长于水稻田、水塘、湖边、沼泽地。

形态特征 小坚果倒阔卵形，平凸状，长约 2 毫米，宽约 1.2 毫米，棕褐色，表面密布凸棱状横皱，背约 1 毫米。面隆起，腹面近平，顶端略平，具较短花柱基，基部阔楔形，黄色，有的具 5~6 条细条状宿存的下位刚毛（具倒刺），基底具圆形或椭圆形果脐。秆可编织蒲包。（见图 1.258）

259 水　葱

学　名：*Scirpus tabernaemontani* Gmel
别　名：莞、苻蓠、蒲蒻、莞蒲、夫蓠、葱蒲、莞草、蒲苹、水丈葱、冲天草、翠管草、管子草、席子草
英文名：Tabernaemontanus bulrush

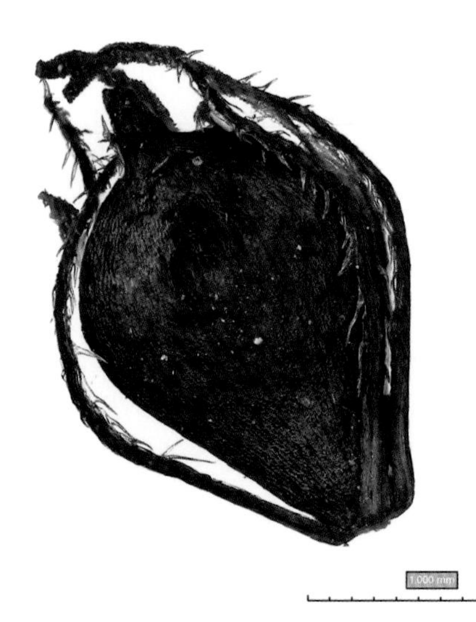

图 1.259　水　葱

分类地位 被子植物门（Angiospermae）单子叶植物亚门（Monocotyledons）莎草目（Cyperales）莎草科（Cyperaceae）藨草属（*Scirpus*）。

地理分布 中国大部分地区有分布。朝鲜、日本以及欧洲、美洲、大洋洲也有分布。生长于水稻田、沟旁、池边、沼泽地或浅水中。

形态特征 小坚果阔椭圆形或阔倒卵形，平凸状，长约 2.5 毫米，宽约 1.5 毫米，棕褐色，稍有光泽，表面具细颗粒状密纵纹，有小凹条，背面隆起，腹面平，顶端阔楔形，具花柱残基，基部阔楔形，基底具圆形果脐，较平。（见图 1.259）

水莎草属

260 水莎草

学　名： *Juncellus serotinus*（Rottb.）C.B.Clarke
别　名： 三棱草
英文名： Late Juncellus, Water Nutgrass

图 1.260　水莎草

分类地位 被子植物门（Angiospermae）单子叶植物亚门（Monocotyledons）莎草目（Cyperales）莎草科（Cyperaceae）水莎草属（*Juncellus*）。

地理分布 在中国分布于河北及淮河、秦岭以南各地。朝鲜、日本以及俄罗斯和印度等也有分布。生长于水稻田、浅水中、河边湿地。

形态特征 小坚果阔倒卵形，平凸状，长约 1.5 毫米，宽约 1.1 毫米，棕褐色，表面具整齐的细颗粒，顶端圆，具花柱残基，基部截平。果脐位于果底截平面上，椭圆形或圆形，稍凹陷。（见图 1.260）

莎草属

261 香附子

学　名： *Cyperus rotundus* Linn.
别　名： 回头青、香头草
英文名： Coco grass, Nutgrass, Redgrass, Water grass, Nutgrass galingale, Cocograss, Purple Nutsedge

分类地位 被子植物门（Angiospermae）单子叶植物亚门（Monocotyledons）莎草目（Cyperales）莎草科（Cyperaceae）莎草属（*Cyperus*）。

地理分布 分布于世界大部分国家（地区）。在中国分布于西北、华北、华东、华中、华南等地区。生长于农田、果园、菜地、山坡、水边和草地。

形态特征 小坚果三棱状矩圆形或椭圆形，长约 1.5 毫米，宽约 0.9 毫米（最宽处），灰褐色至暗褐色，表面细颗粒状，顶端具花柱残基，基部宽，背面中部隆起分成 2 个相等的斜平面，腹面较平坦，宽度大于背部？斜面。果脐位于基底，圆形或矩形，白色。（见图 1.261）

图 1.261　香附子

| 荸荠属 |

262 ⁘ 牛毛毡

学　名：*Eleocharis yokoscensis*（Franch. et Sav.）Tang et Wang
别　名：松毛蔺、牛毛草、绒毛头
英文名：Needle spikesedge, Slender spikerush

分类地位 被子植物门（Angiospermae）单子叶植物亚门（Monocotyledons）莎草目（Cvperales）莎草科（Cyperaceae）荸荠属（*Eleocharis*）。

地理分布 分布于中国各地以及朝鲜、日本、蒙古国和俄罗斯远东地区。生长于水稻田、河岸湿地、沼泽等处。

形态特征 小坚果倒卵状长圆形，长约 0.8 毫米，宽约 0.3 毫米，苍白色，表面具横向伸长的网纹，由 10 余条纵纹和 50 余条横纹构成，果顶端具黑色略呈三角形的柱头基，常脱落，果基部收缩，末端具膨大而不整齐的果脐。（见图 1.262）

图 1.262　牛毛毡

263 ⁘ 荸　荠

学　名：*Eleocharis tuberosa* Roxb.
别　名：马蹄、乌芋、地栗、地梨、苾荠、通天草
英文名：Waternut, Chinese water chestnut

分类地位 被子植物门（Angiospermae）单子叶植物亚门（Monocotyledons）莎草目（Cyperales）莎草科（Cyperaceae）荸荠属（*Eleocharis*）。

地理分布 中国各地均有栽培。朝鲜、日本、越南、印度也有分布。

形态特征 小穗顶生，圆柱状，长 1.5~4 厘米，直径 6~7 毫米，淡绿色，顶端钝或近急尖，有多数花，小穗基部有 2 片鳞片，中空无花，抱小穗基部一周，其余鳞片全有花，松散地覆瓦状排列。鳞片宽长圆形或卵状长圆形，顶端钝圆，长 3~5 毫米，宽 2.5~4 毫米，背部灰绿色，近革质，边缘为微黄色干膜质，腹面有淡棕色细点，具 1 条中脉。下位刚毛 7 条，为小坚果长的 1.5 倍，有倒刺，柱头 3 枚。小坚果宽倒卵形，双凸状，顶端不缢缩，长约 2.4 毫米，宽约 18 毫米，成熟时为棕色，光滑，稍黄微绿色，表面细胞呈四角形至六角形，花柱基从宽的基部急骤变狭、变扁而呈三角形，不为海绵质，果基部具衣领状环，环与小坚果质地相同，宽约为小坚果的 1/2。（见图 1.263）

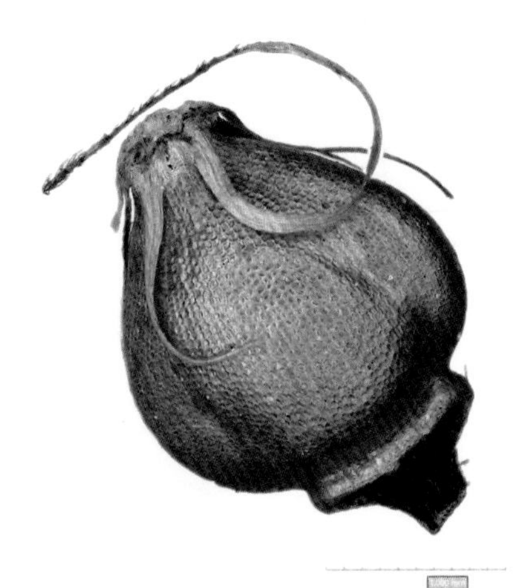

图 1.263　荸　荠

| 扁莎属 |

264 红磷扁莎

学 名：*Pycreus sanguinolentus* (Vahl) Nees

别 名：黑扁莎、矮红鳞扁莎

分类地位 被子植物门 (Angiospermae) 单子叶植物亚门 (Monocotyledons) 莎草目 (Cyperales) 莎草科 (Cyperaceae) 扁莎属 (*Pycreus*)。

地理分布 原产于欧洲、北美洲及亚洲的中部和东部，在中国主要分布于东北、华北、华中、江苏、浙江等地区。多生长于低湿地及湿草甸中。

形态特征 小穗辐射状展开，长圆形、线状长圆形或长圆状披针形，长 5~12 毫米，宽 2.5~3 毫米，具 6~24 朵花，小穗轴直，四棱形，无翅，鳞片稍疏松地复瓦状排列，膜质，卵形，顶端钝，长约 2 毫米，背面中间部分黄绿色，具 3~5 脉，两侧具较宽的槽，麦秆黄色或褐黄色，边缘暗血红色或暗褐红色，雄蕊 3 枚，少的 2 枚，花药线形，花柱长，柱头 2 枚，细长，伸出于鳞片之外。小坚果圆倒卵形或长圆状倒卵形，双凸状，稍肿胀，长为鳞片的 1/2~3/5，成熟时为黑色。(见图 1.264)

图 1.264 红磷扁莎

四十六、禾本科

39属78种

黑麦草属

265 黑麦草

学　名： *Lolium perenne* L.
别　名： 黑麦、黑粟、大麦草、山麦、臭草、吃草鱼
英文名： Perennial ryegrass

分类地位 被子植物门（Angiospermae）单子叶植物亚门（Monocotyledons）禾本目（Graminales）禾本科（Gramineae）黑麦草属（*Lolium*）。

地理分布 广泛分布于欧洲、亚洲暖温带、非洲北部。世界各地普遍引种作为优良牧草栽培，中国广泛引进应用。生长于草甸草场，路旁湿地常见。

形态特征 穗形穗状花序直立或稍弯，长10~20厘米，宽5~8毫米，小穗轴节间长约1毫米，平滑无毛，颖披针形，为其小穗长的1/3，具5脉，边缘狭膜质。外稃长圆形，草质，长5~9毫米，平滑，基盘明显，顶端无芒或上部小穗具短芒，第1外稃长约7毫米，内稃与外稃等长，两脊生短纤毛。颖果长约为宽的3倍。（见图1.265）

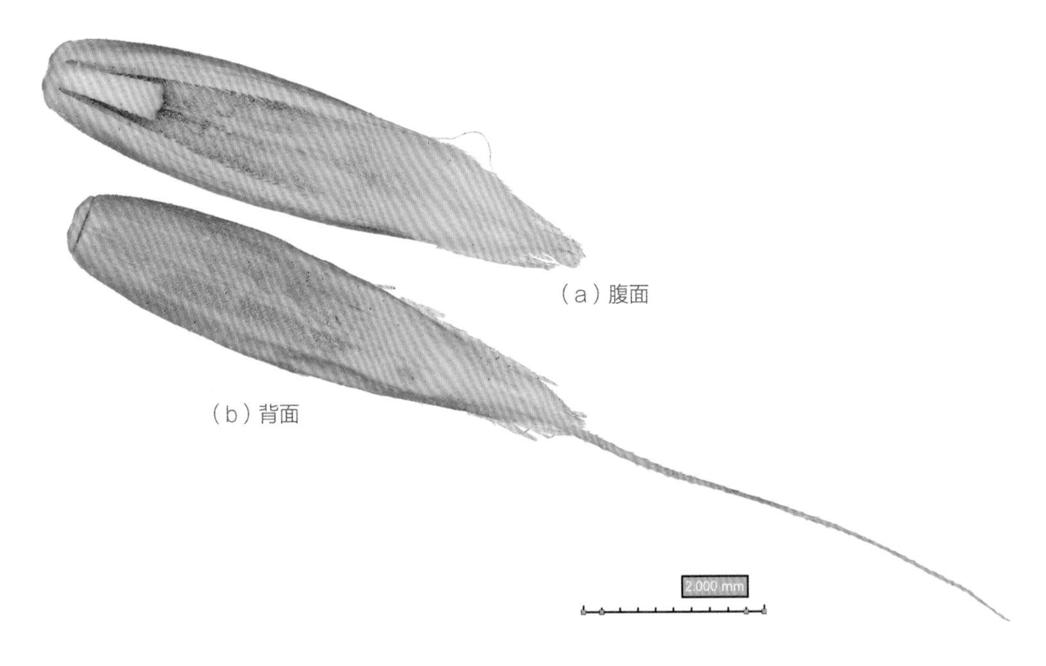

图1.265　黑麦草

266 ※ 细穗毒麦

学　名： *Lolium remotum* Schrank
英文名： Slender Danel

分类地位 被子植物门（Angiospermae）单子叶植物亚门（Monocotyledons）禾本目（Graminales）禾本科（Gramineae）黑麦草属（*Lolium*）。

地理分布 原产于欧洲，俄罗斯南部及地中海地区、伊朗、阿富汗至印度的东北部都有分布。在中国吉林、黑龙江的亚麻产区有被发现。

形态特征 小穗长椭圆形，长 8~14 毫米，含 3~7 朵小花。小穗轴节间扁圆柱形，先端截平，无毛，与内稃紧贴。第 1 颖退化，第 2 颖线形长 6~10 毫米，较小穗短，具 5~9 脉。带稃颖果卵状椭圆形，长 3~5 毫米，宽 11~2 毫米，厚 1~15 毫米，淡黄褐色，背面平直，无或具长不超过 55 毫米的芒尖，腹面弓形。外稃具不明显的 5 脉，先端宽，膜质，内稃与外稃等长或略短。颖果与内、外稃紧贴，不易剥离，颖果椭圆形，长 3.1~4.2 毫米，宽 11~1.5 毫米，厚 0.75~1 毫米，暗褐色，先端有茸毛，侧面观背面圆形面平直，腹面明显降起，果体不等厚，腹沟宽而浅，中央有 1 条颜色稍深的细线，种脐位于颖果腹面基端，稍凹陷。种胚近圆形。（见图 1.266）

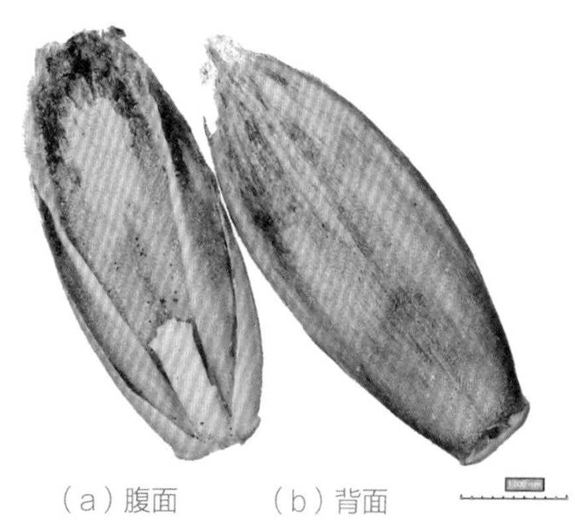
（a）腹面　　（b）背面

图 1.266 细穗毒麦

267 ※ 瑞士黑麦草

学　名： *Lolium rigidum* Gaud
别　名： 硬直黑麦草

分类地位 被子植物门（Angiospermae）单子叶植物亚门（Monocotyledons）禾本目（Graminales）禾本科（Gramineae）黑麦草属（*Lolium*）。

地理分布 广泛分布于伊拉克、阿富汗、伊朗、土库曼斯坦、地中海地区和欧洲。中国有引进栽培。

形态特征 穗形总状花序硬直，长 5~20 厘米，穗轴质硬，较细至粗厚，小穗长 10~15 毫米，含 5~10 朵小花，颖片长 8~20 毫米，长约为小穗一半，具 5~9 脉，先端钝。外稃长圆形至长圆状披针形，长 5~8 毫米，无毛或微粗糙，顶端钝尖或齿蚀状，成熟时不肿胀，具长 3 毫米之芒。（见图 1.267）

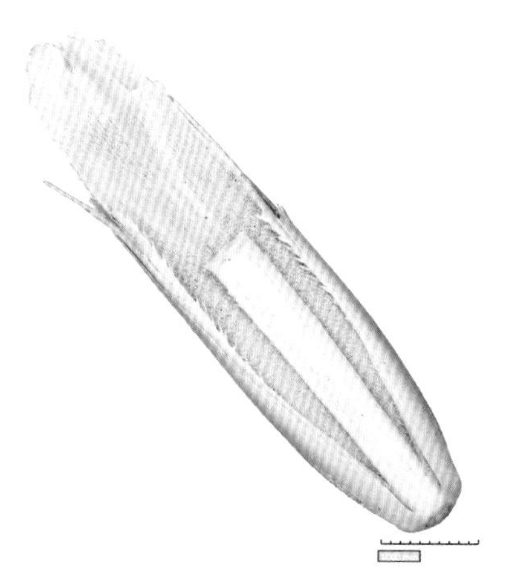
图 1.267 瑞士黑麦草

| 黑麦属 |

268 ※ 黑　麦

学　名： *Secale cereale* L.
别　名： 裸麦

分类地位 被子植物门（Angiospermae）单子叶植物亚门（Monocotyledons）禾本目（Graminales）禾本科（Gramineae）黑麦属（*Secale*）。

地理分布 主要产于北欧、北非，在德国、波兰、俄罗斯、土耳其、埃及等国都有相当大的种植面积。在中国零星分布在云南、贵州、内蒙古、甘肃、新疆等高寒或干旱地区。

形态特征 穗状花序长 5~10 厘米，宽约 1 厘米，穗轴节间长 2~4 毫米，具柔毛，小穗长约 15 毫米（除芒外），含 2 朵小花，此 2 朵小花近对生均可育，另 1 极退化的小花位于延伸的小穗轴上，两颖几相等，长约 1 厘米，宽约 1.5 毫米，具膜质边，背部沿中脉成脊，常具细刺毛。外稃长 12~15 毫米，顶具 3~5 厘米长的芒，具 5 脉纹，沿背部两侧脉上具细刺毛，并具内褶膜质边缘，内稃与外稃近等长。颖果长圆形，淡褐色，长约 8 毫米，顶端具毛。（见图 1.268）

图 1.268 黑　麦

狗尾草属

269 ⁘ 狗尾草

学　名：*Setaria viridis*（L）Beauv.
别　名：谷莠子、莠
英文名：Green bristlegrass, Green foxtail, Green pigeongass

图 1.269 狗尾草

分类地位 被子植物门（Angiospermae）单子叶植物亚门（Monocotyledons）禾本目（Graminales）禾本科（Gramineae）狗尾草属（*Setaria*）。

地理分布 分布于世界各地。中国有分布。生长于田间内外、路旁。

形态特征 小穗长 2-2.5 毫米，2 至数枚成簇生长于缩短的分枝上，基部有刚毛状小枝 1~6 条，成熟后与刚毛分离而脱落；第 1 颖长为小穗的 1/3，第 2 颖与小穗等长或稍短，第 2 外稃有细点状皱纹，成熟时背部稍隆起，边缘卷抱内稃，颖果灰白色。（见图 1.269）

270 ⁘ 皱叶狗尾草

学　名：*Setaria plicata*（Lamk.）T.Cooke.
别　名：烂衣草、马草、扭叶草、风打草
英文名：Wrinkledleaf bristlegrass

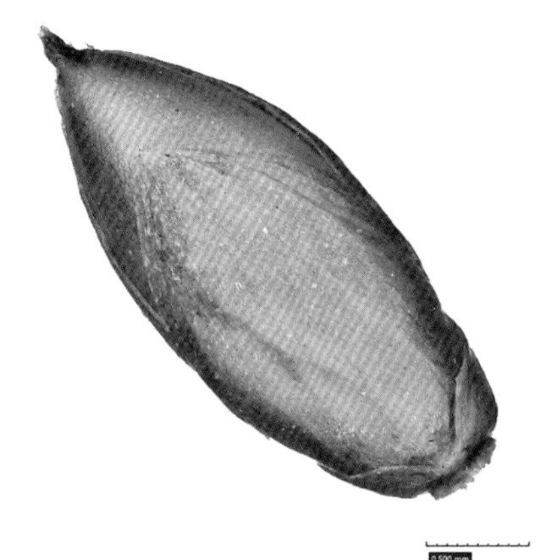

图 1.270 皱叶狗尾草

分类地位 被子植物门（Angiospermae）单子叶植物亚门（Monocotyledons）禾本目（Graminales）禾本科（Gramineae）狗尾草属（*Setaria*）。

地理分布 在中国分布于长江流域以南。印度也有分布。生长于田边、路旁和阴湿处。

形态特征 小穗长卵状椭圆形，背凸腹平。第 1 颖阔卵形，顶圆，长为小穗的 2/5，位于凸面的第 2 颖，等于或略短于小穗，顶端尖。带稃颖果长椭圆形，平凸状，长约 3 毫米，宽约 1 毫米，黄色带紫或紫色。外稃骨质隆起具显著横皱纹，边缘包卷内稃，内稃与外稃同质，近等长，具颗粒状密纵纹。颖果卵状椭圆形平凸，黄色或淡黄色，顶圆基尖，背凸腹平，背面具长为颖果 1/2 的胚，腹基具椭圆形、色稍深的种脐。（见图 1.270）

271 ∴ 莠狗尾草

学　名：*Setaria geniculata*（Lam.）Beauv
别　名：绿狗尾草、谷莠子、狗尾巴草
英文名：Horsegrass, Pigeon grass

分类地位 被子植物门（Angiospermae）单子叶植物亚门（Monocotyledons）禾本目（Graminales）禾本科（Gramineae）狗尾草属（*Setaria*）。

地理分布 原产于欧亚大陆的温带和热带地区。在中国分布于南北各地。多生长于山坡草地、湿润地。

形态特征 小穗长 2.5~3 毫米，宽 1.1~1.5 毫米，每小穗含 2 朵小花。第 1 小花中性，第 2 小花两性，结实脱落时与基部的刚毛分离。第 1 颖长为小穗的 1/3，先端尖，具 3 脉，第 2 颖长为小穗的 1/2，先端较钝，具 5 脉。结实花内、外稃均呈骨质，黄色、褐色至灰褐色。外稃先端尖，背面显著隆起，并具较明显的细横皱纹；内稃明显内凹，亦具细横皱纹，基部有 1 个小隆起。颖果椭圆形，长约 2 毫米，宽约 14 毫米，厚约 0.7 毫米，灰黄褐色，背面圆形隆起，腹面平坦，先端钝尖或钝圆，基部圆形。种脐圆形或椭圆形，褐色或深棕色。种胚大而明显，约占颖果全长的 4/5，呈狭长卵圆形。（见图 1.271）

图 1.271 莠狗尾草

272 ∴ 大狗尾草

学　名：*Setaria faberiiHerrm*
别　名：法式狗尾草、长狗尾草、费氏狗尾草
英文名：Bristlegrass, Foxtail giant, Giant foxtai, Faber bristlegrass

分类地位 被子植物门（Angiospermae）单子叶植物亚门（Monocotyledons）禾本目（Graminales）禾本科（Gramineae）狗尾草属（*Setaria*）。

地理分布 在中国分布于东北地区、长江流域等。生长于田间、路旁。

形态特征 小穗椭圆形，背凸腹平，每小穗含 2 朵小花。第 1 颖卵状三角形，顶端尖，长为小穗的 1/2；第 2 颖长为小穗的 3/4，顶端钝。第 1 小花不育。外稃与小穗等长，内稃膜质，第 2 小花结实。带稃颖果椭圆形，长约 3 毫米，宽约 1.5 毫米，淡绿至浅黄色，内、外稃骨质，近等长，均具显著格状横皱纹。外稃边缘包内稃。颖果椭圆形，平凸，长约 15 毫米，宽约 1 毫米，淡墨绿色。种胚长卵形，长为颖果全长的 3/4，棕褐色。种脐矩圆形，棕褐色。（见图 1.272）

图 1.272 大狗尾草

273 ※ 金狗尾草

学　名：*Setaria lutescens*（Weigel）F.T.Hubb.
别　名：法式狗尾草、长狗尾草、费氏狗尾草
英文名：Yellow bristlegrass, Golden bristlegass

分类地位 被子植物门（Angiospermae）单子叶植物亚门（Monocotyledons）禾本目（Graminales）禾本科（Gramineae）狗尾草属（*Setaria*）。

地理分布 广泛分布于中国各地及欧亚大陆的温带和热带地区，北美洲有输入。多生长于湿润田野沟渠边和道旁。为部分田的杂草，可作牧草。

形态特征 一年生草本。小穗长 3~3.5 毫米，宽约 2 毫米，椭圆形，每小穗含 1~2 朵小花。第 1 小花雄性不孕，第 2 小花两性，结实，脱落时与基部的刚毛分离。第 1 颖广卵形，长约为小穗的 1/3，先端尖，具 3 脉；第 2 颖长约为小穗的 1/2，先端钝，具 5~7 脉。结实花的内、外稃均为骨质，表面具明显较粗的横皱纹。外稃黄灰色，背面隆起，边缘紧包于明显凹入的内稃；内稃近基部有一圆形隆起。颖果长约 2 毫米，宽约 16 毫米，灰黄绿色，背面呈圆形隆起，腹面扁平，顶端钝圆，基部稍宽，基端外突。种脐位于颖果腹面近基部、桃圆形、黑褐色。种胚极大，约占颖果全长的 4/5，卵状矩圆形，近褐色。（见图 1.273）

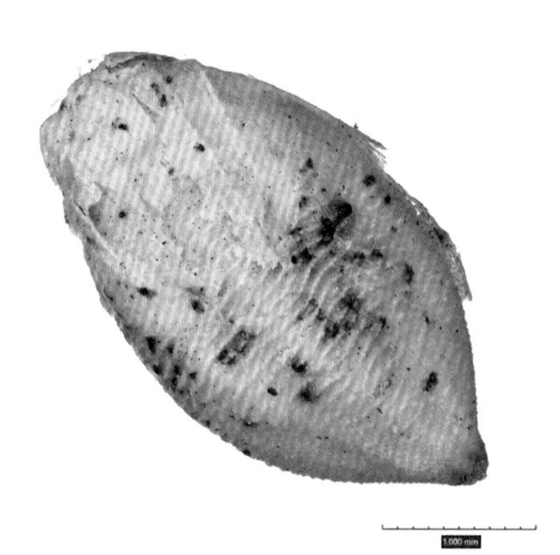

图 1.273 金狗尾草

高粱属

274 ※ 苏丹草

学　名：*Sorghum sudanense*（Piper）Srapf.
别　名：野高粱
英文名：Sudangrass

分类地位 被子植物门（Angiospermae）单子叶植物亚门（Monocotyledons）禾本目（Graminales）禾本科（Gramineae）高粱属（*Sorghum*）。

地理分布 原产于苏丹，世界各国家（地区）有引种。

形态特征 小穗孪生或枝端三生，每小穗含 2 朵小花。第 1 小花不育，第 2 小花结实，稃膜质。结实的无梗小穗菱状椭圆形，背平腹凸，长约 6 毫米，宽约 2.8 毫米，紫褐色至黑褐色。颖革质，有光泽，第 1 颖 9~11 脉，2 脊上部有疏纤毛，边缘包第 2 颖，第 2 颖隆起，中脊略凸，基部贴生折断的穗轴和小穗梗各 1 枚，两者均具白色长柔毛。外稃顶端 2 裂，裂间伸出长 7~10 毫米的膝曲状扭转的长芒。颖果长椭圆形，长约 4.2 毫米，宽约 2.2 毫米，棕黄色至棕褐色，顶具 2 枚扁花柱基或无。种胚占颖果全长的 3/5。（不同形态种子见图 1.274）

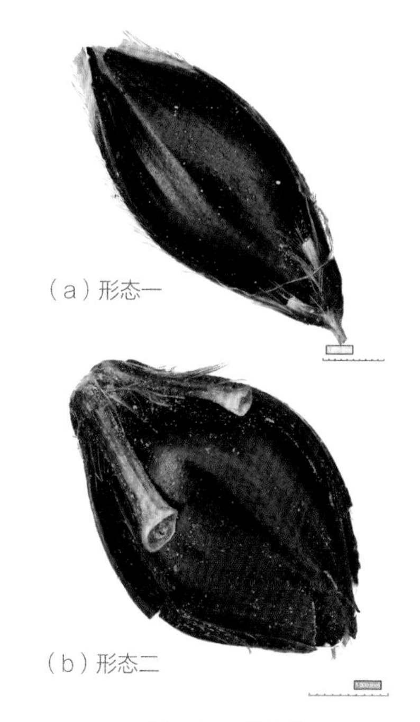

（a）形态一
（b）形态二

图 1.274 苏丹草

䓍草属

275 ⁘ 䓍 草

学　名：*Beckmannia syzigachne* (Steud.) Fern.
别　名：草芦、园草芦、加那利芦苇、加那利草、矛草、丝带草、园丁绑腿、马羊草

分类地位 被子植物门（Angiospermae）单子叶植物亚门（Monocotyledons）禾本目（Graminales）禾本科（Gramineae）䓍草属（*Beckmannia*）。

地理分布 在世界热带和温带区域、北半球温带和寒带地区以及俄罗斯、蒙古国、日本、朝鲜等地均有分布。在中国分布于东北、华北、西北、华东、西南等地区的水边湿地。

形态特征 小穗两侧扁，近圆形，具两颖，小穗成熟时自颖之下脱落，每小穗含 1~2 朵小花。两颖同形，等大，颖片舟形，侧面呈半圆形，长于小穗，有明显横脉，边缘膜质，无毛。小花外稃披针形，具 5 脉，顶端渐尖并延伸成短尖头，内稃稍短于外稃，具 2 脊，先端渐尖。颖果长椭圆形，长 0.7~1.8 毫米，宽 0.5~0.6 毫米，顶端具残存花柱。果皮呈黄色。种胚椭圆形，突出，长约为颖果全长的 1/4。（见图 1.275）

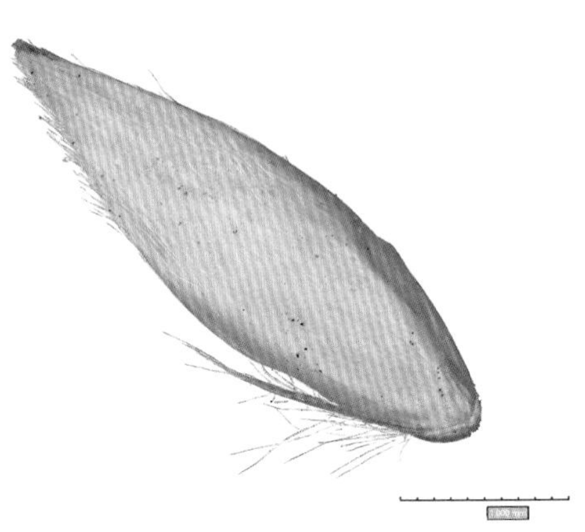

图 1.275 䓍　草

276 ⁘ 小籽䓍草

学　名：*Phalaris minor*
别　名：小䓍草

分类地位 被子植物门（Angiospermae）单子叶植物亚门（Monocotyledons）禾本目（Graminales）禾本科（Gramineae）䓍草属（*Beckmannia*）。

地理分布 在中国分布于华中、华东、西南、华南等地区。

形态特征 圆锥花序长 5~8 厘米，小穗排列紧密，每小穗含 2 朵小花，仅一花可孕，颖翼状，长 5~5 毫米。谷粒卵形，黄褐色，长 0.3~0.4 厘米，宽 0.15~0.2 厘米。颖果褐色，椭圆形，先端具宿存花柱，长 1~2 毫米，宽约 0.5 毫米，厚约 1 毫米。（见图 1.276）

图 1.276 小籽䓍草

277 ⁘ 奇异䓘草

学　名： *Phalaris paradoxa* L.
英文名： Hood Canarygrass

分类地位 被子植物门（Angiospermae）单子叶植物亚门（Monocotyledons）禾本目（Graminales）禾本科（Gramineae）䓘草属（*Beckmannia*）。

地理分布 广泛分布于中国各地及欧亚大陆的温带和热带地区，北美洲有输入。多生长于湿润田野沟渠边和道旁。为部分田的杂草，可作牧草。

形态特征 圆锥花序紧密，长 2~9 厘米，部分藏在上部叶鞘内，小穗有 6~7 个簇生，整簇脱落，无柄中间的为孕性小穗，其余的 5~6 个为有柄不孕小穗，孕性小穗的颖长 5.5~8.2 毫米，不孕小穗的颖长约 9 毫米，上部具翼，翼具齿状突起，孕花外稃长 2.5~3.5 毫米。颖果椭圆形，先端具宿存花柱，长 2~2.5 毫米，宽约 0.6 毫米，厚约 1.2 毫米，深褐色。胚长约占颖果的 1/3。（见图 1.277）

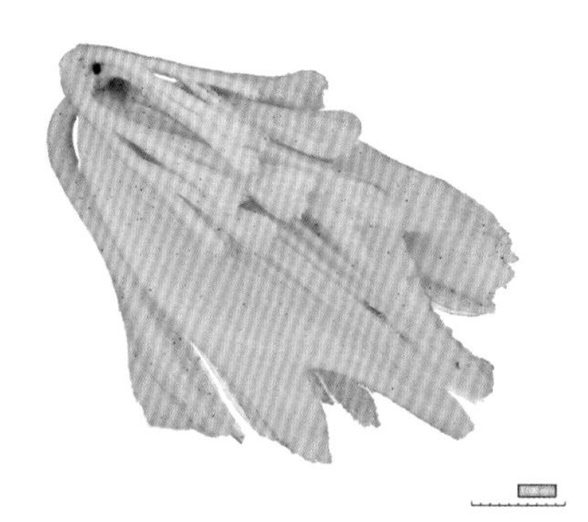

图 1.277 奇异䓘草

278 ⁘ 金丝雀䓘草

学　名： *Phalarit Canariensis*
别　名： 园草芦

分类地位 被子植物门（Angiospermae）单子叶植物亚门（Monocotyledons）禾本目（Graminales）禾本科（Gramineae）䓘草属（*Beckmannia*）。

地理分布 原产于欧洲、北美及亚洲中部和东部的所有国家，在中国主要分布于东北、华北、华中、江苏、浙江等地区。多生长于低湿地及湿草甸中。

形态特征 圆锥花序紧密狭窄，长 8~15 厘米，分枝直向上举，密生小穗，小穗长 4~5 毫米，无毛或有微毛，颖沿脊上粗糙，上部有极狭的翼，孕花外稃宽披针形，长 3~4 毫米，上部有柔毛，内稃舟形，背具 1 脊，脊的两侧疏生柔毛，花药长 2~2.5 毫米，不孕外稃 2 枚，退化为线形，具柔毛。（见图 1.278）

图 1.278 金丝雀䓘草

显子草属

279 显子草

学　名： *Phaenosperma globosa* Munro ex Benth
别　名： 岩高粱、乌珠茅

分类地位 被子植物门（Angiospermae）单子叶植物亚门（Monocotyledons）禾本目（Graminales）禾本科（Gramineae）显子草属（*Phaenosperma*）。

地理分布 在中国分布于甘肃、陕西及华北、华东、中南、西南等地区。日本、朝鲜也有分布。生长于海拔 150~1800 米的山坡林下、山谷溪旁及路边草丛。

形态特征 圆锥花序长达 40 厘米，分枝在下部者多轮生，长达 10 厘米，幼时斜向上升，成熟时极开展。小穗长 4~4.5 毫米，倒生者具长约 1 毫米的短梗。第 1 颖长 2.5~3 毫米，具 3 脉，两侧脉甚短；第 2 颖长约 4 毫米，具 3 脉。外稃具 3~5 脉，两边脉不明显，长约 4 毫米，内稃略短于外稃。颖果倒卵球形，长约 3 毫米，黑褐色，具宿存的部分花柱，表面具皱纹，成熟时露出于稃外。（见图 1.279）

图 1.279 显子草

狼尾草属

280 狼尾草

学　名： *Pennisetum alopecuroide*（L.）Spreng.
别　名： 稂、童粱、孟、狼尾、守田、宿田翁、狼茅、芦秆莛、小芒草
英文名： Chinese pennisetum

分类地位 被子植物门（Angiospermae）单子叶植物亚门（Monocotyledons）禾本目（Graminales）禾本科（Gramineae）狼尾草属（*Pennisetum*）。

地理分布 产于亚洲温带地区及大洋洲，在中国广泛分布于南北各地。多生长于田埂、路旁、果园及苗圃。

形态特征 小穗单生，披针形，长 6~8 毫米，褐黄色或灰紫色，每小穗内含 2 朵小花，第 1 小花退化，仅存外稃，第 2 小花两性，基部着生芒状劲直的刚毛，长短不一，成熟时小穗自颖之下带刚毛一同脱落。小穗第 1 颖微小，小穗卵形或长圆形，脉不明显；第 2 颖披针形，长为小穗的 1/2~2/3，具 3~5 脉。结实花的内、外稃均为披针形，等长，边缘膜质，先端锐尖。外稃具 5 脉，内稃具 2 脉。颖果椭圆形至长圆形，长 2.5~3.2 毫米，宽 11~18 毫米，厚 1~1.5 毫米，灰褐色至近棕色，背腹压扁，顶端花柱宿存。种脐位于颖果腹面的基端，近圆形，黑褐色。种胚大而显著，为颖果全长的 1/2~ 3/5，椭圆形，中央微凹，线形。（见图 1.280）

图 1.280 狼尾草

281 ⁘ 象　草

学　名：*Pennisetum purpureum* Schum.
别　名：乌干达草

分类地位 被子植物门（Angiospermae）单子叶植物亚门（Monocotyledons）禾本目（Graminales）禾本科（Gramineae）狼尾草属（*Pennisetum*）。

地理分布 原产于非洲。引种栽培至印度、缅甸、大洋洲及美洲。中国江西、四川、广东、广西、云南等地已引种栽培成功。

形态特征 小穗通常单生或 2~3 簇生，披针形，长 5~8 毫米，近无柄，如 2~3 簇生，则两侧小穗具长约 2 毫米短柄，成熟时与主轴交成直角，呈近篦齿状排列。第 1 颖长约 0.5 毫米或退化，先端钝或不等 2 裂，脉不明显；第 2 颖披针形，长约为小穗的 1/3，先端锐尖或钝，具 1 脉或无脉，第 1 小花中性或雄性，第 1 外稃长约为小穗的 4/5，具 5~7 脉；第 2 外稃与小穗等长，具 5 脉，鳞被 2 枚，微小，雄蕊 3 枚，花药顶端具毫毛，花柱基部联合。（见图 1.281）

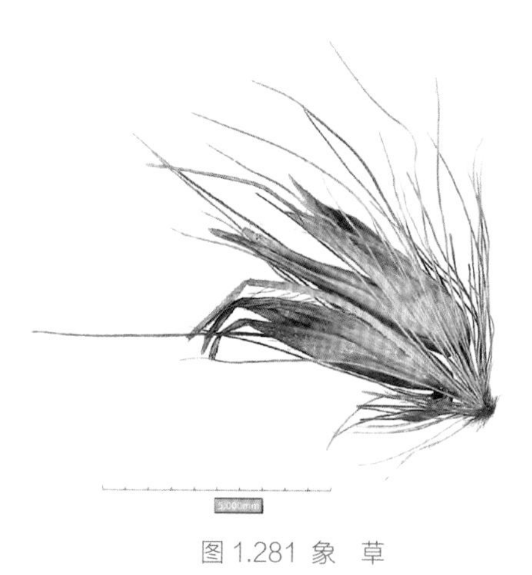

图 1.281 象　草

282 ⁘ 御　谷

学　名：*Pennisetum americarum*（L.）Leeke.
别　名：观赏谷子、珍珠栗、蜡烛稗、紫御谷
英文名：Yellow bristlegrass, Golden bristlegass

分类地位 被子植物门（Angiospermae）单子叶植物亚门（Monocotyledons）禾本目（Graminales）禾本科（Gramineae）狼尾草属（*Pennisetum*）。

地理分布 原产于非洲。亚洲和美洲均已引种栽培作粮食。在中国河北省有栽培。

形态特征 圆锥花序紧密似香蒲花序，主轴粗壮、硬直、密生柔毛，小穗通常双生长于一总苞内成束，倒卵形，刚毛短于小穗，粗糙或基部生柔毛。颖膜质，具细纤毛，第 1 颖微小。第 1 小花雄性，第 1 外稃先端截平，边缘膜质，具纤毛，内稃薄纸质；第 2 小花两性，第 2 外稃先端钝圆，具纤毛。颖果近球形或梨形。（见图 1.282）

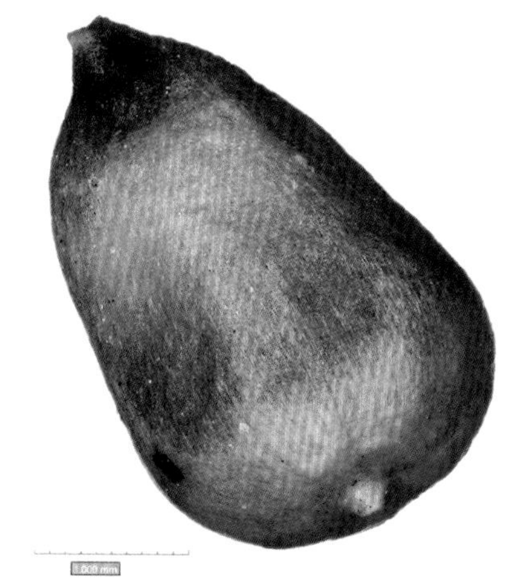

图 1.282 御　谷

| 早熟禾属 |

283 泽地早熟禾

学　名： *Poa palustris* L.
别　名： 沼生早熟禾、沼早熟禾、沼地早熟禾、沼泽早熟禾、泽早熟禾

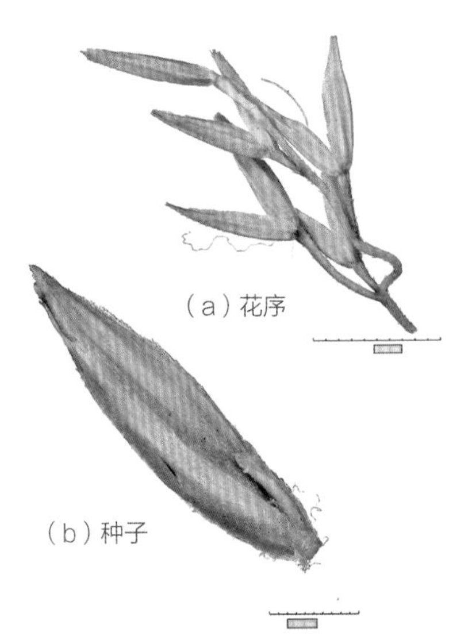

图 1.283 泽地早熟禾

分类地位 被子植物门（Angiospermae）单子叶植物亚门（Monocotyledons）禾本目（Graminales）禾本科（Gramineae）早熟禾属（*Poa*）。

地理分布 主要分布于中国新疆（天山、阿尔泰山、准噶尔山地）、西藏、四川（理塘）。

形态特征 小穗卵状长圆形，含 3~5 朵小花，长 4.5~5 毫米，黄绿色。第 1 颖长约 2.5 毫米，具 3 脉，脊上部糙涩，先端尖；第 2 颖较宽，长约 3 毫米。外稃长 3~3.5 毫米，间脉不明显，脊与边脉下部具柔毛，基盘有绵毛，内稃与外稃近等长，两脊具细密小刺而粗糙，花药长 1.2~1.5 毫米。（见图 1.283）

284 细叶早熟禾

学　名： *Poa angustifolia* L.

分类地位 被子植物门（Angiospermae）单子叶植物亚门（Monocotyledons）禾本目（Graminales）禾本科（Gramineae）早熟禾属（*Poa*）。

地理分布 欧洲和北半球温带地区广泛分布。在中国分布于黑龙江、吉林、辽宁、内蒙古、山西、河北、山东、陕西、甘肃、宁夏、青海、新疆、西藏、云南、四川、贵州。

形态特征 圆锥花序长圆形，长 5~10 厘米，宽约 2 厘米，分枝直立或上升，微粗糙，3~5 枚着生长于各节，基部主枝长 2~5 厘米，裸露部分长 1~2 厘米，侧生小穗柄短，小穗卵圆形，长 4~5 毫米，含 2~5 朵小花，绿色或带紫色，颖近相等，顶端尖，脊上微粗糙，长 2~3 毫米，第 1 颖稍短，具 1 脉。外稃顶端尖，具狭膜质，脊上部 1/3 微粗糙，下部 2/3 和边脉下部 1/2 具长柔毛，间脉明显，无毛，基盘密生长绵毛，第 1 外稃长约 3 毫米；内稃等长或稍长于其外稃，脊具短纤毛。花药长约 1.2 毫米。颖果纺锤形，扁平，长约 2 毫米。（见图 1.284）

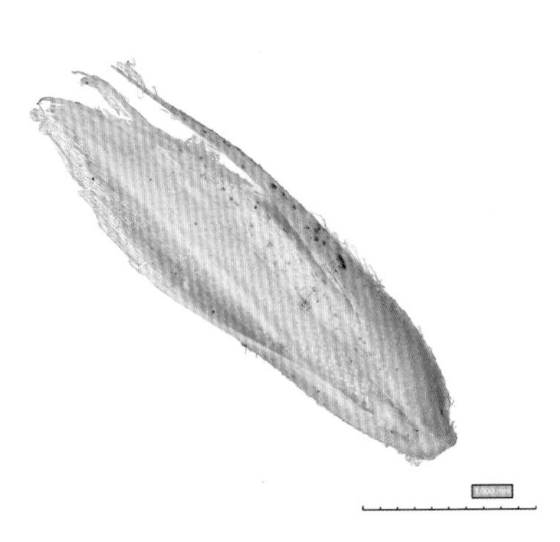
图 1.284 细叶早熟禾

285 ⁘ 草地早熟禾

学　名： *Poa pratensis* L.
别　名： 蓝草、肯塔基早熟禾、草原早熟禾、六月禾
英文名： Kentucky bluegrass

分类地位 被子植物门（Angiospermae）单子叶植物亚门（Monocotyledons）禾本目（Graminales）禾本科（Gramineae）早熟禾属（*Poa*）。

地理分布 分布于中国各地以及北半球的温带地区。多生长于山坡、路边和草地。

形态特征 小穗草黄色，长 4~6 毫米，每小穗含 2~4 朵小花。小穗轴节间长 0.2~1 毫米。颖卵圆状披针形，先端尖，纸质，边缘膜质，第 1 颖长 2.5~3 毫米，第 2 颖长 3~4 毫米。外稃长 3~35 毫米，纸质，边缘膜质，先端尖，具 5 脉，中脉成脊，脊及边脉在中部以下具长柔毛，基盘具密而长的白色绵毛；内稃稍短，具 2 脉，脊上具小纤毛，内、外稃与颖果紧贴，不易剥离。颖果纺锤形，长 1.2~2 毫米，宽 0.4~0.6 毫米，黄褐色，具 3 棱，腹面有 1 条明显的细纵沟，由基部伸达中部或中部以上，顶端窄，基部急尖。种脐微小，黑褐色，横切面为心形。种胚部小，隆起，暗褐色。（见图 1.285）

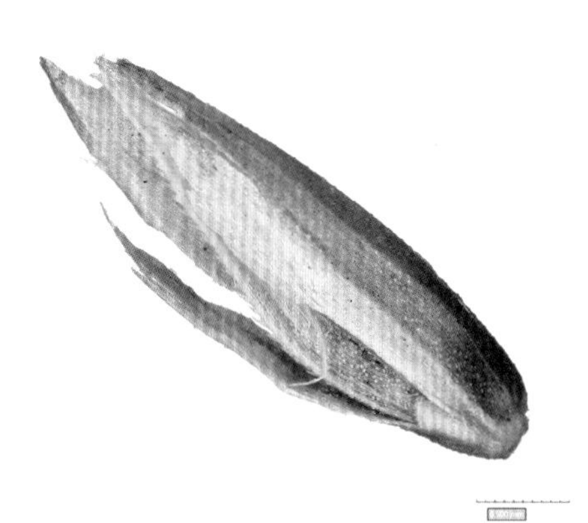

图 1.285 草地早熟禾

286 ⁘ 林地早熟禾

学　名： *Poa nemoralis* L.

分类地位 被子植物门（Angiospermae）单子叶植物亚门（Monocotyledons）禾本目（Graminales）禾本科（Gramineae）早熟禾属（*Poa*）。

地理分布 广泛分布于全球温带地区。在中国分布于黑龙江、吉林、辽宁、内蒙古、陕西、甘肃、新疆（大部分地区）、西藏、四川、贵州。生长于海拔 1000~4200 米的山坡林地，喜阴湿生境，常见于林缘、灌丛草地。

形态特征 圆锥花序狭窄柔弱，长 5~15 厘米，分枝开展，2~5 枚着生主轴各节，疏生 1~5 枚小穗，微粗糙，下部长裸露，基部主枝长约 5 厘米，小穗披针形，大多含 3 朵小花，长 4~5 毫米；小穗轴具微毛；颖披针形，具 3 脉，边缘膜质，先端渐尖，脊上部糙涩，长 3.5~4 毫米，第 1 颖较短而狭窄；外稃长圆状披针形，先端具膜质，间脉不明显，脊中部以下与边脉下部 1/3 具柔毛，基盘具少量绵毛，第 1 外稃长约 4 毫米；内稃长约 3 毫米，两脊粗糙，花药长约 1.5 毫米。（见图 1.286）

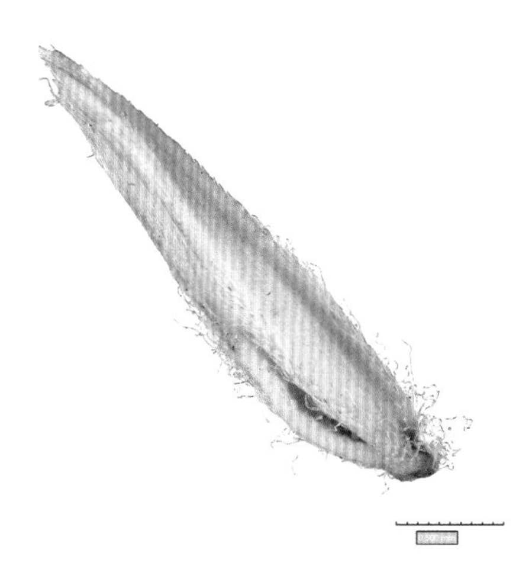

图 1.286 林地早熟禾

287 ※ 加拿大早熟禾

学　名： *Poa compressa* L.
英文名： Canada bluegrass, Canton bluegrass

分类地位 被子植物门（Angiospermae）单子叶植物亚门（Monocotyledons）禾本目（Graminales）禾本科（Gramineae）早熟禾属（*Poa*）。

地理分布 在中国分布于天津、山东（青岛）及江西（牯岭）。欧洲、北美洲以及小亚细亚、俄罗斯高加索地区均有分布。多生长于树荫下。为野生杂草或引种栽培作牧草。

形态特征 多年生草本。小穗长3~5毫米，淡黄褐色，每小穗含2~4朵小花。两颖近等长，披针形，具3脉，成脊，脊上粗糙，边缘顶端具狭膜质。外稃长椭圆状披针形，长2.6~3.2毫米，草黄褐色，具5脉，中脉成脊，上部边缘具狭膜质，顶端钝尖，内稃略长于外稃，脊上粗糙，无毛。颖果纺锤形，长1.5~1.8毫米，宽0.8~1毫米，红棕色，背面稍凸圆，腹面扁平而略凹，两端钝尖，顶端具茸毛。种脐位于颖果腹面基部，卵圆形，呈褐色。种胚椭圆形突起，较小，色同于颖果。（见图1.287）

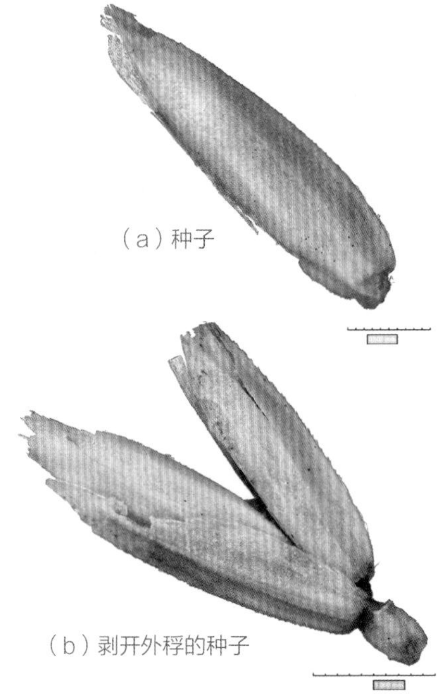
（a）种子
（b）剥开外稃的种子
图1.287 加拿大早熟禾

288 ※ 早熟禾

学　名： *Poa annua* L.
别　名： 稍草、小青草、小鸡草、冷草、绒球草

分类地位 被子植物门（Angiospermae）单子叶植物亚门（Monocotyledons）禾本目（Graminales）禾本科（Gramineae）早熟禾属（*Poa*）。

地理分布 欧洲、亚洲及北美洲均有分布。在中国分布于南北各省。生长在海拔100~4800米的平原和丘陵的路旁草地、田野水沟或荫蔽荒坡湿地。

形态特征 圆锥花序宽卵形，长3~7厘米，开展，分枝1~3枚着生各节，平滑，小穗卵形，含3~5朵小花，长3~6毫米，绿色。颖质薄，具宽膜质边缘，顶端钝，第1颖披针形，长1.5~3毫米，具1脉；第2颖长2~4毫米，具3脉。外稃卵圆形，顶端与边缘宽膜质，具明显的5脉，脊与边脉下部具柔毛，间脉近基部有柔毛，基盘无绵毛，第1外稃长3~4毫米，内稃与外稃近等长，两脊密生丝状毛。花药黄色，长0.6~0.8毫米。颖果纺锤形，长约2毫米。（见图1.288）

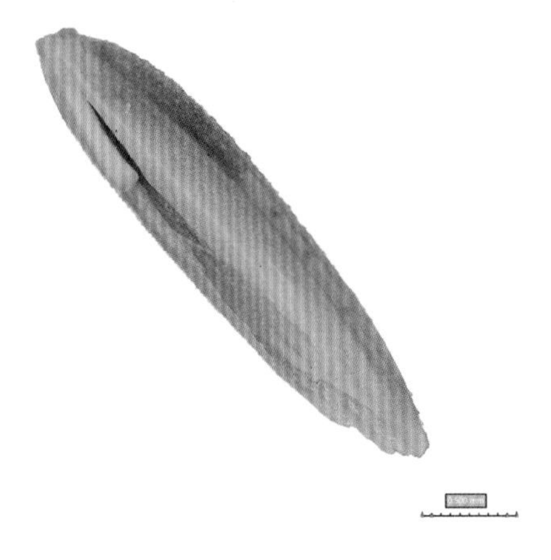
图1.288 早熟禾

棒头草属

289 棒头草

学　名：*Polypogonfugat Nees* et Steud.
别　名：狗尾稍草、稍草
英文名：Ditch polypogon, Polypogon, Fugitive pollypogon

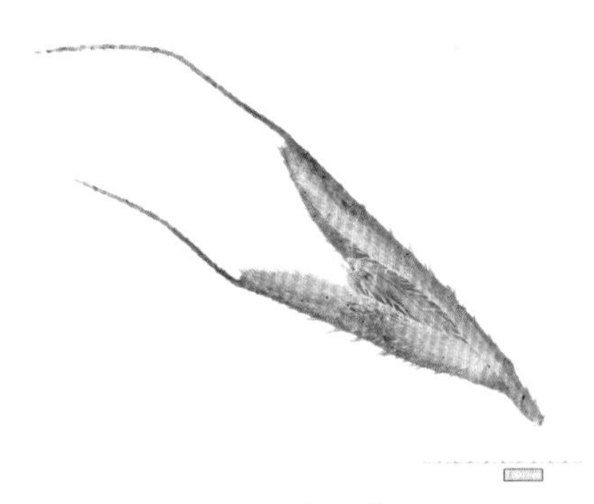

图 1.289 棒头草

分类地位 被子植物门（Angiospermae）单子叶植物亚门（Monocotyledons）禾本目（Graminales）禾本科（Gramineae）棒头草属（*Polypogon*）。

地理分布 在中国分布于除东北、西北地区以外的各省、自治区、直辖市。朝鲜、印度、日本也有分布。

形态特征 小穗长约 25 毫米（连同基盘），灰绿色或部分带紫色。颖几等长，长圆形，全部粗糙，先端 2 浅裂，芒从裂口伸出，细直，微粗糙，长 1~3 毫米。颖果椭圆形，一面扁平，长约 1 毫米。外稃光滑，长 1 毫米，先端具微齿，中脉延伸成长约 2 毫米 的细芒，芒微粗糙，易脱落。（见图 1.289）

雀稗属

290 雀　稗

学　名：*Paspalum thunbergii* Kunth
别　名：龙背筋、鸭乸草、鱼眼草、猪儿草
英文名：Japanses paspalum

分类地位 被子植物门（Angiospermae）单子叶植物亚门（Monocotyledons）禾本目（Graminales）禾本科（Gramineae）雀稗属（*Paspalum*）。

地理分布 原产于地中海地区，20 世纪 70 年代引入中国。在江苏、浙江、福建等省及长江中下游一些地区种植。

形态特征 小穗倒卵状近圆形，长约 2.5 毫米，宽约 2 毫米，背腹扁，小穗成熟时自颖之下脱落，每小穗内含 2 朵小花。第 1 颖缺，第 2 颖与第 1 小花外稃相似，均为膜质，各有 3 脉。第 1 小花退化，仅存外稃；第 2 小花外稃革质，呈乳白色或灰白色，表面颗粒状粗糙，边缘卷曲紧包着同质内稃，内稃两侧膜质，边缘包着果实，基边缘中央部分向内延伸近相接而构成 2 个圆孔。颖果卵圆形，长约 2 毫米，背面拱圆，腹面扁平。果皮呈浅灰黄色。种胚近圆形，长约为颖果的 1/2。（见图 1.290）

图 1.290 雀　稗

291 ⁘ 皱稃雀稗

学　名：*Paspalum plicatulum* Michx

分类地位 被子植物门（Angiospermae）单子叶植物亚门（Monocotyledons）禾本目（Graminales）禾本科（Gramineae）雀稗属（*Paspalum*）。

地理分布 原产于美国东南部，向南分布至巴西、阿根廷。为一种牧草，印度也引进，中国甘肃也有引种栽培。

形态特征 总状花序3~7枚，长5~8厘米，互生长于长3~5厘米的主轴上，腋间生长柔毛，穗轴宽约1毫米，小穗柄长者约2毫米，小穗长约3毫米，宽约2毫米，倒卵状长圆形。第2颖背部隆起，具5脉，侧脉近边缘，背部贴生微毛，第1外稃具3脉，边缘稍隆起。（见图1.291）

图1.291 皱稃雀稗

剪股颖属

292 ⁘ 台湾剪股颖

学　名：*Agrostis sozanensis*

别　名：华花郎、蒲公草、食用蒲公英、尿床草、西洋蒲公英

分类地位 被子植物门（Angiospermae）单子叶植物亚门（Monocotyledons）禾本目（Graminales）禾本科（Gramineae）剪股颖属（*Agrostis*）。

地理分布 产于中国台湾、浙江、江苏、江西、安徽、湖南、四川等地区。生长于海拔1000~2000米的潮湿、路边和山坡上。

形态特征 圆锥花序尖塔形或长圆形，长15~30厘米，宽3~10厘米，疏松开展，分枝多至10余枚，少则2~4枚，平展或上举，下部有1/2~2/3裸露无小穗，细弱，微粗糙，小穗柄长1~3.5毫米，两颖近等长或第1颖稍长，脊上微粗糙，先端尖或渐尖。外稃长1.5~2毫米，先端钝或平截，微具齿5脉明显，中部以下着生1芒，芒长0.8~2毫米，细直或微扭，基盘两侧有长0.2毫米的短毛；内稃长0.25~0.5毫米。花药线形，长0.7~1.2毫米。（见图1.292）

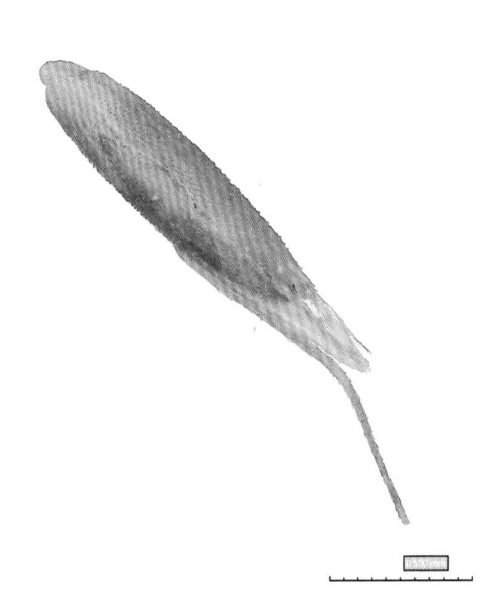

图1.292 台湾剪股颖

293 欧剪股颖

学　名： *Agrostis tenuis* Sibth.

分类地位 被子植物门（Angiospermae）单子叶植物亚门（Monocotyledons）禾本目（Graminales）禾本科（Gramineae）剪股颖属（*Agrostis*）。

地理分布 分布于中国、俄罗斯（西伯利亚）及欧洲、亚洲大陆的北温带地区。在中国分布于山西和新疆（和田、策勒）。生长于海拔 1000~1500 米的湿润草地。

形态特征 圆锥花序近椭圆形，开展，每节具 2~5 分枝，分枝斜向上升，细瘦，长 1.5~3.5 厘米，稍波状弯曲，平滑，基部无小穗，小穗紫褐色，穗梗近平滑，第 1 颖长 1.5~1.7 毫米，两颖近等长或第 1 颖稍长，椭圆状披针形，先端急尖，脊上粗糙。外稃长约 1.5 毫米，先端平，中脉稍突出，无芒，基盘无毛；内稃较大，长为外稃的 2/3。花药金黄色，长 0.8~1 毫米。（见图 1.293）

图 1.293 欧剪股颖

看麦娘属

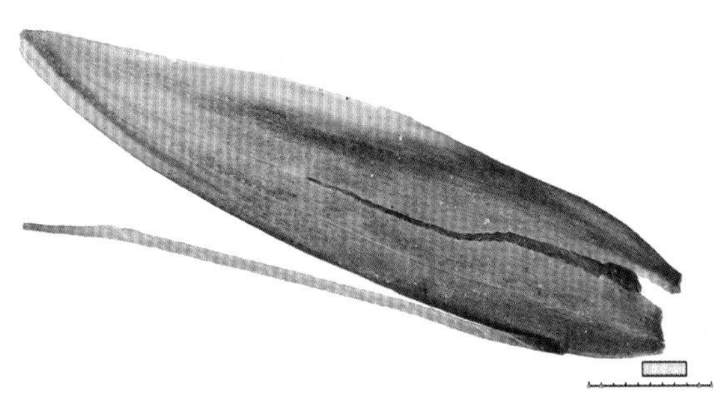

图 1.294 鼠尾看麦娘

294 鼠尾看麦娘

学　名： *Alopecurus myosuroides* Huds.

分类地位 被子植物门（Angiospermae）单子叶植物亚门（Monocotyledons）禾本目（Graminales）禾本科（Gramineae）看麦娘属（*Alopecurus*）。

地理分布 欧洲、亚洲、北美洲、地中海地区等有分布，中国尚无记载。

形态特征 小穗狭长椭圆形至狭长卵圆，长 4.5~6 毫米，宽 1.9~2.3 毫米，每小穗含 1 朵小花，结实，具两颖。两颖近等长，各具 3 脉，颖质地较硬，淡褐色，先端较尖，颖的脊上和侧脉的中下部具柔毛，易脱落。上部粗糙，有微小颗粒状突起。外稃与颖片近等长或稍长，边缘自中部以下连合，两侧压扁，具不明显 5 脉，顶端锐尖，基部渐窄，基盘明显，自外稃背脊中部与基部之间伸出膝曲状芒，芒长 5~7 毫米。颖果质地软，黄褐色，长椭圆形，长约 3 毫米，宽 1~1.5 毫米，厚约 0.5 毫米。种脐明显，椭圆形，深褐色。（见图 1.294）

295 ꙰ 大看麦娘

学　名： *Alopecurus pratensis* L.
别　名： 华花郎

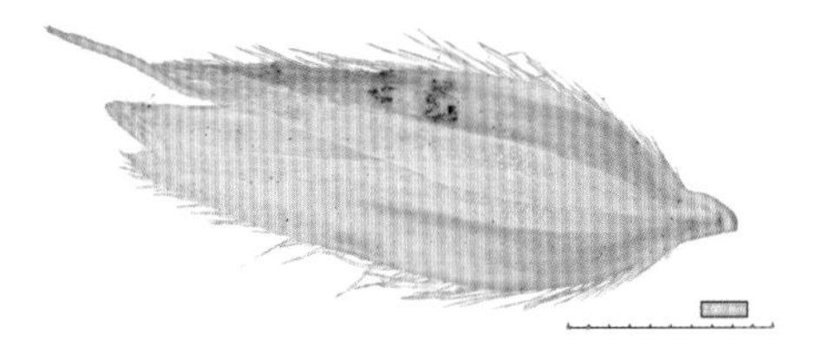

图 1.295 大看麦娘

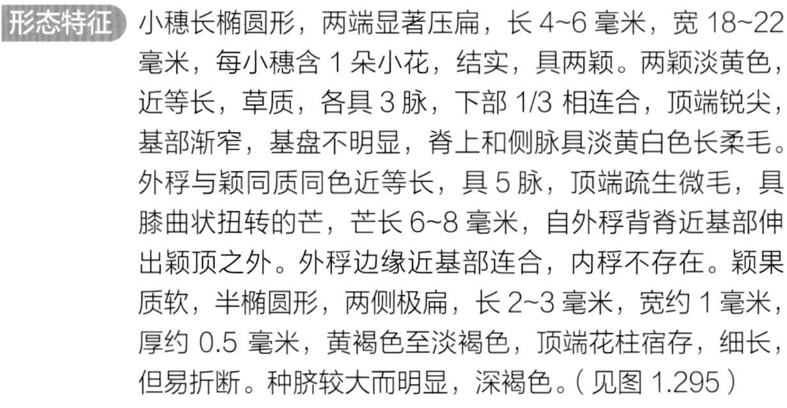

分类地位 被子植物门（Angiospermae）单子叶植物亚门（Monocotyledons）禾本目（Graminales）禾本科（Gramineae）看麦娘属（*Alopecurus*）。

地理分布 产于欧洲、亚洲的寒温地区。中国东北、西北等地区有分布。

形态特征 小穗长椭圆形，两端显著压扁，长 4~6 毫米，宽 18~22 毫米，每小穗含 1 朵小花，结实，具两颖。两颖淡黄色，近等长，草质，各具 3 脉，下部 1/3 相连合，顶端锐尖，基部渐窄，基盘不明显，脊上和侧脉具淡黄白色长柔毛。外稃与颖同质同色近等长，具 5 脉，顶端疏生微毛，具膝曲状扭转的芒，芒长 6~8 毫米，自外稃背脊近基部伸出颖顶之外。外稃边缘近基部连合，内稃不存在。颖果质软，半椭圆形，两侧极扁，长 2~3 毫米，宽约 1 毫米，厚约 0.5 毫米，黄褐色至淡褐色，顶端花柱宿存，细长，但易折断。种脐较大而明显，深褐色。（见图 1.295）

燕麦属

296 ꙰ 野燕麦

学　名： *Avena fatua* L.
别　名： 乌麦
英文名： Wild oat

分类地位 被子植物门（Angiospermae）单子叶植物亚门（Monocotyledons）禾本目（Graminales）禾本科（Gramineae）燕麦属（*Avena*）。

地理分布 中国南北各地及亚洲其他国家（地区）、欧洲、非洲等均有分布。生长于小麦、大麦和栽培的燕麦田中。为有害杂草。

形态特征 一年生草本。小穗长 18~25 毫米，含 2~3 小花，其柄弯曲下垂，顶端膨胀；小穗轴密生淡棕色或白色硬毛，其节脆硬易断落，第 1 节间长约 3 毫米；颖草质，几相等，通常具 9 脉；外稃质地坚硬，第 1 外稃长 15~20 毫米，背面中部以下具淡棕色或白色硬毛，芒自稃体中部稍下处伸出，长 2~4 厘米，膝曲，芒柱棕色，扭转。颖果被淡棕色柔毛，腹面具纵沟，长 6~8 毫米。（见图 1.296）

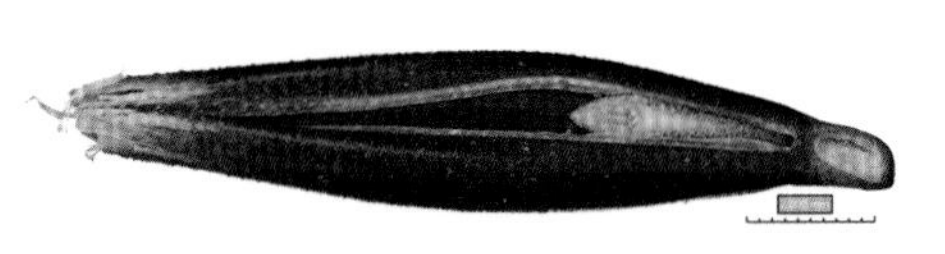

图 1.296 野燕麦

| 荩草属 |

297 荩 草

学 名：*Arthraxon hispidus* (Thunb.) Makino
别 名：绿竹、马耳草、马耳朵草、中亚荩草、菉竹、王刍、黄草、蓐、鸱脚莎、菉蓐草、细叶莠竹、毛竹、戾草、盭草、晋灼、蓐草、细叶秀竹

分类地位 被子植物门（Angiospermae）单子叶植物亚门（Monocotyledons）禾本目（Graminales）禾本科（Gramineae）荩草属（*Arthraxon*）。

地理分布 中国各地均有分布。生长于山坡、草地和阴湿处。

形态特征 总状花序细弱，长 1.5~3 厘米，2~10 个成指状排列或簇生长于秆顶。穗轴节间无毛，长为小穗的 2/3~3/4。小穗孪生，有梗小穗退化成长为 0.2~1 毫米的梗。无梗小穗卵状披针形，长 4~4.5 毫米，灰绿色或带紫色，第 1 颖边缘带膜质，有 7~9 脉，脉上粗糙，先端钝：第 2 颖近膜质，与第 1 颖等长，舟形，具 3 脉，侧脉不明显，先端尖。第 1 外稃长圆形，先端尖，长约为第 1 颖的 2/3，第 2 外稃与第 1 外稃等长，近基部伸出一膝曲状的芒，芒长 6~9 毫米，下部扭转。雄蕊 2 枚，花黄色或紫色，长 0.7~1 毫米。颖果长圆形，与稃体几乎等长。（见图 1.297）

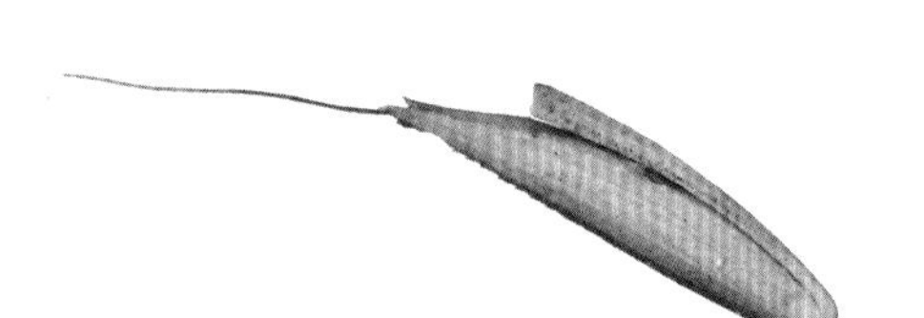

图 1.297 荩草

| 孔颖草属 |

298 白羊草

学 名：*Bothriochloa ischaemum* (L.) Keng
别 名：白半草、白草、大王马针草、黄草、蓝茎草、苏伯格乐吉、鸭嘴草蜀黍、鸭嘴孔颖草、孔颖草

分类地位 被子植物门（Angiospermae）单子叶植物亚门（Monocotyledons）禾本目（Graminales）禾本科（Gramineae）孔颖草属（*Bothriochloa*）。

地理分布 分布于全世界亚热带和温带地区。中国各地均有分布。适生性强，生长于山坡草地和荒地。

形态特征 总状花序呈圆锥状、伞房状或指状排列于秆顶，总状花序轴节间与小穗柄边缘质厚，中间具纵沟，尤以节间的上部最为明显，小穗孪生，一有柄，一无柄，均为披针形，背部压扁，无柄小穗水平脱落，基盘钝，通常具髯毛，两性。第 1 颖草质至硬纸质，先端渐尖或具小齿，边缘内折，两侧具脊，具7~11脉；第2颖舟形，具3脉，先端尖，第 1 外稃透明膜质，无脉，内稃退化，第 2 外稃退化成膜质线形，先端延伸成一膝曲的芒，鳞被 2 枚，雄蕊 3 枚，子房光滑，花柱 2 枚，柱头帚状。有柄小穗形似无柄小穗，但无芒，为雄性或中性，第 1 外稃和内稃通常缺。（见图 1.298）

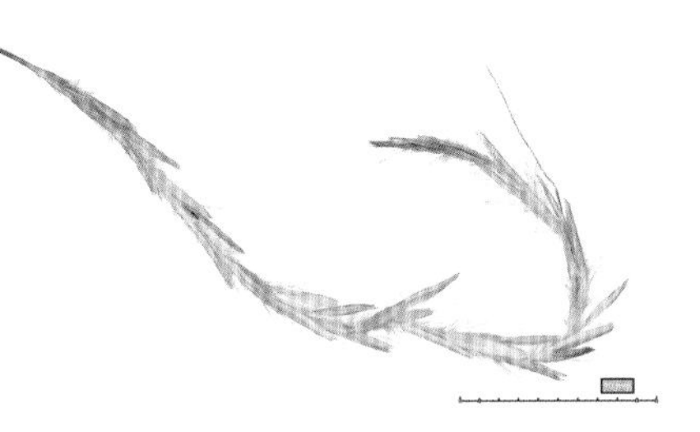

图 1.298 白羊草

臂形草属

299 四生臂形草

学　名：*Brachiaria subquadripara*（Trin.）Hitchc
别　名：疏穗臂形草

分类地位 被子植物门（Angiospermae）单子叶植物亚门（Monocotyledons）禾本目（Graminales）禾本科（Gramineae）臂形草属（*Brachiaria*）。

地理分布 分布于亚洲热带地区和大洋洲。中国江西、湖南、贵州、福建、台湾、广西、广东、海南等地均有分布。生长于灌丛草坡、平地路旁、疏林下及海边沙地上。

形态特征 圆锥花序由3~6枚总状花序组成，总状花序长2~4厘米，主轴及穗轴无刺毛，小穗长圆形，长3.5~4毫米，中部最宽约1.2毫米，先端渐尖，近无毛，通常单生。第1颖广卵形，长约为小穗一半，具5~7脉，包着小穗基部；第2颖与小穗等长，具7脉，第1小花中性，其外稃与小穗等长，具7脉，内稃狭窄而短小，第2外稃革质，长约3毫米，先端锐尖，表面具细横皱纹，边缘稍内卷，包着同质的内稃，鳞被2枚，折叠，长约0.6毫米，雄蕊3枚，花柱基分离。（见图1.299）

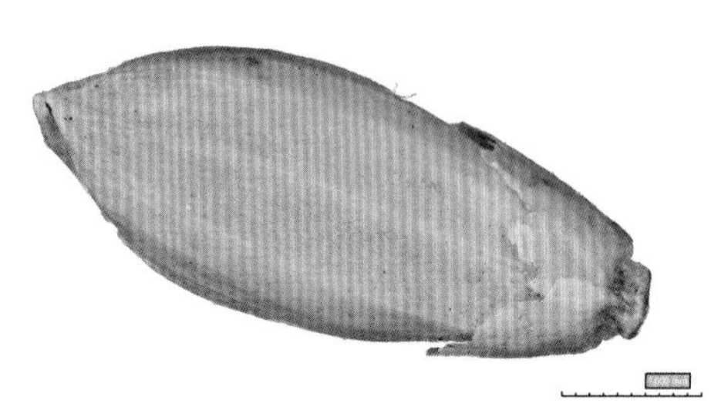

图1.299 四生臂形草

羊茅属

300 羊　茅

学　名：*Festuca ovina* L.
别　名：山茅、酥油草
英文名：Sheeps fescue

分类地位 被子植物门（Angiospermae）单子叶植物亚门（Monocotyledons）禾本目（Graminales）禾本科（Gramineae）羊茅属（*Festuca*）。

地理分布 中国西北、西南等地区及欧洲、亚洲其他国家（地区）、北美洲的温带地区均有分布。多生长于山坡草地或干燥的坡地。野生或引种栽培作优质牧草。

形态特征 多年生草本。小穗长4~6毫米，深黄褐色或带紫色，每小穗含3~6朵小花。颖披针形，第1颖具1脉，第2颖具3脉。外稃披针形，长2.8~40毫米，先端具长约1毫米的芒尖，内稃与外稃近等长，脊上粗糙，内、外稃易与颖果分离。果长椭圆形，长1.5~2.4毫米，宽约0.8毫米，深紫褐色，背面突圆，腹面具气沟，顶端钝圆，具淡黄色的茸毛，基部稍尖。种脐不明显。种胚近圆形。（见图1.300）

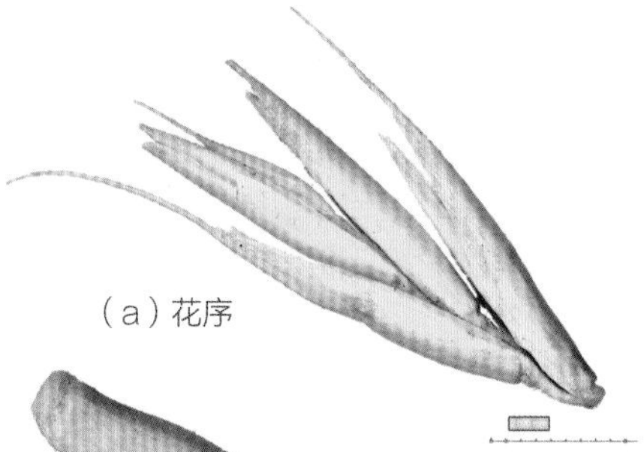

（a）花序

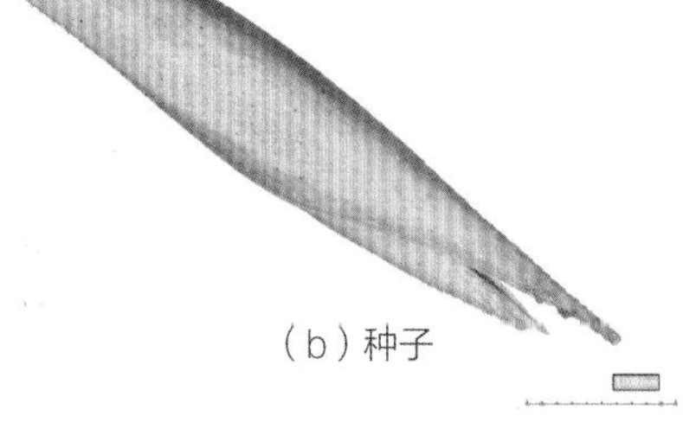

（b）种子

图1.300 羊　茅

301 ※ 高羊茅

学　名：*Festuca elata* Kengil
别　名：苇状羊茅
英文名：High Fescue

分类地位 被子植物门（Angiospermae）单子叶植物亚门（Monocotyledons）禾本目（Graminales）禾本科（Gramineae）羊茅属（*Festuca*）。

地理分布 主要分布于中国东北地区及新疆，欧亚大陆也有分布。

形态特征 侧生小穗柄长 1~2 毫米；小穗长 7~10 毫米，每小穗含 2~3 朵小花。颖片背部光滑无毛，顶端渐尖，边缘膜质，第 1 颖具 1 脉，长 2~3 毫米，第 2 颖具 3 脉，长 4~5 毫米。外稃椭圆状披针形，平滑，具 5 脉，间脉常不明显，先端膜质 2 裂，裂齿间生芒，芒长 7~12 毫米，细弱，先端弯曲，第 1 外稃长 7~8 毫米；内稃与外稃近等长，先端两脊近于平滑，花药长约 2 毫米。颖果长约 4 毫米，顶端有毛茸。花果期 4~8 月。（见图 1.301）

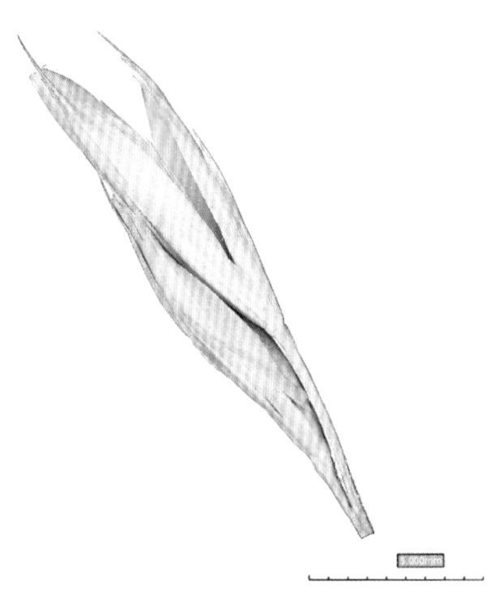

图 1.301 高羊茅

302 ※ 苇状羊茅

学　名：*Festuca arundinacea* Schreb
别　名：苇状狐茅、法斯克草、高羊茅

分类地位 被子植物门（Angiospermae）单子叶植物亚门（Monocotyledons）禾本目（Graminales）禾本科（Gramineae）羊茅属（*Festuca*）。

地理分布 中国新疆、欧洲和亚洲的温暖地区有分布。多生长于低湿和疏松的土壤上。中国各地有引种作牧草栽培。

形态特征 多年生草本。小穗长 10~13 毫米，淡黄色至褐黄色，每小穗含 4~5 朵小花。颖披针形，边缘膜质，第 1 颖具 1 脉，长 4~6 毫米，第 2 颖具 3 脉，长 5~7 毫米。外稃长椭圆状披针形，具 5 脉，边缘粗糙顶端膜质，无芒或于先端稍下方着生长约 2.5 毫米的小芒尖，第 1 外稃长椭圆状披针形，长 6.5~8 毫米，宽约 1.5 毫米，内稃点状粗糙，与外稃近等长，具 2 脊，脊上具短纤毛，内、外稃易与颖果分离。小穗轴节间长 1~12 毫米，圆柱形，微毛，顶端稍膨大。颖果椭圆形，长 3.5~4.5 毫米，宽 1~1.3 毫米，深灰色至棕褐色；背腹压扁，背面圆，腹面凹陷中央有一细隆线先端钝圆，基部尖。种环倒卵圆形，微凹。（见图 1.302）

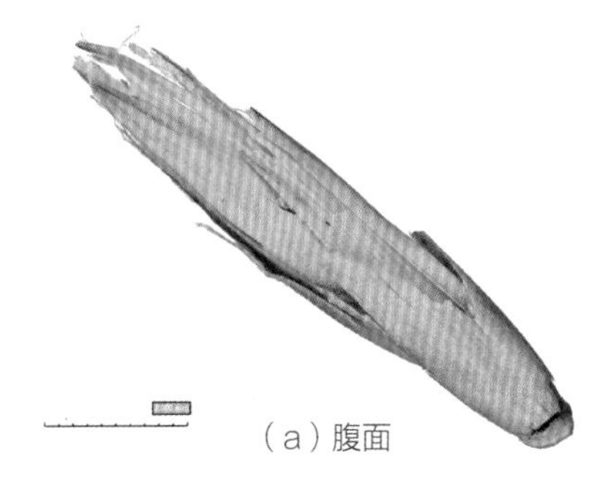

（a）腹面

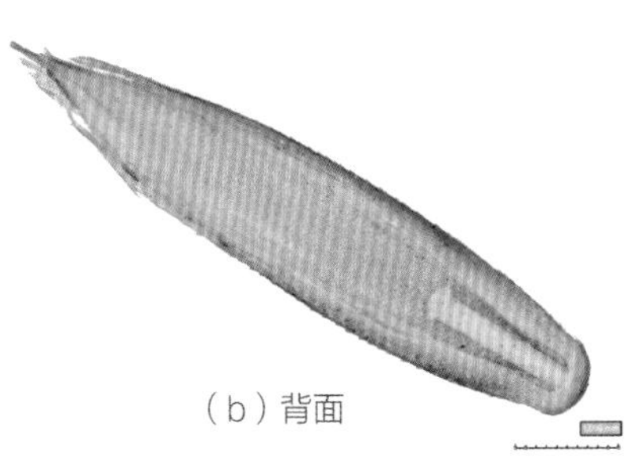

（b）背面

图 1.302 苇状羊茅

303 紫羊茅

学　名：*Festuca rubra* L
别　名：红狐茅
英文名：Red Fescue

分类地位 被子植物门（Angiospermae）单子叶植物亚门（Monocotyledons）禾本目（Graminales）禾本科（Gramincac）羊茅属（*Festuca*）。

地理分布 原产于西欧，现广泛分布于北半球温带、寒带地区，欧亚大陆也有分布。中国长江流域以北均有分布。生长于山坡、草地。

形态特征 小穗淡绿色或先端紫色，每小穗含3~6朵小花，具两颖。颖片狭披针形，先端尖，第1颖具1脉，长2~3毫米，第2颖具3脉，长3.5~4毫米。外稃长圆形，具不明显的5脉，上半部及边缘具微毛，第1外稃长4.5~5.5毫米，先端具1~2毫米的短芒，内、外稃易与颖果分离。颖果卵状长椭圆形，长2.5~3.2毫米，宽1.1~1.2毫米，暗褐色，背面隆起，腹面凹成宽沟，顶端钝圆渐窄，钝尖。种脐位于颖果腹面的基部，深褐色微小。种胚卵圆形，稍凹，与果皮同色。（见图1.303）

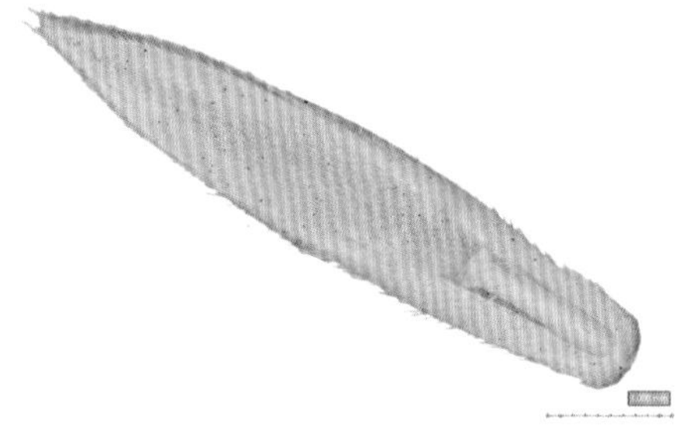

图1.303 紫羊茅

小麦属

304 小大麦

学　名：*Hordeum pusillum* Nutt.
英文名：Little barley

分类地位 被子植物门（Angiospermae）单子叶植物亚门（Monocotyledons）禾本目（Graminales）禾本科（Gramincac）小麦属（*Triticum*）。

地理分布 分布于美国及南美洲。

形态特征 一年生草本植物。穗轴每节上着生3枚小穗，中间小穗无柄，两侧小穗具短柄，中间小穗2颖及侧生小穗的第1颖呈线状披针形，侧生小穗的第2颖呈针状。小穗成熟时穗轴逐节断落，每小穗内含1朵小花，中间小穗的小花外稃呈披针形，长约6毫米，宽约1.5毫米，内稃与外稃等长，其背后有1段小穗轴，长约为内稃的3/4。颖果倒卵形，先端具白色茸毛，背部拱圆，腹面中间具纵沟，果皮黄褐色，胚体小，椭圆形，突出，位于果实的基部。（不同角度种子见图1.304）

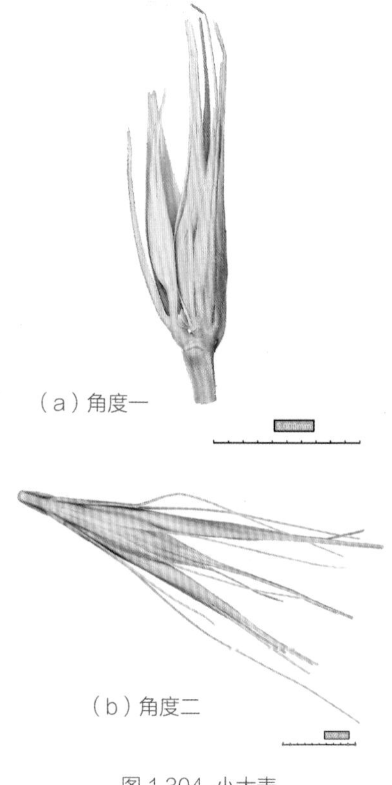

（a）角度一

（b）角度二

图1.304 小大麦

大麦属

305 墙大麦

学　名： *Hordeum leporinum* Link.
英文名： Barley grass

分类地位 被子植物门（Angiospermae）单子叶植物亚门（Monocotyledons）禾本目（Graminales）禾本科（Gramincac）大麦属（*Hordeum*）。

地理分布 分布于欧洲，澳大利亚、北美洲、地中海地区至印度也有分布。

形态特征 一年生草本植物，簇生，成株高 0.1~0.4 米，花绿色或米黄色，适生性强，为田野杂草，可作饲料。每节穗轴上着生 3 枚小穗，小穗腹背压扁，腹面对向穗轴，均具纤细的柄，成熟时脱节于颖之下，两侧小穗发育不全，不结实，小穗的第 2 颖为刚毛状，粗糙，第 1 颖和结实小穗的二颖片在上方略扩展成狭线状披针形，先端渐尖细成长芒状，边缘具纤毛，其内、外稃等长，呈狭长披针形；中间小穗含 1 花，结实，其外稃披针形，先端具粗糙约 10 毫米长的芒，内稃与外稃等长，其背后有一段小穗轴，长约为内稃的 3/4；颖果倒卵形，与内外稃紧贴，不易剥离，先端钝圆，具黄色茸毛，腹面中间具一纵沟，背部拱圆形，果皮黄褐色，胚位于果实基部，椭圆形，占果体的 1/4~1/3。（见图 1.305）

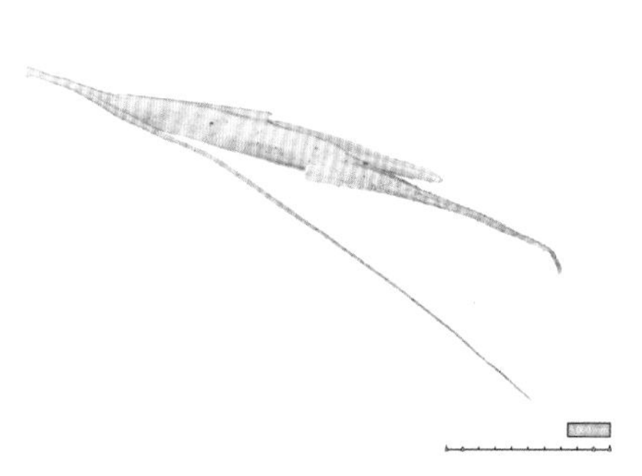

图 1.305 墙大麦

假稻属

306 李氏禾

学　名： *Leersia hexandra* Sw.
别　名： 秕壳草

分类地位 被子植物门（Angiospermae）单子叶植物亚门（Monocotyledons）禾本目（Graminales）禾本科（Gramineae）假稻属（*Leersia*）。

地理分布 分布于全球热带地区。产于中国广西、广东、海南、台湾、福建、黑龙江。生长于河沟、田岸、水边、湿地。

形态特征 圆锥花序开展，长 5~10 厘米，分枝较细，直升，不具小枝，长 4~5 厘米，具棱角，小穗长 3.5~4 毫米，宽约 1.5 毫米，具长约 0.5 毫米的短柄，颖不存在。外稃 5 脉，脊与边缘具刺状纤毛，两侧具微刺毛；内稃与外稃等长，较窄，具 3 脉，脊生刺状纤毛。雄蕊 6 枚，花药长 2~2.5 毫米。颖果长约 2.5 毫米。（见图 1.306）

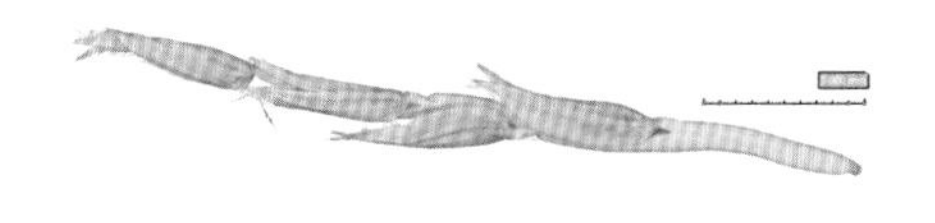

图 1.306 李氏禾

千金子属

307 千金子

学　名： *Leptochloa chinensis* (L.) Nees
别　名： 千两金、菩萨豆

图 1.307 千金子

分类地位 被子植物门（Angiospermae）单子叶植物亚门（Monocotyledons）禾本目（Graminales）禾本科（Gramineae）千金子属（*Leptochloa*）。

地理分布 在中国分布于陕西、山东、江苏、安徽、浙江、台湾、福建、江西、湖北、湖南、四川、云南、广西、广东等地区。亚洲东南部也有分布。

形态特征 圆锥花序长 10~30 厘米，分枝及主轴均微粗糙，小穗多带紫色，长 2~4 毫米，含 3~7 朵小花，颖具 1 脉，脊上粗糙，第 1 颖较短而狭窄，长 1~1.5 毫米，第 2 颖长 1.2~1.8 毫米。外稃顶端钝，无毛或下部被微毛，第 1 外稃长约 1.5 毫米，花药长约 0.5 毫米。颖果长圆球形，长约 1 毫米。（见图 1.307）

野黍属

308 野　黍

学　名： *Eriochloa villosa* (Thunb.) Kunth
别　名： 发杉、拉拉草、唤猪草

分类地位 被子植物门（Angiospermae）单子叶植物亚门（Monocotyledons）禾本目（Graminales）禾本科（Gramineae）野黍属（*Eriochloa*）。

地理分布 在中国分布于东北、华北、华东、华中及西南等地区。东南亚和日本也有分布。多生长于田间、旷野、山坡和潮湿地。为农田杂草。

形态特征 一年生草本。小穗背腹压扁，卵状椭圆形，长 4.5~5 毫米，宽 1.6~2 毫米，每小穗含 1 朵两性花。第 1 颖退化，仅余残痕，包围在基盘周围，在小穗之下基盘环状突出，第 2 颖与小穗等长，具 3 脉，纸质。第 1 外稃和第 2 颖同质同形，近等长，第 1 内稃退化或呈膜质。第 2 外稃和内稃均呈骨质，淡黄色，表面细颗粒状突起，卵状椭圆形，先端钝，略短于小穗，边缘稍内卷，包于内稃，基盘环状 3 毫米外突，大而明显。颖果卵圆形，长约 3 毫米，宽约 2 毫米，厚不及 1 毫米，淡黄褐色至黄褐色，背腹扁平。种脐位于颖果腹面基部，褐色，线状，凹入。种胚近长三角形，稍凹，长约为颖果全长的 4/5。（见图 1.308）

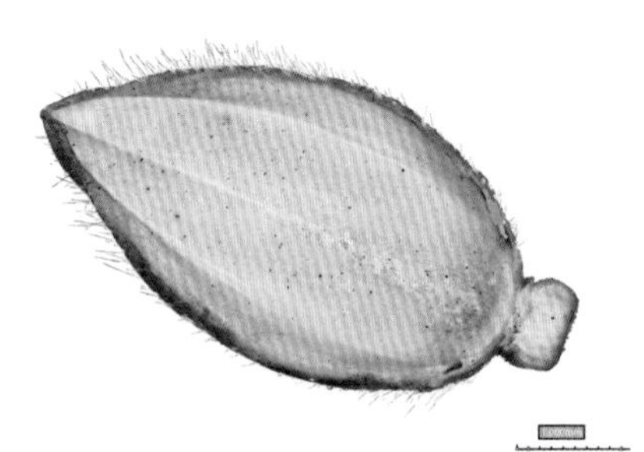

图 1.308 野　黍

马唐属

309 马 唐

学　名：*Digitaria sanguinalis*（L.）Scop.
别　名：羊麻、羊、马饭

分类地位 被子植物门（Angiospermae）单子叶植物亚门（Monocotyledons）禾本目（Graminales）禾本科（Gramineae）马唐属（*Digitaria*）。

地理分布 在中国分布于东北、华北、华东、华中及西南等地区。东南亚和日本也有分布。多生长于田间、旷野、山坡和潮湿地。为农田杂草。

形态特征 总状花序长 5~18 厘米，4~12 枚成指状着生长于长 1~2 厘米的主轴上。穗轴直伸或开展，两侧具宽翼，边缘粗糙，小穗椭圆状披针形，长 3~3.5 毫米；第 1 颖小，短三角形，无脉；第 2 颖具 3 脉，披针形，长为小穗的 1/2 左右，脉间及边缘大多具柔毛；第 1 外稃等长于小穗，具 7 脉，中脉平滑，两侧的脉间距离较宽，无毛，边脉上具小刺状粗糙，脉间及边缘生柔毛；第 2 外稃近革质，灰绿色，顶端渐尖，等长于第 1 外稃，花药长约 1 毫米。（见图 1.309）

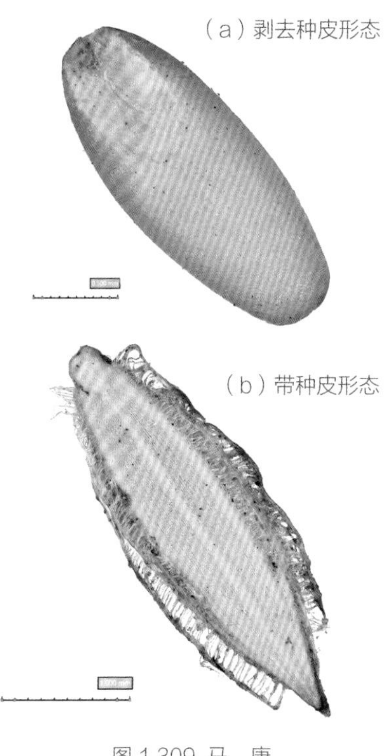

图 1.309 马　唐

310 毛马唐

学　名：*Digitaria chrysoblephara* Fig.
别　名：黄繸马唐
英文名：Crabgrass hairy

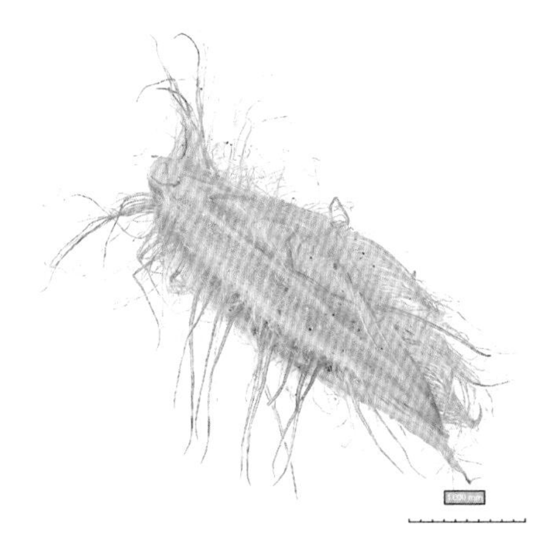
图 1.310 毛马唐

分类地位 被子植物门（Angiospermae）单子叶植物亚门（Monocotyledons）禾本目（Graminales）禾本科（Gramineae）马唐属（*Digitaria*）。

地理分布 中国各地和全球的热带和温带地区均有分布。多生长于田间和荒地。为秋季大田作物的野生杂草，也可作牧草。

形态特征 一年生草本。小穗长 2.5~3.5 毫米，每小穗含 2 朵小花。第 1 小花退化，仅存外稃；第 2 小花结实，披针形。第 1 颖微小，长 1.2~3 毫米，第 2 颖具 3 脉，被丝状柔毛。第 1 外稃具 5 脉，通常在两侧具浓密的丝状纤毛，成熟后其毛向两侧张开；第 2 外稃（结实外稃）披针形，具 5 脉，厚 1 毫米，纸质，黄灰褐色；第 2 内稃大部分外露。颖果披针形，长 2~2.5 毫米，黄白色，平滑，具油质状光泽，背腹压扁，背面圆形突起，腹面较平，先端钝圆，基部较尖。种脐微小，椭圆形，褐色。种胚大而明显。（见图 1.310）

311 ⁘ 紫马唐

学　名：*Digitaria violascens* Link.
别　名：莩草
英文名：Violet crabgrass

分类地位 被子植物门（Angiospermae）单子叶植物亚门（Monocotyledons）禾本目（Graminales）禾本科（Gramineae）马唐属（*Digitaria*）。

地理分布 在中国分布于东部、中部和南部。广泛分布于大洋洲、热带美洲和亚洲其他国家（地区）。生长于田间、路边、荒地、菜地等。为野生杂草或作牧草。

形态特征 一年生草本。小穗椭圆形，长 1. 6~1.8 毫米，每小穗含 2 朵小花，第 1 小花退化，仅有外稃；第 2 小花两性，结实。第 1 颖缺如，第 2 颖稍短于小穗，具 3 脉，脉间具灰白色细绒毛。第 1 外稃与小穗等长，除 3 条明显的脉外，常有 2 条不甚明显的间脉，被灰白色细绒毛；第 2 外稃（结实外稃）厚纸质，具 5 脉，深棕色或黑紫色，边缘透明膜质，紧包于同质同色的内稃。颖果椭圆形，长约 1 毫米，宽 0.4~0.5 毫米，厚约 0.3 毫米，乳白色，表面平滑，有油脂状光泽，背腹压扁，背面圆形隆起，腹面较平，两端钝圆。种脐椭圆形，黑褐色，位于颖果腹面近基部。种胚位于颖果背面基部，卵圆形，约为颖果全长的 2/5。（见图 1.311）

图 1.311 紫马唐

312 ⁘ 止血马唐

学　名：*Digitaria ischaemum*（Schreb.）Schreb.
英文名：Smooth crabgrass

分类地位 被子植物门（Angiospermae）单子叶植物亚门（Monocotyledons）禾本目（Graminales）禾本科（Gramineae）马唐属（*Digitaria*）。

地理分布 分布于中国各地及欧洲、北美洲、亚洲其他国家（地区）。生长于农田、路边。

形态特征 小穗圆形，平心状每小穗含 2 朵小花，小花退化，颍及退化花外稃淡黄绿色，退化花外稃纸质，具 5 纵脉，脉间及边缘具柔毛：第 1 颖缺或极微小，第 2 颖位于凸面，与小穗等长或稍短，膜质，具 3 脉，脉间与边缘也具柔毛。带稃颖果梭形。平凸状，长约 2 毫米，宽约 0.9 毫米，黑色，表面具整齐的洼点状纵纹。颖果易剥离，淡黄色，半透明，具洼点状纵纹。种胚位于颖果凸面基部，色较深。（见图 1.312）

图 1.312 止血马唐

稗 属

313 芒 稷

学　名：*Echinochloa colonum*（L.）Link.

别　名：光头稗

英文名：Junglerice

图 1.313 芒　稷

分类地位 被子植物门（Angiospermae）单子叶植物亚门（Monocotyledons）禾本目（Graminales）禾本科（Gramineae）稗属（*Echinochloa*）。

地理分布 全世界温暖地区有分布。在中国产于河北、河南、安徽、江苏、浙江、江西、湖北、四川、贵州、福建、广东、广西、云南及西藏墨脱。模式标本采自牙买加。多生长于田野、园圃、路边湿润地上。

形态特征 小穗背腹扁，具两颖，小穗成熟时自颖之下脱落，每小穗内含2朵小花。颖片质薄，第1颖三角形，具3脉，抱着小穗基部；第2颖卵形，与小穗等长，先端渐尖成小尖头，具7脉，间脉不达基部。第1小花外稃与第2颖同形同质，边缘有硬毛，顶端具小尖头，内稃膜质，稍短于外稃，具2脊。第2小花外稃革质，顶端具小尖头，具5脉，表面平滑，边缘卷曲，紧包着同质内稃，内稃边缘膜质。颖果阔卵形，长1.5~1.8毫米，宽1.2~1.3毫米，背部拱圆，腹部扁平，乳白色有蜡质光泽。种脐圆形，褐色，微凹，位于果实腹面基部。种胚大，长为颖果全长的1/3~4/5。（见图1.313）

314 稗

学　名：*Echinochloa crusgalli*（L.）Beauv.

别　名：稗子、稗草、扁扁草、鸡距草、日本小米草、水草、谷场草

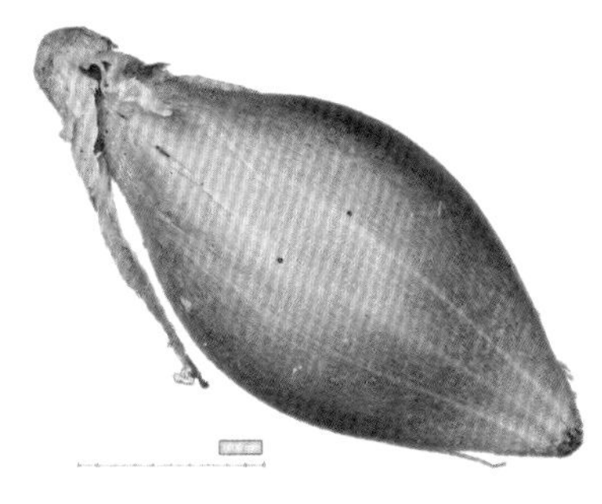

图 1.314 稗

分类地位 被子植物门（Angiospermae）单子叶植物亚门（Monocotyledons）禾本目（Graminales）禾本科（Gramineae）稗属（*Echinochloa*）。

地理分布 分布遍及全世界温暖地区。多生长于沼泽地、沟边及水稻田中。

形态特征 圆锥花序直立，近尖塔形，长6~20厘米，主轴具棱，粗糙或具疣基长刺毛，分枝斜上举或贴向主轴，有时再分小枝，穗轴粗糙或生疣基长刺毛，小穗卵形，长3~4毫米，脉上密被疣基刺毛，具短柄或近无柄，密集在穗轴的一侧。第1颖三角形，长为小穗的1/3~1/2，具3~5脉，脉上具疣基毛，基部包卷小穗，先端尖；第2颖与小穗等长，先端渐尖或具小尖头，具5脉，脉上具疣基毛。第1小花通常中性，其外稃草质，上部具7脉，脉上具疣基刺毛，顶端延伸成一粗壮的芒，芒长0.5~1.5厘米，内稃薄膜质，狭窄，具2脊，第2外稃椭圆形，平滑，光亮，成熟后变硬，顶端具小尖头，尖头上有一圈细毛，边缘内卷，包着同质的内稃，但内稃顶端露出。（见图1.314）

穇 属

315 ⁘ 牛筋草

学 名： *Eleusine indica*（L.）Gaertn.
别 名： 蟋蟀草
英文名： Goosegrass

分类地位 被子植物门（Angiospermae）单子叶植物亚门（Monocotyledons）禾本目（Graminales）禾本科（Gramineae）穇属（*Eleusine*）。

地理分布 中国南北各地及全球温热带地区均有分布。多生长于田间、路旁、宅旁及荒地。为农田野生杂草。

形态特征 一年生草本。小穗长 4~7 毫米，宽 2~3 毫米，每小穗含 3~6 朵小花。第 1 颖长 1.5~2 毫米，膜质；第 2 颖长 2~3 毫米，草质，边缘膜质。外稃长 3~3.5 毫米，具脊，脊上具狭翼，内稃短于外稃，具 2 脊，脊上有狭翼及具小纤毛。果实为囊果，顶端锐尖，基部渐窄，有基盘，腹面的基部包卷三棱形的小穗轴。果内含种子 1 粒。果皮薄膜质，白色。种子三棱状长卵圆形或近椭圆形，长 1~1.8 毫米，宽 0.5~0.6 毫米，深红褐色至黑褐色，表面具明显隆起的细微波状横皱纹，背面显著降起成脊状，腹面具一浅纵沟，先端钝圆，基部较尖。种脐位于种子腹面基部，圆形，微突出。种胚中部隆起成条状。（不同形态种子见图 1.315）

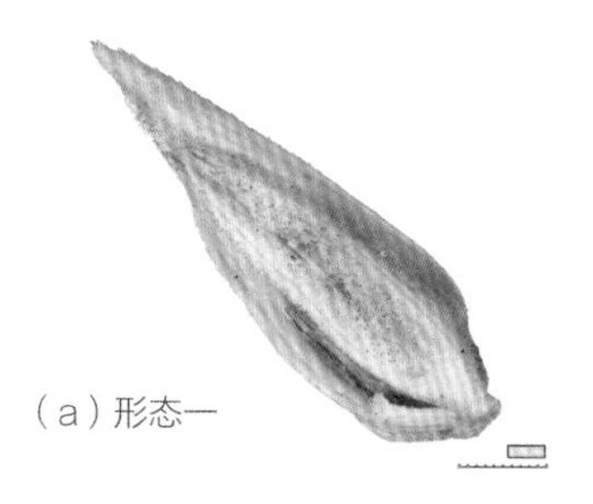
（a）形态一

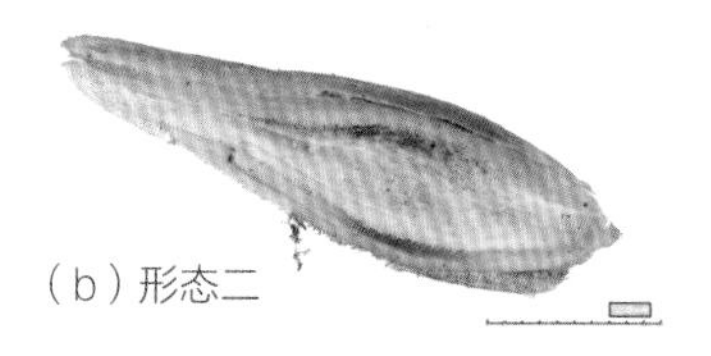
（b）形态二

图 1.315 牛筋草

赖草属

316 ⁘ 滨 麦

学 名： *Leymus mollis*
别 名： 美国沙丘草、美国沙丘野生黑麦、海莱姆草、小麦和草

分类地位 被子植物门（Angiospermae）单子叶植物亚门（Monocotyledons）禾本目（Graminales），禾本科（Gramineae）赖草属（*Leymus*）。

地理分布 在中国分布于北方沿海地区。俄罗斯（远东地区）、朝鲜、日本和北美洲也有分布。

形态特征 穗状花序长 9~15 厘米，宽 10~15 毫米，直立或顶端稍有弯曲；穗轴节间长 6~10 毫米，粗壮，被短柔毛；小穗长 15~20 毫米，每 2~3 枚生长于穗轴各节，或于花序顶端及基部者为单生，各含 2~4 朵花；小穗轴节间长 2~3 毫米，粗壮，被短柔毛；颖长圆状披针形，正覆盖小穗，先端渐尖，背具脊，被柔毛，具 3~5 脉，边缘膜质，长超过小花或第 1 颖等长于小花。外稃披针形，先端渐尖或具小尖头，被细微的柔毛，具 5 脉，基盘亦有柔毛，第 1 外稃长 12~14 毫米（包括尖头）；内稃长 10~12 毫米，顶端微缺，脊具小纤毛，花药长 5~6 毫米。（见图 1.316）

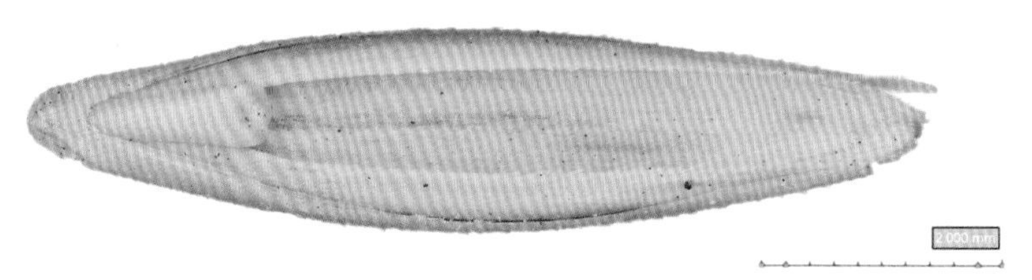

图 1.316 滨 麦

| 偃麦草属 |

317 ⁘ 偃麦草

学　名： *Elytrigia repens*（L.）Desv.
别　名： 速生草、匍匐冰草
英文名： Quackgrass

分类地位 被子植物门（Angiospermae）单子叶植物亚门（Monocotyledons）禾本目（Graminales）禾本科（Gramineae）偃麦草属（*Elytrigia*）。

地理分布 在中国分布于新疆的天山南北部、东北草甸草原和内蒙古锡林郭勒盟东部。也广泛分布于亚洲其他国家（地区）、欧洲和美洲的温带地区。

形态特征 小穗长 1.2~1.8 米，宽 6~10 毫米，两侧压扁。侧面对向穗轴，成熟时自穗轴上整个脱落，脱节于颖之下。每小穗含 6~10 朵小花，具 2 颖。小穗轴也不易于各花间折断，小穗轴节间长 1.5 毫米，无毛。颖披针形，长 1~1.5 厘米，具 5~7 脉，先端尖削成芒尖，光滑无毛，边缘膜质。外稃长 7~11 毫米，有芒，芒长 2~6 毫米，内稃短于外稃，具 2 脊。脊上具纤毛，边缘膜质，内折。颖果与内、外稃紧贴而不易剥离，果体线状矩圆形，长 3~6 毫米，宽 1~15 毫米，红褐色至棕褐色，顶端圆，有茸毛，基部锐尖，背面圆形，腹面凹成纵深沟。种脐小，不明显。种胚小，棱状椭圆形，位于颖果背面基部。（见图 1.317）

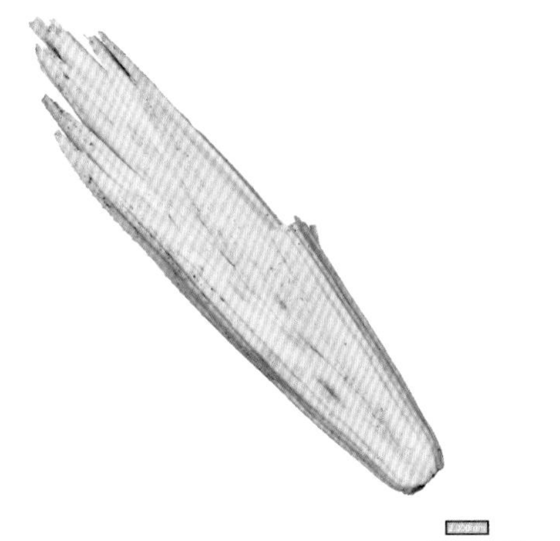

图 1.317 偃麦草

318 ⁘ 沙生偃麦草

学　名： *Agroelymus bergrothii*（H. Lindb.）Rousseau

分类地位 被子植物门（Angiospermae）单子叶植物亚门（Monocotyledons）禾本目（Graminales）禾本科（Gramineae）偃麦草属（*Elytrigia*）。

地理分布 原产于俄罗斯、芬兰、德国，现广泛分布于欧洲。

形态特征 穗状花序直立，小穗含 3~10 朵小花，两侧扁压，无柄，单生长于穗轴之两侧，以其侧面对向穗轴的扁平面，顶生小穗则以其背腹面对向穗轴的扁平面，无芒或具短芒，成熟时通常自穗轴上整个脱落；颖披针形或长圆形，无脊，具 3~11 彼此接近的脉，光滑无毛或被柔毛，基部具横沟；外稃披针形，具 5 脉，无毛或被柔毛，基盘通常无毛。颖果长圆形，顶端有毛，腹面具纵沟。（见图 1.318）

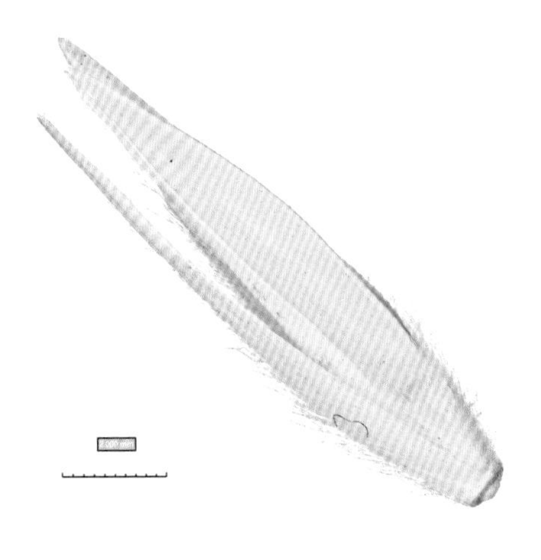

图 1.318 沙生偃麦草

319 ⁘ 长穗偃麦草

学　名：*Elytrigiaelongata*（Host）Nevski

分类地位 被子植物门（Angiospermae）单子叶植物亚门（Monocotyledons）禾本目（Graminales）禾本科（Gramineae）偃麦草属（*Elytrigia*）。

地理分布 原产于欧洲，中国引进栽种。

形态特征 穗状花序直立，长 10~30 厘米。穗轴节间长 1.5~3 厘米，棱边具小刺毛。小穗长 1.4~3 厘米，每小穗含 5~11 朵小花。小穗轴节间长 1~1.5 毫米，粗糙。颖长圆形，顶端钝圆或稍截平，具 5 脉，粗糙，长 6~10 毫米，宽约 3 毫米，第 1 颖稍短于第 2 颖。外稃宽披针形，顶端钝或具短尖头，具 5 脉，粗糙，第 1 外稃长 10~12 毫米，内稃稍短于外稃，顶端钝圆，脊上具细纤毛。花药长 6~7 毫米。（见图 1.319）

图 1.319 长穗偃麦草

320 ⁘ 中间偃麦草

学　名：*Elytrigia intermedia*（Host）Nevski
别　名：天兰冰草、中间冰草

分类地位 被子植物门（Angiospermae）单子叶植物亚门（Monocotyledons）禾本目（Graminales）禾本科（Gramineae）偃麦草属（*Elytrigia*）。

地理分布 原产于东欧，分布于高加索、中亚的东南部草原地带。中国于 1974 年开始引进，在青海、内蒙古、北京及东北地区试种。

形态特征 穗状花序直立，长 11~17 厘米，宽约 5 毫米。穗轴节间长 6~16 毫米，棱边粗糙。小穗长 10~15 毫米，每小穗含 3~6 朵小花。颖长圆形，无毛，脉稍糙涩，先端截平且稍偏斜，具明显的 5~7 脉，长 5~7 毫米，宽 2~3 毫米，短于第 1 小花。外稃宽披针形，先端钝，有时微凹，平滑无毛，第 1 外稃长 8~9 毫米，内稃与外稃近等长，脊的上部具微细纤毛。花药黄色，长约 5 毫米。（见图 1.320）

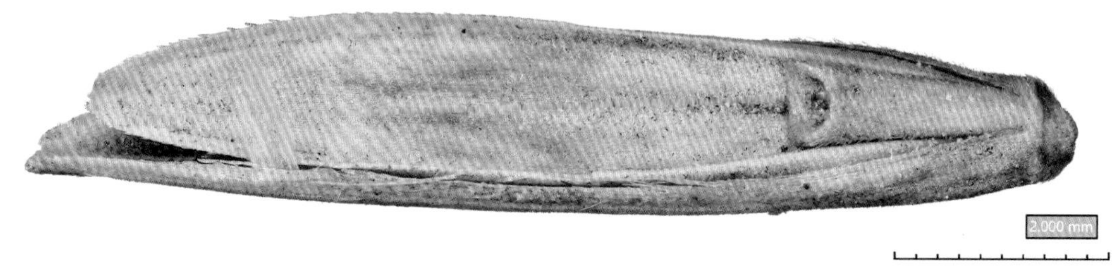

图 1.320 中间偃麦草

321 ※ 毛偃麦草

学　名：*Elytrigia trichophora*（Link）Nevski

分类地位 被子植物门（Angiospermae）单子叶植物亚门（Monocotyledons）禾本目（Graminales）禾本科（Gramineae）偃麦草属（*Elytrigia*）。

地理分布 主要分布于中国新疆。高加索山地、哈萨克斯坦、吉尔吉斯斯坦、乌兹别克斯坦、土库曼斯坦等也有分布。

形态特征 穗状花序直立，长10~30厘米，宽8~15毫米，穗轴侧棱具细刺毛，节间长1~2.5厘米，小穗长1~2.5厘米，含5~11朵小花，小穗轴节间粗糙或具微毛，长1.5~2毫米，颖长圆形，顶端钝或短凸尖，长5~10毫米，宽2~3毫米，第1颖稍短于第2颖，具5脉，脉上具细毛或柔毛。外稃宽披针形，具5脉，上部及边缘密生柔毛，下部无毛，第1外稃长10~11毫米；内稃稍短于外稃，具2脊，脊上具微细纤毛。花药长5毫米。（见图1.321）

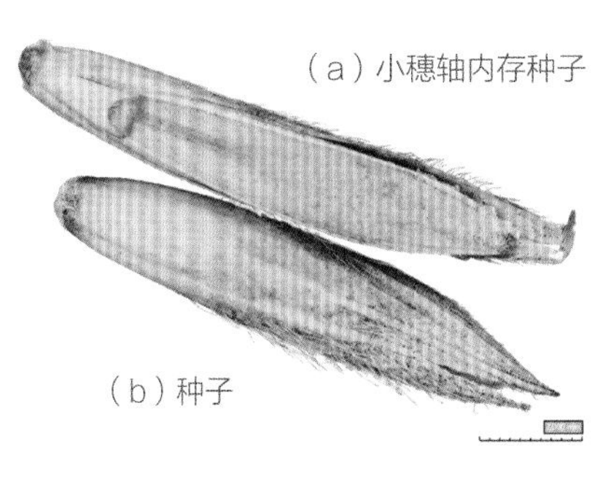
（a）小穗轴内存种子
（b）种子

图1.321 毛偃麦草

画眉草属

322 ※ 大画眉草

学　名：*Eragrostis cilianensis*（All.）Link
别　名：星星草
英文名：Stinkgrass

分类地位 被子植物门（Angiospermae）单子叶植物亚门（Monocotyledons）禾本目（Graminales）禾本科（Gramineae）画眉草属（*Eragrostis*）。

地理分布 广泛分布于中国各地及世界热带和温带地区。多生长于田间、路边和荒地。为田间常见杂草。

形态特征 一年生草本。小穗两侧压扁，长4~10毫米，宽2~3毫米，淡绿色至乳白色，每小穗含5朵至多数小花，具2颖。颖片近等长，长1.2~2.5毫米，具脊，脊上常有腺点，先端尖。稃片膜质。外稃卵形，长2~2.2毫米，宽约1毫米，具3脉，侧脉明显。先端稍钝，背脊上通常具腺点，内稃长约为外稃的3/4，具2脊，脊上具微细纤毛。颖果近圆球形，直径约0.5毫米，红褐色，表面有极微细的网纹。种脐黑褐色，点状微突起。种胚长约为颖果全长的1/2，与颖果同色，近圆形，中央有纵脊。（见图1.322）

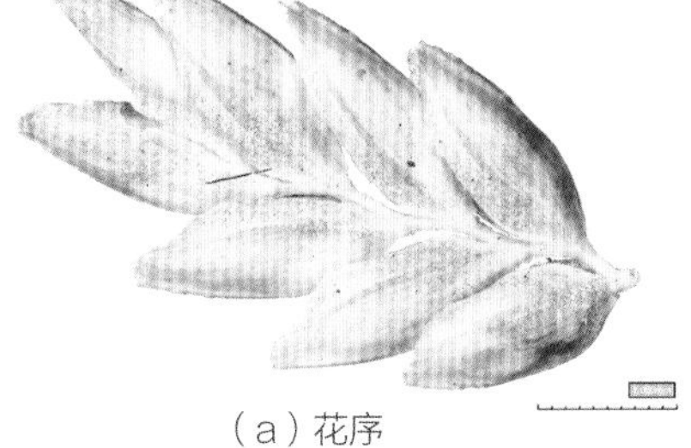
（a）花序

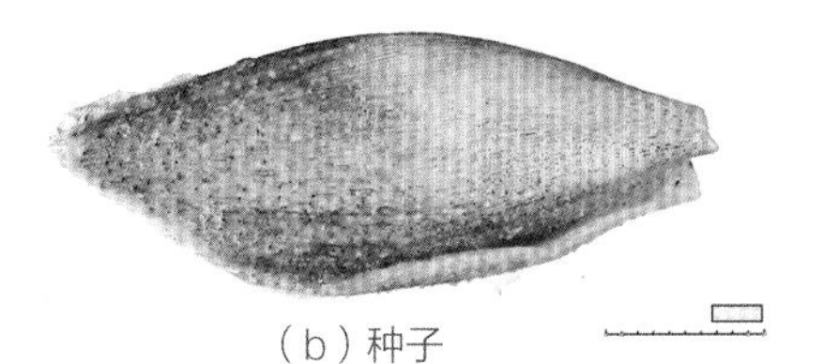
（b）种子

图1.322 大画眉草

323 知风草

学　名： *Eragrostis ferrginea*（Thunb.）Beauv
别　名： 香草、知风画眉草、露水草、梅氏画眉草、程咬金
英文名： Korean lovegrass

图 1.323 知风草

分类地位 被子植物门（Angiospermae）单子叶植物亚门（Monocotyledons）禾本目（Graminales）禾本科（Gramineac）画眉草属（*Eragrostis*）。

地理分布 原产于日本，现已遍布朝鲜及东南亚。中国华北、华东、华中、华南、西南等地区均有分布。野生或引种栽培作牧草和水土保持草。

形态特征 多年生草本。颖果极易脱离稃片，矩圆形，两侧压扁，长 1.2~1.5 毫米，宽 0.8 毫米，暗红褐色，表面具细纵纹或略皱，背侧平直，下部具凸出的条形胚，长稍大于或等于颖果的 1/2，腹侧稍有点弧度，中部稍凹，两端截平，基底一侧突出胚根根尖。果脐在胚根尖内方，椭圆形，凹陷，色同种皮。（见图 1.323）

324 乱　草

学　名： *Eragrostis japonica*（Thunb.）Trin.
别　名： 碎米知风草

分类地位 被子植物门（Angiospermae）单子叶植物亚门（Monocotyledons）禾本目（Graminales）禾本科（Gramineac）画眉草属（*Eragrostis*）。

地理分布 原产于日本，现已遍布朝鲜及东南亚。中国华北、华东、华中、华南、西南等地区均有分布。野生或引种栽培作牧草和水土保持草。

形态特征 圆锥花序长圆形，长 6~15 厘米，宽 1.5~6 厘米，整个花序常超过植株一半以上，分枝纤细，簇生或轮生，腋间无毛。小穗柄长 1~2 毫米，小穗卵圆形，长 1~2 毫米，有 4~8 朵小花，成熟后为紫色，自小穗轴由上而下逐节断落。颖近等长，长约 0.8 毫米，先端钝，具 1 脉，第 1 外稃长约 1 毫米，广椭圆形，先端钝，具 3 脉，侧脉明显，内稃长约 0.8 毫米，先端为 3 齿，具 2 脊，脊上疏生短纤毛。雄蕊 2 枚，花药长约 0.2 毫米。颖果棕红色并透明，卵圆形，长约 0.5 毫米。（不同角度种子见图 1.324）

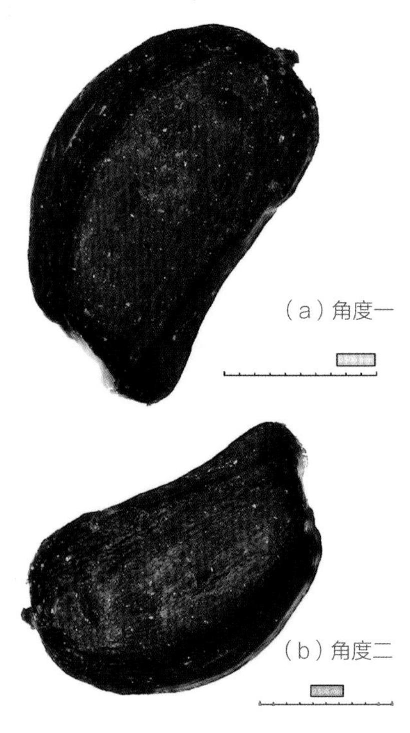

（a）角度一

（b）角度二

图 1.324 乱　草

雀麦属

325 毛雀麦

学　名： *Bromus hordeaceus* L.
别　名： 柔毛雀麦、大麦状雀麦
英文名： Soft chess

分类地位 被子植物门（Angiospermae）单子叶植物亚门（Monocotyledons）禾本目（Graminales）禾本科（Gramineae）雀麦属（*Bromus*）。

地理分布 原产于欧洲，现已传入北美洲。中国有引种栽培。野生或栽培作牧草。

形态特征 圆锥花序具多数小穗，密聚，直立，长 5~10 厘米，分枝及小穗柄短，被有柔毛，小穗长圆形，含 6~16 朵小花，长 12~20 毫米，宽 10~15 毫米，上部花多不发育，小穗轴节间短，长约 1 毫米，具小刺毛。颖边缘膜质，先端钝，被短柔毛，第 1 颖长 4~5 毫米，具 3~5 脉，第 2 颖长 5~8 毫米，具 5~7 脉。外稃椭圆形，长 7~8 毫米，一侧宽 2 毫米，边缘膜质，具 7~9 脉，被短柔毛，先端钝，2 裂，芒长 5~10 毫米，着生长于顶端下方 1~2 毫米处，直伸；内稃狭窄，长 6~7 毫米。花药长 2 毫米。颖果与其内稃等长并贴生。（见图 1.325）

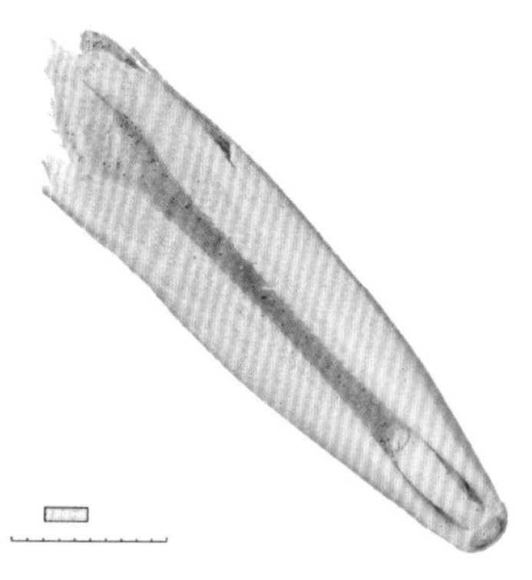

图 1.325 毛雀麦

326 旱雀麦

学　名： *Bromus mollis* L.
别　名： 水燕麦、益火
英文名： Cheatgrass

分类地位 被子植物门（Angiospermae）单子叶植物亚门（Monocotyledons）禾本目（Graminales）禾本科（Gramineae）雀麦属（*Bromus*）。

地理分布 广泛分布于欧洲、亚洲、非洲北部以及北美洲，在中国分布于新疆（呼图壁、玛纳斯、布尔津）、青海、宁夏、甘肃、陕西、四川、云南、西藏。

形态特征 圆锥花序开展，下部节具 3~5 分枝，分枝粗糙，有柔毛，细弱，多弯曲，着生 4~8 枚小穗；小穗密集，偏生长于一侧，稍弯垂，含 4~8 朵小花，颖狭披针形，边缘膜质；外稃具 7 脉，粗糙或生柔毛，先端渐尖，边缘薄膜质，有光泽，芒细直，自两裂片间伸出；内稃短于外稃，脊具纤毛。颖果贴生长于内稃。（见图 1.326）

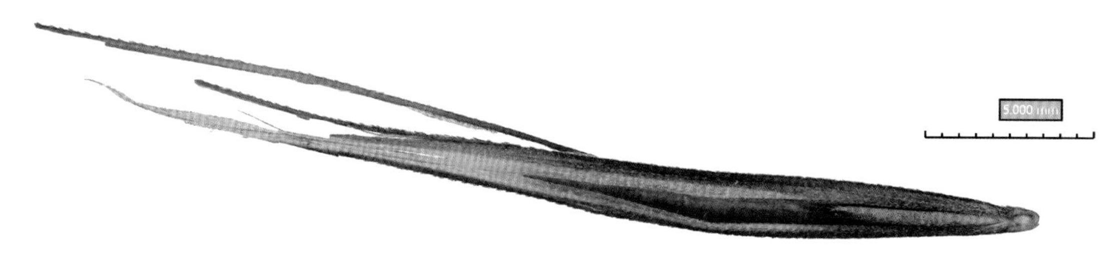

图 1.326 旱雀麦

327 ⁘ 扁穗雀麦

学　名：*Bromus catharticus* Vahl.
别　名：草原草、大扁雀麦、牧雀麦、施氏雀麦、救冬草
英文名：Prairie grass, Rescue brome（grass）, Rescue grass

分类地位 被子植物门（Angiospermae）单子叶植物亚门（Monocotyledons）禾本目（Graminales）禾本科（Gramineae）雀麦属（*Bromus*）。

地理分布 原产于南美洲，亚洲国家、欧洲、澳大利亚有引种栽培。多生长于山坡荫蔽处或溪沟边，混生长于粮食作物地中。野生或栽培作牧草。

形态特征 一年或二年生草本。小穗披针形，长 2~3 厘米，两侧极扁，具脊，脊上具微刺毛，具 2 颖，成熟时从颖上脱落，通常每小穗含 6~12 朵小花。小穗轴长 1.5~3 毫米，粗糙有微毛。外稃具 9~11 脉，长 12~17 毫米，两侧显著压扁，背面中脉成脊，脊上具微刺，顶端 2 浅裂，自裂处伸出微小芒尖，约 2 毫米，基部渐窄，包卷穗轴，有基盘，钝圆，无毛；内稃狭窄，较短小，长为外稃的 2/3，具 2 脊，脊上有短纤毛，内稃为外稃边缘所包，不外露。颖果两侧显著压扁，长 5~11 毫米，宽约 1.1 毫米，厚约 1.6 毫米，淡黄褐色至暗黄褐色，背面直，有明显的脊，腹面圆弓形突出，中央有一窄而深的细纵沟，横切面呈窄"V"字形，顶端钝尖，有黄色茸毛，基部锐尖。种胚位于颖果背面基部，长椭圆形，较小，黄褐色。（见图 1.327）

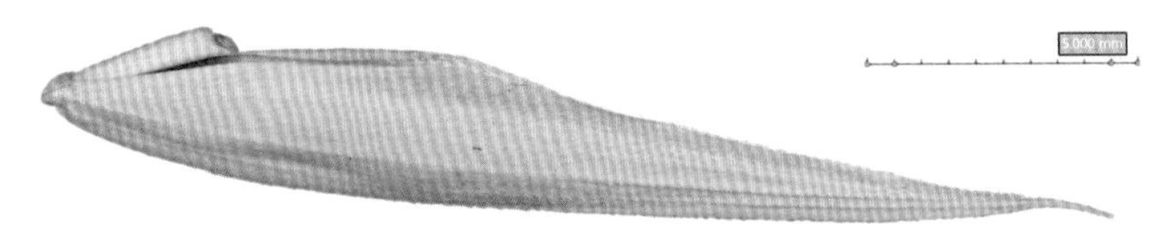

图 1.327 扁穗雀麦

328 ⁘ 疏花雀麦

学　名：*Bromus remotiflorus*（Steud.）Ohwi
别　名：扁穗雀麦、浮麦草、狐茅、猪毛一支箭

分类地位 被子植物门（Angiospermae）单子叶植物亚门（Monocotyledons）禾本目（Graminales）禾本科（Gramineae）雀麦属（*Bromus*）。

地理分布 在中国分布于江苏、安徽、浙江、福建、江西、湖南、湖北、河南、陕西、四川、贵州、云南、西藏、青海。日本、朝鲜也有分布。生长在海拔 1800~4100 米的山坡、林缘、路旁、河边草地。

形态特征 圆锥花序疏松开展，长 20~30 厘米，每节具 2~4 分枝，分枝细长孪生，粗糙，着生少数小穗，成熟时下垂，小穗疏生 5~10 朵小花，长 15~40 毫米，宽 3~4 毫米，颖窄披针形，顶端渐尖至具小尖头，第 1 颖长 5~7 毫米，具 1 脉，第 2 颖长 8~12 毫米，具 3 脉。外稃窄披针形，长 10~15 毫米，每侧宽约 1.2 毫米，边缘膜质，具 7 脉，顶端渐尖，伸出长 5~10 毫米的直芒，内稃狭，短于外稃，脊具细纤毛，小穗轴节间长 3~4 毫米，着花疏松而外露，花药长 2~3 毫米。颖果长 8~10 毫米，贴生长于稃内。（见图 1.328）

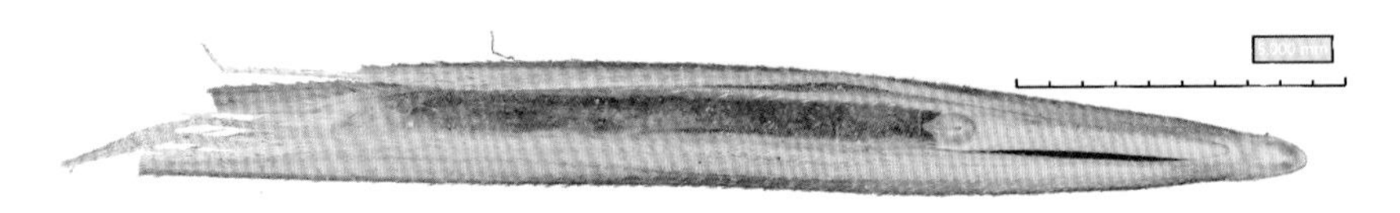

图 1.328 疏花雀麦

329 ⁘ 黑雀麦

学　名：_Bromus secalinus_ L.

英文名：Rye brome(grass), Cheat, Cheat grass, Chess, Serrafalcus secalinus BAB.

分类地位 被子植物门（Angiospermae）单子叶植物亚门（Monocotyledons）禾本目（Graminales）禾本科（Gramineae）雀麦属（_Bromus_）。

地理分布 原产于欧洲、北美洲及西伯利亚，现已传入美国，中国尚无记载。混生长于谷物田间。为野生杂草或作牧草。

形态特征 一年生草本。小穗长圆状披针形，长 1~2.5 厘米，两侧压扁，每小穗含 5~15 朵小花，具 2 颖。颖卵圆状披针形，第 1 颖长 4~6 毫米，先端有芒尖；第 2 颖较长，5~7 毫米，先端钝。外稃长椭圆形，长 6~9 毫米，背面圆形，微粗糙，光滑无毛，边缘明显内卷，具 2 枚宽齿，齿长三角形，顶端尖，齿间着生与稃体略等长的芒，有时无芒，内稃等长于外稃，脊上疏生刺毛，并与颖果紧贴，不易剥落。颖果线状倒卵形至线状长椭圆形，长 6~7 毫米，宽约 1.5 毫米，淡黄褐色，背腹压扁，较宽厚，背面圆，有时具不明显的脊，腹面凹，有纵沟，顶端圆形，有茸毛，基部尖，横切面呈“V”字形。种胚小，卵圆形，色深于颖果。（见图 1.329）

图 1.329 黑雀麦

330 ⁘ 雀　麦

学　名：_Bromus japonicus_ Thunb. ex Murr.

别　名：蘥、爵麦、燕麦、杜姥草、牡姓草、牛星草、野麦、野小麦、野大麦、野燕麦、山大麦、瞌睡草、山稷子

分类地位 被子植物门（Angiospermae）单子叶植物亚门（Monocotyledons）禾本目（Graminales）禾本科（Gramineae）雀麦属（_Bromus_）。

地理分布 在中国大部分省、自治区、直辖市有分布。欧亚温带地区广泛分布，北美洲有引种。

形态特征 圆锥花序疏展，长 20~30 厘米，宽 5~10 厘米，具 2~8 分枝，向下弯垂，分枝细，长 5~10 厘米，上部着生 1~4 枚小穗，小穗黄绿色，密生 7~11 朵小花，长 12~20 毫米，宽约 5 毫米，颖近等长，脊粗糙，边缘膜质，第 1 颖长 5~7 毫米，具 3~5 脉，第 2 颖长 5~7.5 毫米，具 7~9 脉。外稃椭圆形，草质，边缘膜质，长 8~10 毫米，一侧宽约 2 毫米，具 9 脉，微粗糙，顶端钝三角形，芒自先端下部伸出，长 5~10 毫米，基部稍扁平，成熟后外弯；内稃长 7~8 毫米，宽约 1 毫米，两脊疏生细纤毛，小穗轴短棒状，长约 2 毫米，花药长 1 毫米。颖果长 7~8 毫米。（见图 1.330）

图 1.330 雀　麦

331 ⋙ 无芒雀麦

学　名：*Bromus inermis* Leyss.
别　名：禾萱草、无芒草、光雀麦

分类地位 被子植物门（Angiospermae）单子叶植物亚门（Monocotyledons）禾本目（Graminales）禾本科（Gramineae）雀麦属（*Bromus*）。

地理分布 广泛分布于欧亚大陆温带地区。在中国分布于北方及西南等地。生长在林缘草甸、山坡、谷地、河边路旁。

形态特征 圆锥花序长 10~20 厘米，较密集，花后开展，分枝长达 10 厘米，微粗糙，着生 2~6 枚小穗，3~5 枚轮生长于主轴各节，小穗含 6~12 朵花，长 15~25 毫米，小穗轴节间长 2~3 毫米，生小刺毛，颖披针，具膜质边缘，第 1 颖长 4~7 毫米，具 1 脉，第 2 颖长 6~10 毫米，具 3 脉。外稃长圆状披针形，长 8~12 毫米，具 5~7 脉，无毛，基部微粗糙，顶端无芒，钝或浅凹缺，内稃膜质，短于其外稃，脊具纤毛，花药长 3~4 毫米。颖果长圆形，褐色，长 7~9 毫米。（见图 1.331）

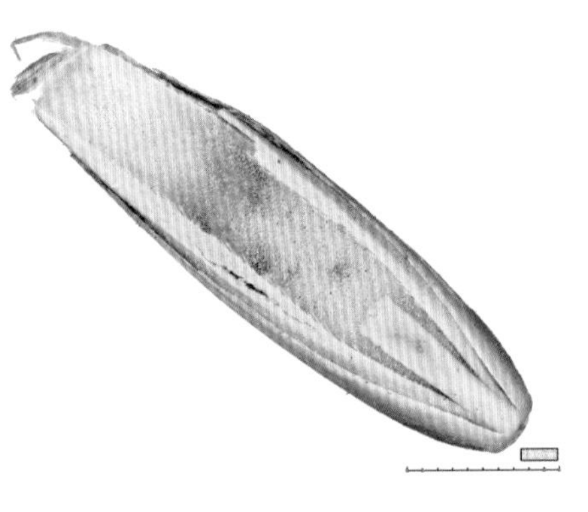

图 1.331 无芒雀麦

332 ⋙ 田雀麦

学　名：*Bromus arvensis L.*
别　名：禾萱草、无芒草、光雀麦

分类地位 被子植物门（Angiospermae）单子叶植物亚门（Monocotyledons）禾本目（Graminales）禾本科（Gramineae）雀麦属（*Bromus*）。

地理分布 中国甘肃、江苏等地引种作牧草。分布于欧洲、地中海地区、中亚、俄罗斯西伯利亚。

形态特征 圆锥花序疏松，长 15~30 厘米，宽 10~20 厘米；分枝粗糙，开展或下垂，上部着生 5~8 枚小穗；小穗长圆状披针形，带紫色，含 5~8 朵小花，长 12~22 毫米，宽 3~4 毫米；小穗轴长约 2 毫米；第 1 颖长 4~6 毫米，具 3 脉，先端尖，边缘膜质，第 2 颖长 6~8 毫米，具 5~7 脉，先端渐尖；外稃长 7~9 毫米，宽椭圆形或倒卵形，背部圆形，具 7 脉，无毛，边缘膜质，有钝角，先端具 2 微齿，芒直伸，自外稃顶端以下 2 毫米处生出，长 7~10 毫米；内稃与其外稃近等长。花药长约 4 毫米。颖果黑褐色，长 7~9 毫米，宽约 1 毫米，胚比 1/6，先端具茸毛，果体紧贴内、外稃一并脱落。（见图 1.332）

图 1.332 田雀麦

细柄草属

333 ⁘ 细柄草

学　名：*Capillipedium parviflorum*（R. Br）Stapf.

别　名：吊丝草、硬骨草

分类地位 被子植物门（Angiospermae）单子叶植物亚门（Monocotyledons）禾本目（Graminales）禾本科（Gramineae）细柄草属（*Capillipedium*）。

地理分布 广泛分布于热带与亚热带地区。在中国产于华东、华中及西南地区。

形态特征 圆锥花序长圆形，长 7~10 厘米，近基部宽 2~5 厘米，分枝簇生，可具 1~2 回小枝，纤细光滑无毛，枝腋间具细柔毛，小枝为具 1~3 节的总状花序，总状花序轴节间与小穗柄长为无柄小穗一半，边缘具纤毛。无柄小穗长 3~4 毫米，基部具髯毛。第 1 颖背腹扁，先端钝，背面稍下凹，被短糙毛，具 4 脉，边缘狭窄，内折成脊，脊上部具糙毛；第 2 颖舟形，与第 1 颖等长，先端尖，具 3 脉，脊上稍粗糙，上部边缘具纤毛。第 1 外稃长为颖的 1/4~1/3，先端钝或呈钝齿状；第 2 外稃线形，先端具一膝曲的芒，芒长 12~15 毫米。有柄小穗中性或雄性，等长或短于无柄小穗，无芒，2 颖均背腹扁，第 1 颖具 7 脉，背部稍粗糙；第 2 颖具 3 脉，较光滑。（见图 1.333）

图 1.333 细柄草

鸭茅属

334 ⁘ 鸭　茅

学　名：*Dactylis glomerata* L.

别　名：鸡脚草

英文名：Orchardgrass, Cocksfoot, Cocks-foot

分类地位 被子植物门（Angiospermae）单子叶植物亚门（Monocotyledons）禾本目（Graminales）禾本科（Gramineae）鸭茅属（*Dactylis*）。

地理分布 广泛分布于欧洲、亚洲的温带地区，北非及北美洲也有分布。在中国分布于西南、西北等地区及山东、江苏、河北。多生长于山坡、草地和林下。野生或栽培作优良牧草。

形态特征 多年生草本。小穗长 4.5~9 毫米，黄白色，两侧压扁，几无梗，脱节于颖之上与各花之间，每小穗含 2~5 朵小花。小穗轴着生长于腹面基盘之上，淡棕色，节间长约 1 毫米，略后弯，顶端关节略膨大。颖膜质，披针形。第 1 外稃与小穗约等长，披针形。具 5 脉，背面成脊，脊上与周缘具纤毛，顶端具长约 1 毫米的短芒，内稃较狭，与外稃近等长，具 2 脊，脊上有纤毛，基部钝圆，有圆形基盘。颖果狭长椭圆形，长 2.2~3.5 毫米，浅棕色，两侧略扁，并略为三棱，两端渐尖或基部急尖。种胚位于颖果背面的基端，较小，椭圆形，末端颜色较深。（见图 1.334）

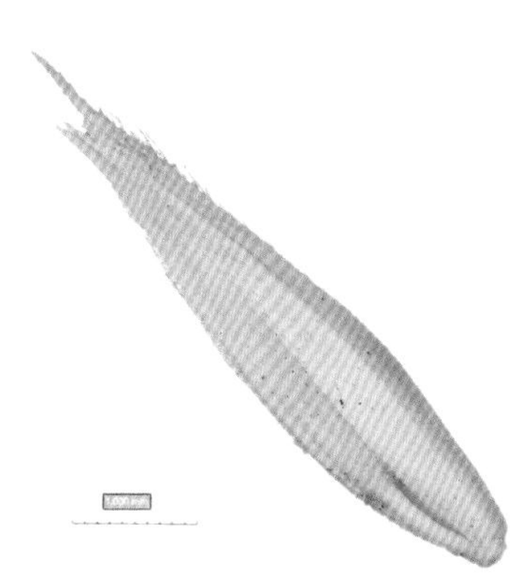

图 1.334 鸭　茅

梯牧草属

335 ⁘ 蜡烛草

学　名：*Phleum paniculatum*
别　名：鬼蜡烛、假看麦娘

分类地位 被子植物门（Angiospermae）单子叶植物亚门（Monocotyledons）禾本目（Graminales）禾本科（Gramineae）梯牧草属（*Phleum*）。

地理分布 原产于欧洲、近东。在中国分布于长江流域和陕西。

形态特征 圆锥花序密集成圆柱状，幼时绿色，成熟后变黄色，长2~10 厘米，宽 4~8 毫米。小穗倒三角形，两侧压扁，含 1 朵花。内、外颖近等长，中脉成脊，脊上具硬毛或无毛，顶端有长约 0.5 毫米的尖头。外稃卵形，长 1.2~2 毫米，内稃与外稃近等长。颖果瘦小，长约 1 毫米，宽约 0.2 毫米，黄褐色，无光泽。（见图 1.335）

图 1.335 蜡烛草

鹅观草属

336 ⁘ 纤毛鹅观草

学　名：*Roegneria ciliaris*（Trin.）Nevski
别　名：北鹅观草、短芒鹅观草

分类地位 被子植物门（Angiospermae）单子叶植物亚门（Monocotyledons）禾本目（Graminales）禾本科（Gramineae）鹅观草属（*Roegneria*）。

地理分布 在中国广泛分布于东北、内蒙古、河北、山西、山东、河南、陕西、甘肃、安徽、江苏、江西、浙江、四川等地。俄罗斯（远东地区）、朝鲜、日本也有分布。

形态特征 穗状花序直立或多少下垂，长 10~20 厘米，小穗通常绿色，长 15~22 毫米（除芒外），含 7~12 朵小花，颖椭圆状披针形，先端常具短尖头，两侧或 1 侧常具齿，具5~7 脉，边缘与边脉上具有纤毛，第 1 颖长 7~8 毫米，第 2 颖长 8~9 毫米。外稃长圆状披针形，背部被粗毛，边缘具长而硬的纤毛，上部具有明显的 5 脉，通常在顶端两侧或 1 侧具齿；第 1 外稃长 8~9 毫米，顶端延伸成粗糙反曲的芒，长 10~30 毫米；内稃长为外稃的 2/3，先端钝头，脊的上部具少许短小纤毛。（见图 1.336）

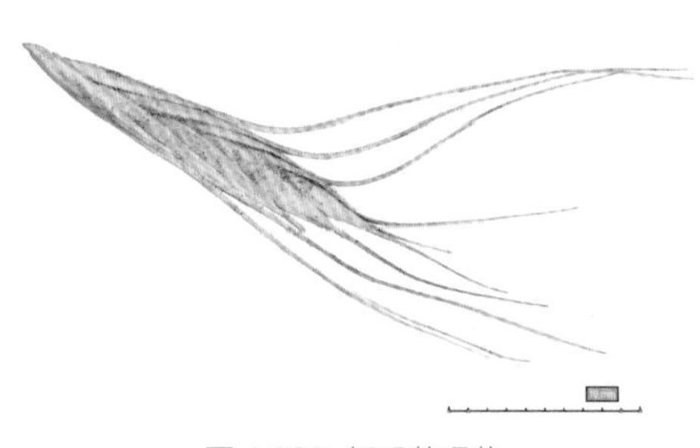

图 1.336 纤毛鹅观草

摩擦草属

337 摩擦草

学　名：*Tripsacum laxum* Nash
别　名：危地马拉草、洪都拉斯草

分类地位 被子植物门（Angiospermae）单子叶植物亚门（Monocotyledons）禾本目（Graminales）禾本科（Gramineae）摩擦草属（*Tripsacum*）。

地理分布 原产于墨西哥和南美洲，印度、巴西、斯里兰卡、刚果、拉丁美洲各国、加勒比海诸岛、马来西亚、菲律宾等多数国家引种栽培。中国华南各省、自治区均有引种栽培。适生长于热带肥沃土壤上。

形态特征 圆锥花序顶生或腋生，由数枚细弱的总状花序组成，小穗单性，雌雄同序，雄小穗长约 4 毫米。雌小穗位于雄花序的基部，嵌埋于肥厚序轴中。上部通常为雌花，下部为雄花或中性花。（见图 1.337）

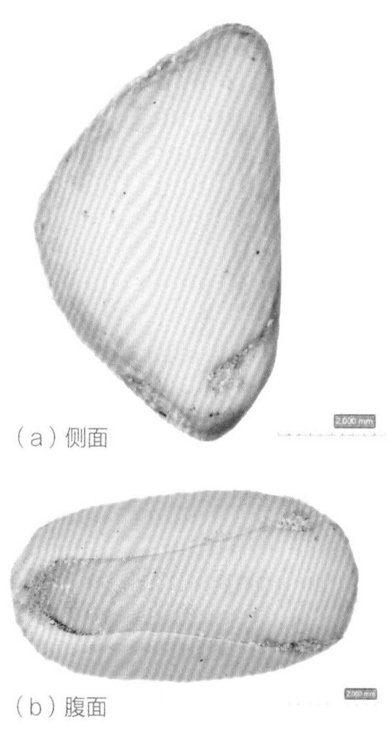
（a）侧面
（b）腹面
图 1.337 摩擦草

黍　属

338 柳枝稷

学　名：*Panicum virgatum* L.

分类地位 被子植物门（Angiospermae）单子叶植物亚门（Monocotyledons）禾本目（Graminales）禾本科（Gramineae）黍属（*Panicum*）。

地理分布 原产于北美洲，中国有引种栽培。

形态特征 圆锥花序开展，长 20~30 厘米，分枝粗糙，疏生小枝与小穗，小穗椭圆形，顶端尖，无毛，长约 5 毫米，绿色或带紫色。第 1 颖长为小穗的 2/3~3/4，顶端尖至喙尖，具 5 脉；第 2 颖与小穗等长，顶端喙尖，具 7 脉。第 1 外稃与第 2 颖同形但稍短，具 7 脉，顶端喙尖，其内稃较短，内包 3 枚雄蕊；第 2 外稃长椭圆形，顶端稍尖，长约 3 毫米，平滑，光亮。（见图 1.338）

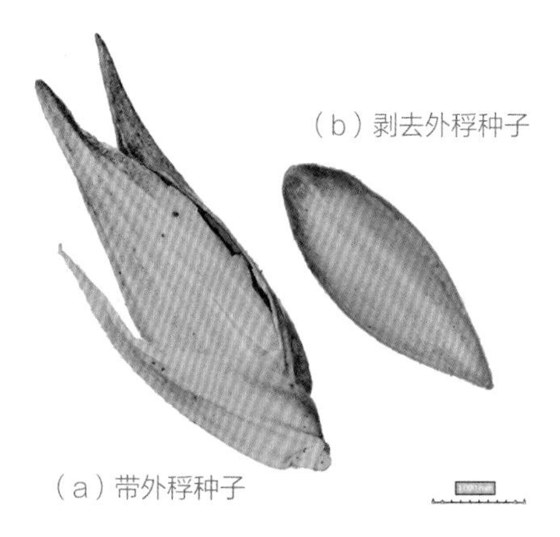
（b）剥去外稃种子
（a）带外稃种子
图 1.338 柳枝稷

| 虎尾草属 |

339 ※ 虎尾草

学　名：*Chloris virgata* Sw.
别　名：棒锤草、刷子头、盘草

分类地位 被子植物门（Angiospermae）单子叶植物亚门（Monocotyledons）禾本目（Graminales）禾本科（Gramineae）虎尾草属（*Chloris*）。

地理分布 在中国遍布于各省、自治区、直辖市。热带地区至温带地区均有分布。

形态特征 小穗无柄，长约 3 毫米，颖膜质，具 1 脉，第 1 颖长约 1.8 毫米，第 2 颖等长或略短于小穗，中脉延伸成长 0.5~1 毫米的小尖头，第 1 小花两性。外稃纸质，两侧压扁，呈倒卵状披针形，长 2.8~3 毫米，具 3 脉，沿脉及边缘被疏柔毛或无毛，两侧边缘上部 1/3 处有长 2~3 毫米的白色柔毛，顶端尖或有时具 2 微齿，芒自背部顶端稍下方伸出，长 5~15 毫米；内稃膜质，略短于外稃，具 2 脊，脊上被微毛，基盘具长约 0.5 毫米的毛，第 2 小花不孕，长楔形，仅存外稃，长约 1.5 毫米，顶端截平或略凹，芒长 4~8 毫米，自背部边缘稍下方伸出。颖果纺锤形，淡黄色，光滑无毛而半透明，胚长约为颖果的 2/3。（见图 1.339）

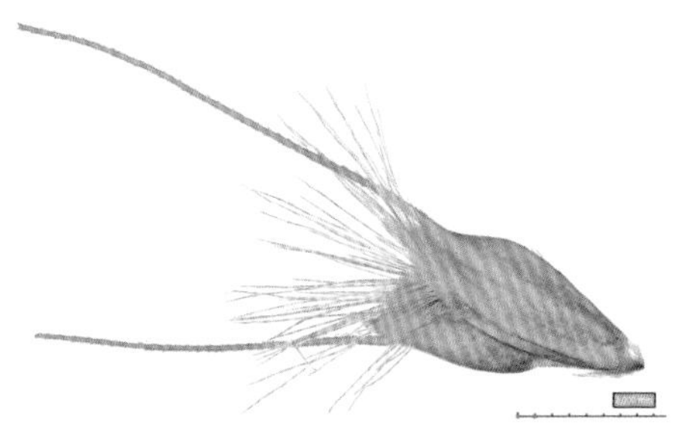

图 1.339 虎尾草

| 落草属 |

340 ※ 落　草

学　名：*Koeleria cristata* (Linn.) Pers.

分类地位 被子植物门（Angiospermae）单子叶植物亚门（Monocotyledons）禾本目（Graminales）禾本科（Gramineae）落草属（*Koeleria*）。

地理分布 在中国分布于东北、华北、西北、华中、华东和西南等地。天山、阿尔泰山、阿拉套山有分布，欧亚大陆温带地区也有分布。

形态特征 圆锥花序穗状，下部间断，长5~12厘米，宽7~18毫米，有光泽，草绿色或黄褐色，主轴及分枝均被柔毛；小穗长4~5毫米，含2~3朵小花，小穗轴被微毛或近于无毛，长约 1 毫米；颖倒卵状长圆形至长圆状披针形，先端尖，边缘宽膜质，脊上粗糙，第 1 颖具 1 脉，长 2.5~3.5 毫米，第 2 颖具 3 脉，长 3~4.5 毫米；外稃披针形，先端尖，具 3 脉，边缘膜质，背部无芒，稀顶端具长约 0.3 毫米的小尖头，基盘钝圆，具微毛，第 1 外稃长约 4 毫米；内稃膜质，稍短于外稃，先端 2 裂，脊上光滑或微粗糙；花药长 1.5~2 毫米。（见图 1.340）

图 1.340 落　草

菵草属

341 ⁘ 菵 草

学 名：*Beckmannia syzigachne* (Steud.) Fernald

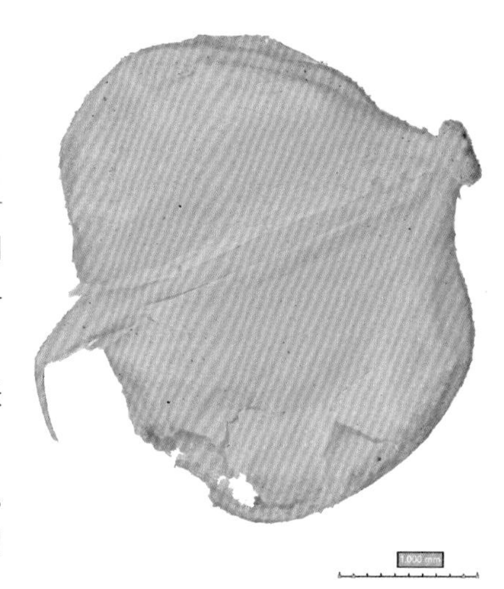

图 1.341 菵 草

分类地位 被子植物门（Angiospermae）单子叶植物亚门（Monocotyledons）禾本目（Graminales）禾本科（Gramineae）菵草属（*Beckmannia*）。

地理分布 广泛分布于全世界。产于中国各地，生长于海拔 3700 米以下湿地、水沟边及浅的流水中。

形态特征 一年生草本，颖果黄褐色，长圆形，先端具丛生短毛。长约 2.5 毫米，宽约 3 毫米，淡黄色至淡黄褐色。（见图 1.341）

蜀黍属

342 ⁘ 稷

学 名：*Panicum miliaceum* L.

别 名：黍、糜

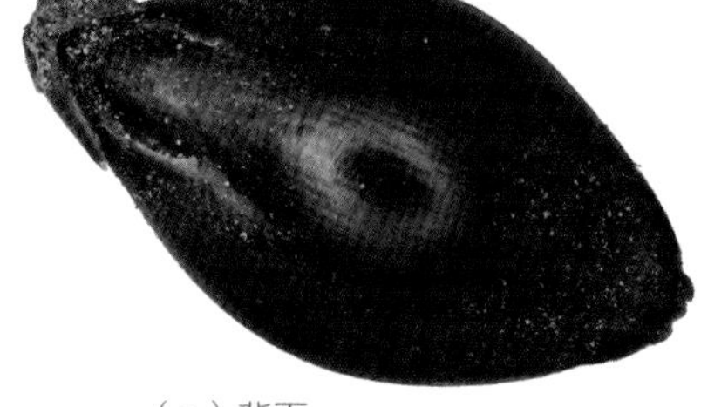

（a）背面

（b）腹面

图 1.342 稷

分类地位 被子植物门（Angiospermae）单子叶植物亚门（Monocotyledons）禾本目（Graminales）禾本科（Gramineae）蜀黍属（*Sorghum*）。

地理分布 原产于热带美洲，为该地区耕地和旷野杂草。约在 20 世纪 80 年代传入中国南部，见于香港、广东博罗县罗浮山和海南乐东及西沙群岛等地。

形态特征 圆锥花序开展或较紧密，成熟时下垂，长 10~30 厘米，分枝粗或纤细，具棱槽，边缘具糙刺毛，下部裸露，上部密生小枝与小穗，小穗卵状椭圆形，长 4~5 毫米。颖纸质，无毛，第 1 颖正三角形，长为小穗的 1/2~2/3，顶端尖或锥尖，通常具 5~7 脉；第 2 颖与小穗等长，通常具 11 脉，其脉顶端渐汇合呈喙状。第 1 外稃形似第 2 颖，具 11~13 脉；内稃透明膜质，短小，长 1.5~2 毫米，顶端微凹或深 2 裂。第 2 小花长约 3 毫米，成熟后因品种不同，而有黄、乳白、褐、红和黑等颜色。第 2 外稃背部圆形，平滑，具 7 脉；内稃具 2 脉，鳞被较发育，长 0.4~0.5 毫米，宽约 0.7 毫米，具多脉，并由 1 级脉分出次级脉。胚乳长为谷粒的 1/2，种脐点状，黑色。（见图 1.342）

第二部分

检疫性有害杂草

一、禾本科

6 属 15 种

山羊草属

001 具节山羊草

学　名：*Aegilops cylindrica* Horst
别　名：筒状山羊草、山羊草、挨节落草
英文名：Jointed goatgrass

分类地位 被子植物门（Angiospermae）单子叶植物亚门（Monocotyledons）禾本目（Graminales）禾本科（Gramineae）山羊草属（*Aegilops*）。

地理分布 阿塞拜疆、格鲁吉亚、亚美尼亚、土耳其、俄罗斯、德国、法国、意大利、希腊、乌克兰、荷兰、斯洛文尼亚、克罗地亚、保加利亚、匈牙利、摩尔多瓦、罗马尼亚、斯洛伐克、澳大利亚、美国、墨西哥。

形态特征 一年生草本，须根系，植株丛生，高 30~60 厘米。叶片互生，叶鞘紧密包茎，叶舌膜质，长约 1 厘米。小穗含 2~3 朵小花，顶生花不孕、圆柱形，单生长于穗轴节上，嵌入扁平而微凹的小穗轴节间内，长 10~12 毫米，黄褐色。小穗轴节间矩形，先端膨大，截平，与小穗紧贴，成熟时与穗轴关节一同脱落。小穗具 2 颖，颖片几乎等长，无棱脊，革质，具 7~9 脉，表面有短硬毛而粗糙，顶端有 2 齿，一齿呈宽钝而短的三角形，另一齿锐尖或延伸成芒，芒背具刺毛。小花外稃椭圆状披针形，近端部草质。外稃顶端具 3 齿（个别 2 齿）或具芒，芒长 1~2 毫米，具 5 脉，先端不汇合，内稃膜质，稍短于外稃，先端有 2 齿，具 2 脊，脊上有纤毛。颖果贴生内、外稃之内，长卵状椭圆形，长 5~8 毫米，宽 2~3 毫米，褐黄色，背腹压扁，背面圆形，腹面有沟，顶端密生黄褐色茸毛。果脐明显，深褐色，突出。胚位于颖果背面基部，椭圆形，长占颖果的 1/5~1/4，色略深。（见图 2.1）

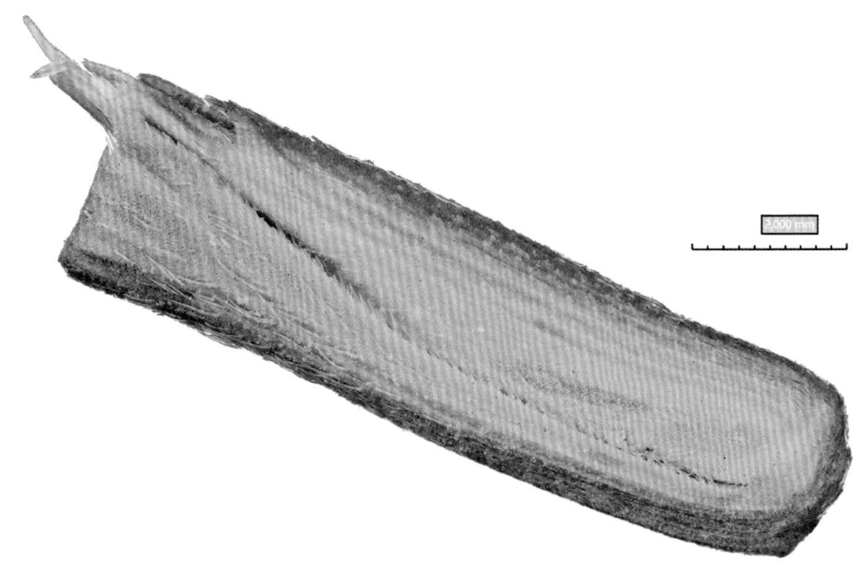

图 2.1 具节山羊草

002 ※ 节节麦

学　名：*Aegilops squarrosa* L.
别　名：山羊草
英文名：Tausch's goatgrass

分类地位 被子植物门（Angiospermae）单子叶植物亚门（Monocotyledons）禾本目（Graminales）禾本科（Gramineae）山羊草属（*Aegilops*）。

地理分布 主要分布于欧洲，伊朗分布较广。在中国西安、新乡零星被发现，1999 年在河北沧州地区小麦地里被发现，系一输入种。

形态特征 节节麦须根细弱，少数丛生，基部弯曲。穗状花序圆柱形，含小穗 5~13 枚，小穗紧与穗轴节间贴生，圆柱形，草黄色，成熟时逐节脱落。穗轴节间端部膨大，向基部渐次显著，扁平而微凹。小穗长约 10 毫米，圆柱形，具有 3~4 朵小花，一般基部 2 朵小花结实，偶见 3 朵小花或全部小花结实。颖片 6~8 毫米，革质，长方形，具 7~10 脉，脉上着生一排不明显的极短的硬毛，颖端平截或具浅齿。小花自下而上，外稃芒长逐渐增长，基部小穗外稃通常无芒，上部小穗外稃有时有短芒，顶端小穗外稃具有 3~6 厘米的长芒且有时下弯。外稃披针形，脉不明显，内稃与外稃等长，第 1 小花、第 2 小花外稃不易与颖果分离。颖果椭圆形，长 4~6 毫米，宽 2~3 毫米，表面黄褐色，顶端具白色茸毛，背面隆起，腹面较平或凹入，中央有细沟。胚体约占果体的 1/4，色深于颖果，稍突起。（见图 2.2）节节麦及其同属相似种形态特征比较见表 2.1。

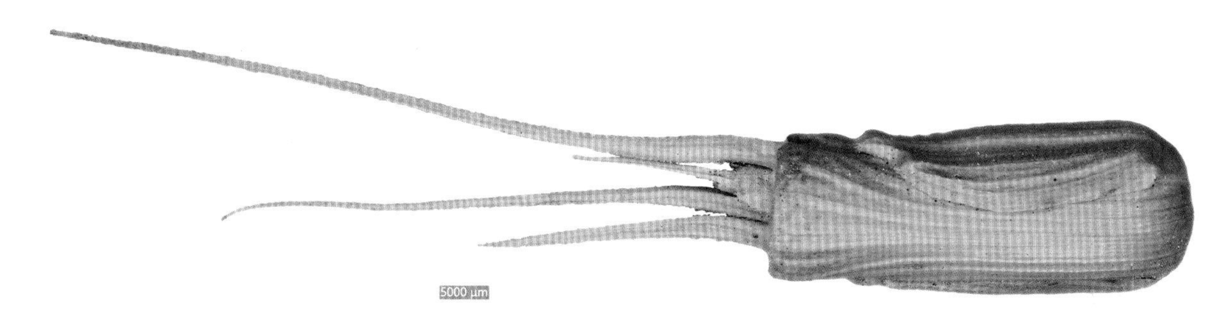

图 2.2 节节麦

表 2.1 节节麦及其同属相似种形态特征比较

形态特征	节节麦（*Aegilops squarrosa*）	具节山羊草（*Aegilops cylindrica*）	*Aegilops crassa*①	*Aegilops comosa*	三芒山羊草（*Aegilops triuncialis*）	*Aegilops ventricosa*
小穗形状	圆柱形	圆柱形	近圆柱形或卵形	瓶状	披针卵形	基部肿大，坛形
小穗大小（不含芒）	10 毫米 ×（2~4）毫米	（8~9）毫米 ×（3~4）毫米	10 毫米 ×（5~6）毫米	10 毫米 ×（2~4）毫米	（7~10）毫米 ×（4~5）毫米	10 毫米 ×4 毫米
颖片	光滑，但脉上着生不明显的短硬毛，平截或微齿，无芒	粗糙或被短硬毛，具 2 齿，一齿锐长，似短芒，3~5 毫米，一齿宽钝	卵形、被银毛，平截，2~3 齿	粗糙或被短硬毛，具齿或芒，1 短芒或 2~3 长芒	粗糙或被短硬毛，具 3 齿或延伸为 2~3 芒	平截、具 2~3 齿，颖片有时有芒

①注：无对应中文名，下同。

燕麦属

003 细茎野燕麦

学　名： *Avena barbata* Brot.
别　名： 细长野燕麦、纤毛弱麦、髯毛燕麦
英文名： Slender oat

分类地位 被子植物门（Angiospermae）单子叶植物亚门（Monocotyledons）禾本目（Graminales）禾本科（Gramineae）燕麦属（*Avena*）。

地理分布 法国、希腊、葡萄牙、以色列、黎巴嫩、印度、芬兰、马耳他、南非、阿根廷、智利、乌拉圭、美国、澳大利亚等。中国无分布。

形态特征 细茎野燕麦茎秆细长而软弱。圆锥花序较大，两侧相等，下垂，通常每个小穗有 2 朵小花。小穗轴节间短，脱节于颖之上。外稃革质，矩圆形，先端尖，2 裂，长 15~20 毫米，宽 3~4 毫米，具棕褐色或灰褐色的硬毛。芒从稃体中部伸出，膝曲而扭转，芒柱黑色或灰色，芒长约 20 毫米。基部密生棕色或淡黄色的髯毛，斜截。内稃边缘膜质。颖果矩圆形，长 7~9 毫米，宽约 2 毫米，淡黄色，密生黄色或白色柔毛；腹面具沟。脐圆形，黑色。

004 法国野燕麦

学　名： *Avena ludoviciana* Dur.
别　名： 冬性野燕麦、长颖燕麦
英文名： Winter wild oat

分类地位 被子植物门（Angiospermae）单子叶植物亚门（Monocotyledons）禾本目（Graminales）禾本科（Gramineae）燕麦属（*Avena*）。

地理分布 日本、缅甸、印度、巴基斯坦、斯里兰卡、阿富汗、阿拉伯半岛、黎巴嫩、伊朗、土耳其、英国、法国、希腊、保加利亚、西班牙、意大利、葡萄牙、埃塞俄比亚、肯尼亚、突尼斯、马耳他、摩洛哥、南非、埃及、阿尔及利亚、澳大利亚、新西兰、哥斯达黎加、美国、墨西哥、阿根廷、秘鲁、乌拉圭、厄瓜多尔、巴西。中国无分布。但在 1953 年我国华北出口亚麻籽中被发现，其来由不清楚。

形态特征 一年生草本，圆锥花序。小穗具 2 颖，颖片卵状披针形，质地较薄，长于小穗，具 11 脉。小穗成熟时整个小穗自颖苞之上脱落，内含 2~5 朵小花。小花外稃窄卵状披针形，具 7 脉，顶端 2 齿裂，背面被白色或浅褐色硬毛，近基部毛密、较长，芒自外稃背面中部以下伸出，芒长可达 45 毫米，膝曲而扭转。外稃大部分内卷紧包着内稃，内稃具 2 脊，其背后有一段小穗轴，基盘密生褐色长髯毛。颖果长 5~8 毫米，宽 1.6~2.5 毫米，顶端钝圆，具茸毛；背面圆形，腹面较平，中间有一条细纵沟。果脐不明显。（见图 2.3）

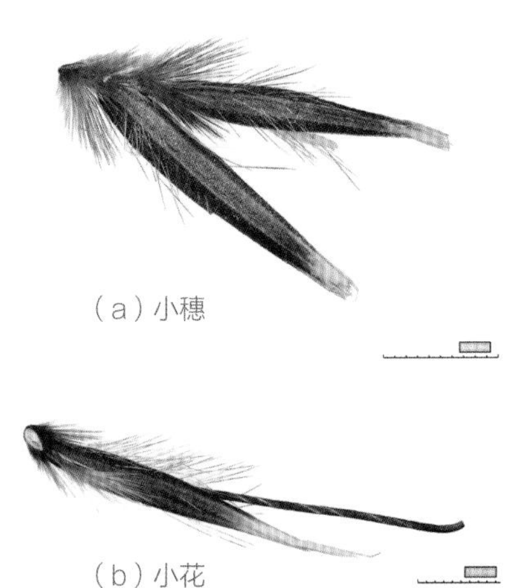
（a）小穗
（b）小花
图 2.3 法国野燕麦

005 ※ 不实野燕麦

学　名：*Avena sterilis* L.
别　名：野生红燕麦、繁茂野燕麦
英文名：Sterile oat

分类地位 被子植物门（Angiospermae）单子叶植物亚门（Monocotyledons）禾本目（Graminales）禾本科（Gramineae）燕麦属（*Avena*）。

地理分布 日本、缅甸、印度、斯里兰卡、巴基斯坦、阿富汗、阿拉伯半岛、黎巴嫩、土耳其、俄罗斯（亚洲部分）和中亚地区、英国、法国、葡萄牙、意大利、马耳他、希腊、埃及、突尼斯、阿尔及利亚、摩洛哥、埃塞俄比亚、南非、澳大利亚、美国、秘鲁、阿根廷。

形态特征 小穗具2颖，颖片草质，质地较薄，卵状披针形，长于小穗，具7~11脉。小穗含3~5朵小花，披针形，小穗成熟时整个小穗自颖上脱落，小穗轴长3~4毫米，节间矩圆形，先端膨大，具棕黄色的硬毛，小穗轴从小花腹面基端伸长，且紧附着于第2小花，脱落于第1小花的基部，仅第1小花的基部具加粗的基盘，并具关节，成熟时易断落，其他小花不具关节，成熟时不易断落。小花外稃狭椭圆形，长25~30毫米，宽约3毫米，深黄色、黄褐色、棕色或暗棕色，中下部密生深黄色、黄褐色或暗褐色的硬毛，先端尖，2齿裂。外稃有芒，芒从外稃的中下部伸出，膝曲扭转呈芒柱，长45~60毫米，成熟后的芒为暗褐色，外稃大部分内卷紧包着内稃，内稃具2脊，脊上具短毛，小花的基部斜截，基盘密生深黄色、黄褐色或暗褐色的硬毛。颖果矩圆形，长6~8毫米，宽约2毫米，米黄色，密生黄色或白色柔毛，腹面具沟。脐明显，具小尖头。4种野燕麦的形态特征区别见表2.2。

表2.2 4种野燕麦的形态特征区别

形态特征	野燕麦 (*Avena fatua* L.)	细茎野燕麦 (*Avena barbata* Brot.)	法国野燕麦 (*Avena ludociciana* Dur.)	不实野燕麦 (*Avena sterilis* L.)
小穗	含2~3朵花，长18~25毫米	含2朵花	含2~3朵花，长19~30毫米	含3~5朵花
小穗轴	节间披针形，先端斜截，长约3毫米，密生淡棕色或白色长硬毛，与内稃紧贴	小穗轴节间先端膨大，无毛，脱节于颖之上	小穗轴节间短椭圆形，具棕黄色的长硬毛	小穗轴节间矩圆形，先端膨大，具棕黄色的长硬毛
颖	草质，几乎等长，具9脉	草质，具7~11脉	草质，具11脉	草质，具7~11脉
基部	基盘密生淡棕色或白色的髯毛，凹陷，斜截	基盘密生棕色或淡黄色的髯毛，斜截	基盘密生褐色长髯毛	基盘密生黄色或棕色髯毛，斜截
外稃	外稃革质、坚硬、矩圆形，长15~20毫米，宽2.5~3毫米，棕色或棕黑色；背面中部以下具淡棕色或白色硬毛	外稃革质、具7脉、矩圆形，长15~20毫米，宽3~4毫米，先端具2齿，具褐色或灰褐色的硬毛	外稃7脉，先端2齿，具白色或淡棕色的硬毛，近基部的毛长3~5毫米	外稃背部狭椭圆形，长25~30毫米，宽约3毫米，先端具2齿，中下部密生暗棕色或深黄色的硬毛
芒	芒从稃体中部稍下伸出，膝曲而扭转，长20~30毫米，芒柱黑棕色	芒从稃体中部伸出，膝曲而扭转，长约20毫米，芒柱黑色或灰色	芒从稃体中上部伸出，膝曲而扭转，长45毫米	芒从稃体中下部伸出，膝曲而扭转，长40~55毫米
内稃	内稃具2脉，脉中部以上具短柔软毛	内稃具2脉，边缘膜质	内稃具2脉，大部分被内卷的外稃包裹	内稃具2脉，脉上具短毛
颖果	颖果矩圆形，长7~9毫米，宽约2毫米，米黄色，密生金黄色长柔毛；腹面具沟	颖果矩圆形，长7~9毫米，宽约2毫米，淡黄色，密生黄色或白色柔毛；腹面具沟	颖果狭长圆形，长5~8毫米，宽1.6~2.5毫米，米黄色，顶端钝圆有白茸毛；腹面扁平，具沟	颖果矩圆形，长6~8毫米，宽约2毫米，米黄色，密生黄色或白色柔毛；腹面具沟
脐	圆形，淡黄色	圆形，黑色	不明显，淡褐色至褐色	明显，具小尖头
胚	椭圆形，长占颖果的1/5~1/4，色稍深	椭圆形，长占颖果的1/5~1/4，色淡黄	椭圆形，长约占颖果的1/3	椭圆形，长占颖果的1/5~1/4，色稍深

雀麦属

006 硬雀麦

学　名： *Bromus rigidus* Roth
英文名： Ripgut brome

分类地位 被子植物门（Angiospermae）单子叶植物亚门（Monocotyledons）禾本目（Graminales）禾本科（Gramineae）雀麦属（*Bromus*）。

地理分布 起源于欧亚大陆，现主要分布于美国、英国、澳大利亚、土耳其沿海地区、塞浦路斯、叙利亚、以色列、约旦、埃及、希腊（克里特岛）、高加索、里海沿岸、南非、摩洛哥、阿尔及利亚、葡萄牙、西班牙、新西兰、朝鲜、韩国、日本、纳米尼亚、中国台湾地区等。

形态特征 一年生草本。秆直立，丛生，高 20~70 厘米，花序以下被柔毛。叶鞘被开展的柔毛；叶舌长 3~5 毫米；叶片长 10~25 厘米，宽 4~6 毫米，两面密生短毛。圆锥花序密集，直立，长 10~25 厘米；分枝短，粗糙，有毛；小穗楔形，直立，长 15~30 毫米，宽 7~8 毫米，内含 4~5 朵小花，长 2.5~3.5 厘米（芒除外），尖披针形，直立，两侧扁，两颖不等长。第 1 颖长约 15 毫米，具 1 脉；第二颖长 18~25 毫米，具 3 脉。颖质薄，通常光滑无毛，小穗成熟时自颖之上脱落。小花外稃粗糙或具微刺状毛，窄披针形，长 20~25 毫米，一侧宽 1~1.5 毫米，具 7 脉，粗糙，稃体上部膜质透明，并疏生白色长柔毛，易脱落，顶端 2 齿裂，齿裂长三角形，长 2~3 毫米，芒长 20~50 毫米，芒自齿间稍下方伸出，粗糙，具微刺毛，基部的基盘末端尖；内稃短于外稃，长约 15 毫米，膜质，具 2 脊，脊上疏生短刺毛，其腹面具有 1 短小穗轴，长约 4 毫米，顶端膨大呈菱形。颖果与内稃近等长且贴生。花果期 4~7 月。（见图 2.4）

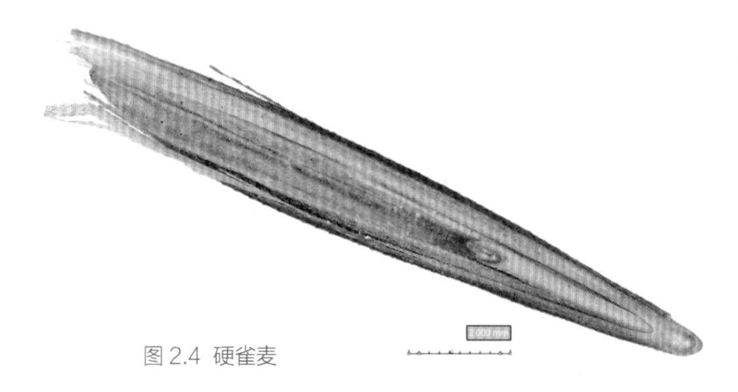

图 2.4 硬雀麦

蒺藜草属

007 刺蒺藜草

学　名： *Cenchrus echinatus* L.
别　名： 蒺藜草
英文名： Southern sandbur, Bur grass, Sandbur grass, Sandspur

分类地位 被子植物门（Angiospermae）单子叶植物亚门（Monocotyledons）禾本目（Graminales）禾本科（Gramineae）蒺藜草属（*Cenchrus*）。

地理分布 分布于哥伦比亚、秘鲁、委内瑞拉、古巴、危地马拉、牙买加、阿根廷、巴西、美国、巴拉圭、波多黎各、玻利维亚、智利、洪都拉斯、美拉尼西亚、墨西哥、新几内亚、斯里兰卡、菲律宾、泰国、马来西亚、缅甸、印度、巴基斯坦、匈牙利、尼日利亚、毛里求斯、澳大利亚。中国记载台湾及海南有逸生，为归化植物，1978 年广西凭祥也发现过此草。

形态特征 刺苞基部平截，近球形，长 5~10 毫米，宽 3.5~6 毫米，基部具刚毛，短于刺，刺通常直立，成熟后有时合生，长 2~5 毫米，宽 0.6~1.5 毫米，粗糙反折。总苞刺具短茸毛，总梗具软毛，宽 2.2~3.6 毫米，长 1~3 毫米，刺状总苞含 2~3 个小穗，小穗无柄，长 5~7 毫米。第 1 颖具 1 脉，长 1.3~3.4 毫米，宽 0.6~1.8 毫米；第 2 颖长 3.8~5.7 毫米，具 3~6 脉。不育外稃长 4.5~6.4 毫米，包裹稍长且粗糙的内稃，结实小花长 4.7~7 毫米，宽 1.2~2.3 毫米，颖果卵形，长 2~3 毫米，宽 1.5~2 毫米，淡黄褐色。胚体长，约占果体的 4/5，胚卵形，呈黑褐色。（见图 2.5）

图 2.5 刺蒺藜草

008 疏花蒺藜草

学　名： *Cenchrus spinifex* Cav.
别　名： 少花蒺藜草
英文名： Coastal sandbur, Field sandbur

分类地位 被子植物门（Angiospermae）单子叶植物亚门（Monocotyledons）禾本目（Graminales）禾本科（Gramineae）蒺藜草属（*Cenchrus*）。

地理分布 美国、墨西哥、西印度群岛、阿根廷、智利、乌拉圭、澳大利亚、阿富汗、印度、孟加拉国、黎巴嫩、葡萄牙、南非。近年在中国辽宁黑山、彰武等县被发现。

形态特征 一年生、越冬二年生或短命植物。植株高 30~70 厘米，茎秆匍匐或直立，表面光滑。叶鞘两侧压扁，具疏毛，叶舌具纤毛，长 0.5~1.5 毫米，叶片光滑，边缘稍粗糙，长 2~18 厘米，宽 2~6 厘米，向顶端渐尖。穗状花序顶生，穗轴粗糙，小穗 1~3 枚簇生，其外围是由不孕小穗愈合而成的刺苞，每个刺苞含 1~3 粒种子；刺苞呈球形，长 6.1~9.8 毫米，宽 3.9~5.9 毫米，刺苞及刺的下部具柔毛，淡黄色到深黄色或紫色；小穗卵形，无柄，长 4.6~4.9 毫米，宽 2.5~2.8 毫米；第 1 颖缺如，第 2 颖与第 1 外稃均具 3~5 脉；外稃质硬，前面平坦，先端尖，具 5 脉，上部明显，边缘薄，包卷内稃；内稃突起，具 2 脉，稍成脊。颖果，几呈球形，长 2.7~3 毫米，宽 2.4~2.7 毫米，黄褐色或黑褐色，顶端具残存的花柱，背面平坦，腹面突起；脐明显，深灰色；下方具种柄残余；胚极大，圆形，几乎占颖果的整个背面。（见图 2.6）

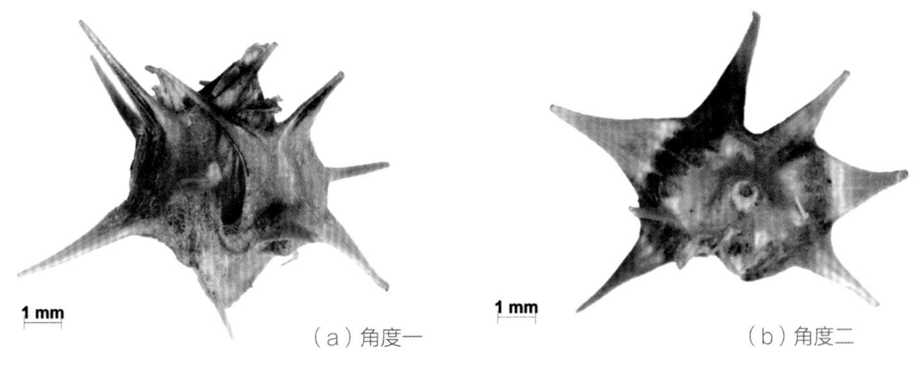

（a）角度一　（b）角度二

图 2.6 疏花蒺藜草

009 ⁘ 长刺蒺藜草

学　名： *Cenchrus longispinus* (Hack.) Fern.
英文名： Sandspur, Mat sandbur, Innocen weed, Longspine sandbur, Gentle Annie, Hedgehog grass，Burgrass

分类地位 被子植物门 (Angiospermae) 单子叶植物亚门 (Monocotyledons) 禾本目 (Graminales) 禾本科 (Gramineae) 蒺藜草属 (*Cenchrus*)。

地理分布 以色列、希腊、克罗地亚、法国、希腊、摩洛哥、南非、澳大利亚、美国、加拿大、墨西哥、危地马拉、伯利兹、萨尔瓦多、洪都拉斯、尼加拉瓜、哥斯达黎加、巴拿马、西印度群岛、阿根廷、委内瑞拉。

形态特征 一年生草本，多分枝，通常大片丛生，茎秆直立，基部匍匐或膝曲，高 10~90 厘米。叶鞘开口处松散，叶舌边缘具纤毛，长 1~1.5 毫米。叶片平展光滑，长 4~30 厘米，宽 1~6.5 厘米，中脉处不明显折叠。总状花序顶生，长 2~8 厘米，具 3 ~ 40 个总苞。刺状总苞卵球形，侧面有明显的开口，长 8~12 毫米，宽 3.5 ~ 6 毫米，表面具多枚长刺，有时反折。基部多枚刚毛，顶端向下，短于刺苞，小穗无柄，每刺苞含 2~3 枚，稀 4 枚，长 6~8 毫米。第 1 颖膜质，具 1 脉；第 2 颖长 4~6 毫米，具 3~5 脉。不育外稃长 5~6 毫米，具 3~5 脉。结实小花长 5.5~8 毫米，宽 2~3 毫米，内、外稃均革质，表面平滑，有光泽。外稃具 5 脉，脉纹于近顶端部不明显，边缘膜质，在基部中央有一窄“U”字形突起；内稃具 2 脉。颖果卵圆形或近卵圆形，背面稍扁平，长 2~3 毫米，宽约 2 毫米，呈黄褐色，两端钝圆或基部急尖。胚部大而明显，果脐凹陷，褐色。刺蒺藜草、长刺蒺藜草和疏花蒺藜草的形态特征比较见表 2.3。

表 2.3 刺蒺藜草、长刺蒺藜草和疏花蒺藜草的形态特征比较

形态特征			刺蒺藜草 (*Cenchrus echinatus* L.)	长刺蒺藜草 [*Cenchrus longispinus* (Heck.) Fern.]	疏花蒺藜草 (*Cenchrus spinifex* M. Curtis)
植株			一年生	一年生，高 60 厘米，茎基部常为红色	一年生，高 20~60 厘米
刺状总苞	数量 (个)		60	40	8 ~ 20
刺状总苞	刺		刚毛状，下部苞片较纤细，呈刚毛状，上部苞片较硬	刺状；最长的刺通常大于 5 毫米	刺状；最长的刺通常小于 5 毫米
刺状总苞	刺边缘		密生长柔毛	通常无毛	刺苞及刺的下部具柔毛
刺状总苞	刺的数量		密生	10 余个	通常 10 个左右
刺状总苞	大小 (毫米)		5~6	4~5	6~8
小穗	数量 (个)		2~7	2~4	2~4
小穗	不育小穗	颖片	膜质	膜质	膜质
小穗	不育小穗	小花	仅存内、外稃	仅存内、外稃	仅存内、外稃
小穗	可育小穗	颖片	第 1 颖三角状卵形，长约 2 毫米，先端渐尖；第 2 颖卵状披针形，长 3.5~5 毫米，具 5 脉	第 1 颖三角形，短于小穗，具 1 脉；第 2 颖与小穗等长，具 5 脉	第 1 颖三角形，短于小穗；第 2 颖具 3 ~ 5 脉
小穗	可育小穗	不育小花	外稃卵状披针形，膜质，与小穗等长或稍短，具 5 脉；内稃线状披针形，具 2 脉	外稃狭卵形，膜质，与小穗等长，具 5 脉；内稃狭卵形膜质，短于外稃，具 2 脉	外稃膜质，与小穗等长，具 5 脉 内稃膜质，短于外稃，具 2 脉

小穗	可育小穗	结实小花	外稃卵状披针形，与小穗等长，革质，具 5 脉，先端渐尖，边缘卷曲，紧抱同质内稃，基部表面有“U”字形隆起；内稃具 2 脉，背面光滑，有时近顶端于 2 脉之间有疏生向上的短刺毛	外稃革质，表面光滑，有光泽，具 5 脉，基部中央有“U”字形隆起；内稃革质，具 2 脉	外稃质硬，背部平坦，先端尖，具 5 脉，上部明显，边缘薄，包卷内稃；内稃突起，具 2 脉，稍成脊
		颖果	阔卵形，长 2~3 毫米，宽 1.5~2 毫米，呈淡黄褐色；胚体长，约占果体的 4/5，脐卵形，呈黑褐色	阔卵形，长 2~3 毫米，宽 2.5 毫米，两端钝圆或基部急尖；胚体大；脐褐色	几呈圆形，长 2.7~3 毫米，宽 2.4~2.7 毫米，黄褐色或深褐色，胚极大，圆形，几乎占果体整个背面；脐深灰色

010 鼠尾蒺藜草

学　名： *Cenchrus myosuroides* Kunth
英文名： Bigsandbur

分类地位 被子植物门（Angiospermae）单子叶植物亚门（Monocotyledons）禾本目（Graminales）禾本科（Gramineae）蒺藜草属（*Cenchrus*）。

地理分布 北美洲（美国南部、墨西哥、加勒比海地区），南美洲。

形态特征 多年生草本，茎秆高 50~200 厘米，叶鞘松散，表面无毛。叶舌边缘具毛，长 1.5~3.4 毫米。叶片长 12~38 厘米，宽 4~13 毫米，叶面无毛或有毛，毛稀疏。花序线形，密集（节间长 0.6~1.7 毫米），长 6.5~23 厘米，宽 0.6~1.5 厘米。主花序分枝长在一个中心轴上，轴上具小穗脱落的疤痕。刺状总苞由刚毛状刺组成，卵形，长 3.8~8.1 毫米，宽 1.2~2.6 毫米，刺直立或散布，圆柱形，仅基部合生，总梗长 0.5~1.5 毫米，宽 0.7~1.3 毫米。刺状总苞含小穗 1 枚，极少数为 2~3 枚，小穗卵形，背面压扁，长 3.8~5.6 毫米。第 1 颖长 1.5~3 毫米，宽 0.6~1.8 毫米，具 1 脉；第 2 颖长 3.1~5 毫米，具 3~5 脉。不育外稃长 3.1~5.5 毫米，结实小花长 3.8~5.4 毫米，宽 1 ~2.1 毫米，具 3~5 脉，颖果卵形，长 1.5~2.6 毫米，宽 1~1.5 毫米。胚大，占颖果总长度的 2/3。刺无毛圆形，仅稍长于小穗，花序极度紧凑。喜欢温暖，为野生动物和牲畜的优质牧草。

011 水牛草

学　名： *Cenchrus ciliaris* L.
别　名： 美洲蒺藜草
英文名： Buffel grass, African foxtail grass, Foxtail buffalo grass, Blue buffalo grass, Buffalo grass, African foxtail

分类地位 被子植物门（Angiospermae）单子叶植物亚门（Monocotyledons）禾本目（Graminales）禾本科（Gramineae）蒺藜草属（*Cenchrus*）。

地理分布 沙特阿拉伯、也门、阿富汗、伊朗、伊拉克、以色列、约旦、叙利亚、印度、巴基斯坦、中国台湾地区、意大利、希腊、西班牙、阿尔及利亚、埃及、利比亚、摩洛哥、突尼斯、厄立特里亚、埃塞俄比亚、苏丹、肯尼亚、坦桑尼亚、乌干达、加纳、马里、尼日尔、尼日利亚、塞内加尔、安哥拉、莫桑比克、赞比亚、津巴布韦、博茨瓦纳、纳米比亚、南非、斯威士兰、澳大利亚、巴布亚新几内亚、斐济、汤加、美国、墨西哥、波多黎各、哥斯达黎加、萨尔瓦多、尼加拉瓜、巴拿马、委内瑞拉、巴西、玻利维亚、厄瓜多尔、秘鲁、阿根廷、巴拉圭。

形态特征 多年生草本，常形成草垫或草丛，高 25~100 厘米。叶鞘扁平，无毛到具疏毛，叶舌纤毛状且小，长 0.5~1.3 毫米。叶片粗糙，有时稍多毛，长 2.8~24 厘米，宽 2.2~8.5 毫米，顶端尖。

花序密集，圆筒状，长 2~12 厘米，宽 1~2.6 厘米，叶轴弯曲，粗糙，节间长 0.8~2 毫米，通常约 1 毫米。刺状总苞长 6~15 毫米，宽 1.5~3.5 毫米，环绕着两圈轮生的刚毛，刚毛直立或散布，长 4.3~10 毫米，宽 0.2~0.6 毫米，内侧边缘具长纤毛，仅基部或稍上合生，刺向上。刺果内含小穗 1~4 枚，直径 3~5 毫米。第 1 颖为小穗长的 1/3~1/2，膜质，具 1 脉；第 2 颖长大约为小穗长的一半，具 1~3 脉。不育外稃长 2.5~5 毫米，具 5~6 脉，部分附着在内稃上，长 2.5~5 毫米。结实小穗长 2.2~5.4 毫米，宽 1~1.5 毫米。颖果卵形，长 1.4~1.9 毫米，宽约 1 毫米。雄蕊长 2~2.5 毫米。

012 印度蒺藜草

学　名： *Cenchrus biflorus* Roxb.
英文名： India sandbur

分类地位 被子植物门（Angiospermae）单子叶植物亚门（Monocotyledons）禾本目（Graminales）禾本科（Gramineae）蒺藜草属（*Cenchrus*）。

地理分布 沙特阿拉伯、也门、印度、巴基斯坦、肯尼亚、坦桑尼亚、佛得角、乍得、吉布提、埃塞俄比亚、索马里、苏丹、阿尔及利亚、埃及、摩洛哥、安哥拉、莫桑比克、赞比亚、津巴布韦、博茨瓦纳、纳米比亚、贝宁、加纳、几内亚、几内亚比绍、科特迪瓦、马里、尼日尔、尼日利亚、塞内加尔、多哥、布隆迪、喀麦隆、刚果（布）、刚果（金）、加蓬、扎伊尔、马达加斯加、美国。

形态特征 一年生草本，茎秆膝曲向上，高 5~90 厘米。叶鞘松散，无毛或具软毛，叶鞘口具纤毛或长毛。叶舌具毛，长 2 毫米，开口处深色。叶片长 2~25 厘米，宽 2~7 毫米。表面微糙，被微柔毛，顶端尖锐。花序线形，长 2~15 厘米。多枚硬刺基部合生在一浅盘上形成刺状总苞，长 3.8~11.1 毫米，宽 2~4.5 毫米。刺扁平，长 2.9~7 毫米，宽 0.2~1.1 毫米，外侧具浅凹槽，内侧缘具长纤毛，直或向外弯曲，下部和外部轮生多数刚毛，长度不足内刺的一半。刺状总苞内含 1~3 朵小花。第 1 颖长 0.5~2.5 毫米，宽 0.6~1.4 毫米，具 0~1 脉；第 2 颖长 2.5~4.9 毫米，具 3~5 脉。结实小花外稃卵形，长 3.5~6 毫米，革质，边缘极薄，无脊，具 5 脉。外稃边缘扁平，顶端尖锐，内稃革质。雄花 3 朵，长约 0.4 毫米，褐色。颖果椭圆形，长 1.1~1.3 毫米。刺状总苞基盘卵形或菱形，刺扁平，外侧具凹槽，可与蒺藜草属其他种进行区别。

黑麦草属

013 毒　麦

学　名： *Lolium temulentum* L.
别　名： 黑麦子、迷糊、小尾巴麦子
英文名： Annual ray-grass, Bearded darnel, Cheat, Darnel, Ivray, Poison darnel, Poison ryegrass, White darnel, Darnel ryegrass, Darnel, Poison rye-grass, Tare

分类地位 被子植物门（Angiospermae）单子叶植物亚门（Monocotyledons）禾本目（Graminales）禾本科（Gramineae）黑麦草属（*Lolium*）。

地理分布 原产于欧洲。早期传入非洲，现已广泛分布于亚洲、美洲、澳大利亚。在中国主要分布于吉林、

辽宁、甘肃、新疆、内蒙古、青海、山东、山西、陕西、河南、河北、江苏、安徽、浙江、湖北、湖南、江西、四川、福建、云南、上海及天津等地。

形态特征 一年生草本，须根较稀疏而细弱；秆成疏丛，茎直立，无毛，具3~4节，株高50~110厘米；叶鞘较疏松，长于节间，叶舌长约1毫米；叶片线形，长10~50厘米，宽4~11毫米，质地较薄，无毛或微粗糙；穗状花序长10~25厘米，宽1~1.5厘米，小穗12~14枚，穗轴节间长5~7毫米，下部的节间长可达1厘米。穗形总状花序长10~15厘米，宽1~1.5厘米；穗轴增厚，质硬，节间长5~10毫米，无毛；小穗含4~10朵小花，长8~10毫米，宽3~8毫米；小穗轴节间长1~1.5毫米，平滑无毛；颖较宽大，与其小穗近等长，质地硬，长8~10毫米，宽约2毫米，具5~9脉，具狭膜质边缘；外稃长5~8毫米，椭圆形至卵形，成熟时肿胀，质地较薄，具5脉，顶端膜质透明，基盘微小，芒近外稃顶端伸出，长1~2厘米，粗糙；内稃约等长于外稃，脊上具微小纤毛。颖果长4~7毫米，为其宽的2~3倍，厚1.5~2毫米。花果期6~7月。小花（带稃颖果）长6~9毫米，宽2.28~2.8毫米，厚1.5~2.5毫米；椭圆形或长椭圆形，粗短而膨胀；稃片淡黄色或黄褐色；内、外稃顶端较尖；外稃披针形，具5脉，背面较平直，腹面显著弓形隆起，先端急尖，基盘狭窄而截平，顶端膜质透明，芒自外稃顶端下方约0.5毫米处伸出，长约10毫米；内稃约与外稃等长，具2脊，两边脊上具窄翼和微小的纤毛，近中部通常有横皱纹和纵沟；带稃颖果为内、外稃所紧贴，不易剥离。颖果长4~6毫米，宽1.8~2.5毫米，厚1.5~2.5毫米；黄褐色至灰褐色；椭圆形，背面圆形，腹面弓隆，腹沟宽而浅，先端无毛；胚部卵圆形或近圆形；果脐微小，凹陷；千粒重10~13克。（见图2.7）

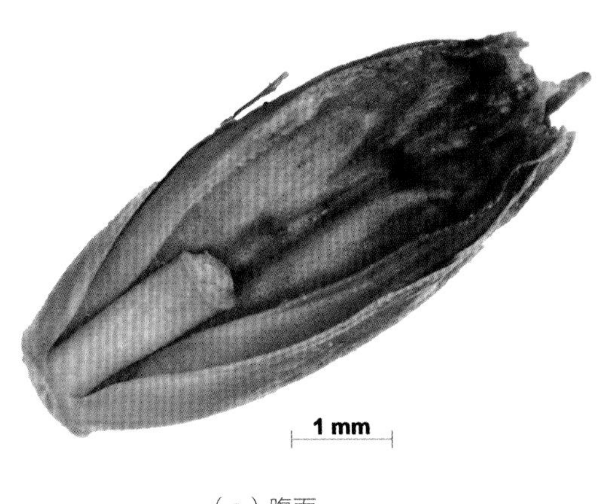

（a）腹面

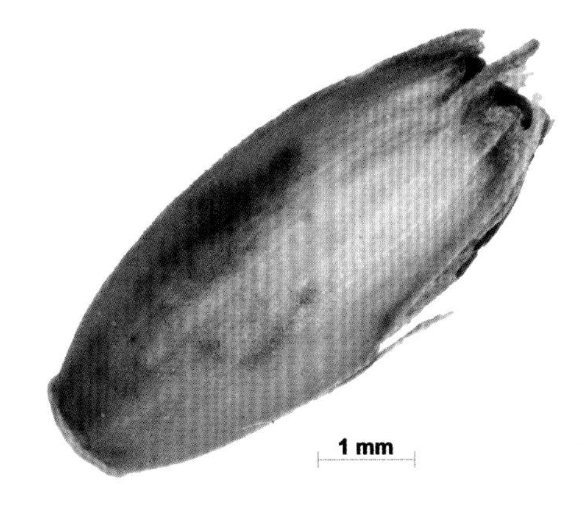

（b）背面

图2.7 毒 麦

高粱属

014 黑高粱

学　名： *Sorghum almum* Parodi.
别　名： 阿根廷高粱
英文名： Almum grass

分类地位 被子植物门（Angiospermae）单子叶植物亚门（Monocotyledons）禾本目（Graminales）禾本科（Gramineae）高粱属（*Sorghum*）。

地理分布 在亚洲分布于印度；在北美洲分布于墨西哥、美国；在南美洲分布于阿根廷、巴拉圭、秘鲁。

形态特征 多年生草本。植株高大，茎秆高 2~3 米，光滑无毛，具匍匐根状茎。圆锥花序开展，淡红色至紫黑色；主轴粗糙，分枝轮生。小穗孪生，一枚有柄，另一枚无柄。有柄者为雄性或退化不良；无柄小穗两性，能结实。结实小穗呈披针形，中部较宽，籽粒较短。颖果通常稍短于颖片，致使小穗顶端略成急尖。小穗长约 6 毫米，宽约 2.5 毫米，厚约 1.8 毫米。颖硬革质，为黄褐色、红褐色，大多显紫黑色，表面平滑，有光泽。稃片膜质透明，具芒或无芒。小穗成熟后，大多小穗从穗轴节间折断分离，脱落小穗下部易滞留穗轴节段，折断处不整齐，脱落后小穗腹面常具被折断的小穗轴 1 或 2 枚。极少小穗成熟后自关节脱落，脱落处整齐，脱落后小穗腹面常具 1 或 2 枚有关节的小穗轴（与高粱的脱落小穗一样）。颖果卵形或椭圆形，栗色至淡黄色。（见图 2.8）

图 2.8 黑高粱

015 ⁘ 假高粱

学　名： *Sorghum halpense*（L.）Pers.
英文名： Aleppo grass, Johnson grass

分类地位 被子植物门（Angiospermae）单子叶植物亚门（Monocotyledons）禾本目（Graminales）禾本科（Gramineae）高粱属（*Sorghum*）。

地理分布 分布于缅甸、泰国、菲律宾、印度尼西亚、印度、斯里兰卡、巴基斯坦、阿富汗、伊朗、阿拉伯半岛、黎巴嫩、中国（山东、广东、广西、海南、江苏、浙江、福建、江西、四川、安徽、陕西、河南、贵州、北京和天津等）、俄罗斯、波兰、瑞士、法国、西班牙、葡萄牙、意大利、罗马尼亚、保加利亚、希腊、摩洛哥、几内亚、坦桑尼亚、莫桑比克、南非、澳大利亚、新西兰、斐济、美拉尼西亚、波利尼西亚、密克罗尼西亚、加拿大、美国、墨西哥、古巴、牙买加、危地马拉、洪都拉斯、尼加拉瓜、波多黎各、萨尔瓦多、多米尼加、哥伦比亚、委内瑞拉、秘鲁、巴西、玻利维亚、智利、阿根廷、巴拉圭。

形态特征 结实小穗呈卵圆状披针形，颖硬革质，为黄褐色、红褐色至黑色，表面平滑，有光泽，基部、边缘及顶部 1/3 具纤毛；稃片膜质透明，具芒，芒从外稃先端裂齿间伸出，膝曲而扭转，极易断落，有时无芒。结实小穗成熟后自关节自然脱落，脱落整齐。脱离小穗第 1 颖背面上部明显具有关节的小穗轴 2 枚，小穗轴边缘上具纤毛。颖果倒卵形或椭圆形，暗红褐色，表面乌暗而无光泽，顶端钝圆，具宿存花柱；脐圆形，深紫褐色。胚椭圆形，大而明显，长为颖果的 2/3。（见图 2.9）高粱属 6 个种的种子（小穗）比较见表 2.4。

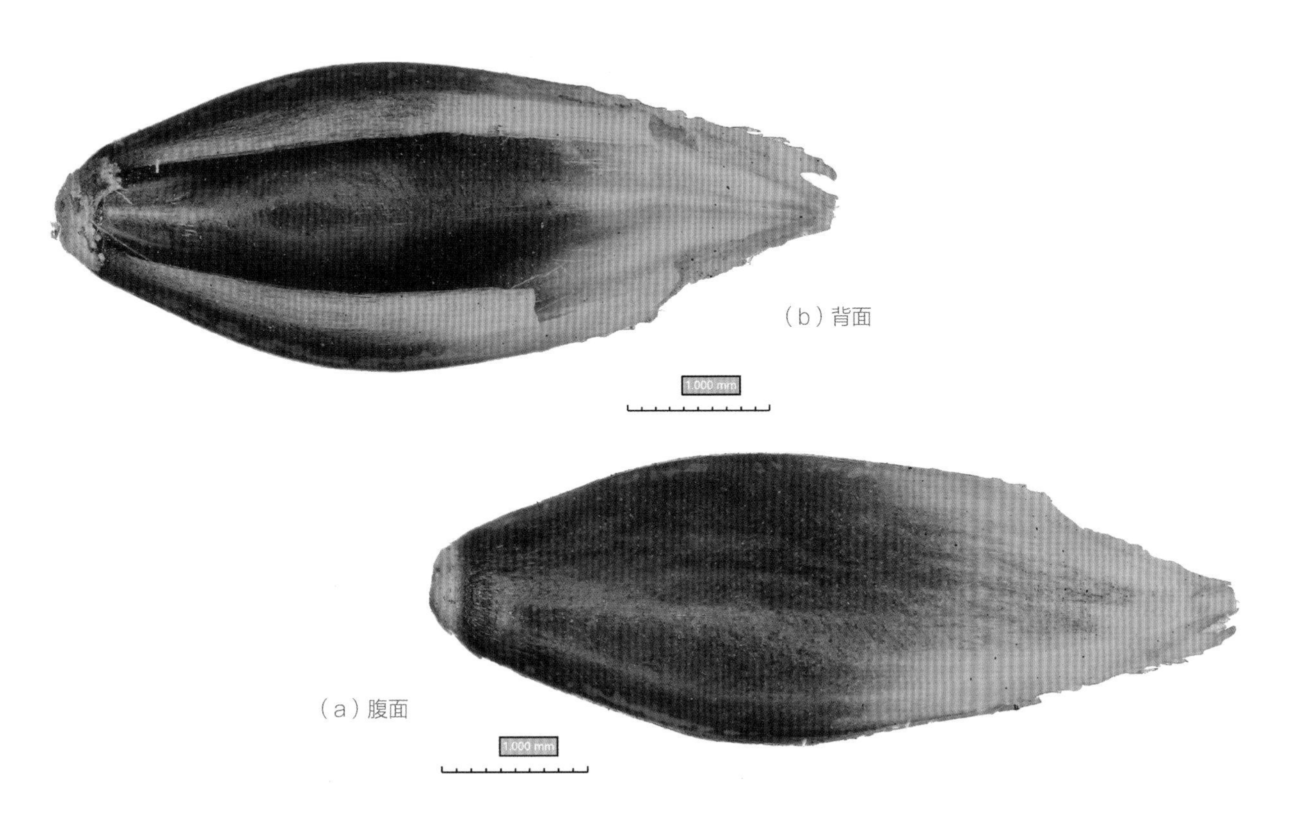

图 2.9 假高粱

表 2.4 高粱属 6 个种的种子（小穗）比较

学名		*Sorghum almum* Parodi.	*S. hale pense*（L.）Persoon	*S. nitidum*（Vahl）Persoon	*S. propinquum*（Kunth）Hitchcock	*S. sudanense*（Piper）Stapf	*S. bicolor*（L.）Moench
中文名		黑高粱（杂高粱）	假高粱（石茅）	光高粱	拟高粱	苏丹草	高粱
小穗	总体情况	小穗孪生，一枚有柄，另一枚无柄；有柄小穗为雄性或退化不育，无柄小穗能结实；小柄线性，3~3.5 毫米，具纤毛	小穗孪生或 3 枚共生；有柄小穗为雄性或退化不育，无柄小穗能结实；小柄线性，具纤毛	小穗孪生或顶生为 3 枚；小柄线性，具纤毛	小穗孪生；小柄线性，具纤毛	小穗孪生或 3 枚共生，有柄小穗为雄性或退化不育，无柄小穗能结实	小穗孪生；小柄线性，具纤毛
	不育小穗	脱落或不脱落。披针形，5 毫米长，比结实小穗稍短或等长；颖片纸质，具 9 脉，无芒。稃片被颖片包裹	脱落。披针形，长 4.5~6.5 毫米；与结实小穗等长；颖纸质，具 5 脉；无芒。稃片被颖片包裹	脱落。3~4.5 毫米，纸质，急尖，无芒，稃片被颖片包裹	脱落。4~5.5 毫米，革质，急尖，无芒；稃片被颖片包裹	脱落。稃片被颖片包裹	脱落。3~10 毫米，草质，稃片被颖片包裹
	可育小穗	椭圆形或倒卵形，背腹扁，中部较宽，籽粒较短，颖果通常稍短于颖片致使小穗顶端略成急尖；长 5.5~6.5 毫米，宽约 2.5 毫米，厚约 1.8 毫米；小穗成熟后，大多从穗轴节间折断，易滞留穗轴节段，折断处不整齐，腹面常具被折断的小穗轴 1 ~ 2 枚；极少数小穗成熟后自关节脱落，脱落处整齐，腹面具 1 ~ 2 枚有关节的小穗轴	多为椭圆形或卵形，背腹扁，中部或下部宽，籽粒极短，显著短于颖片，以至小穗顶部显得尖短突出；长约 5 毫米，宽约 2 毫米，厚约 1.5 毫米；小穗成熟时，脱节于颖之下，完全脱落，缝线明显，穗轴顶端均具关节，小穗成熟后自关节脱落，脱落处整齐	椭圆形小穗顶部急尖，长 3~4.5 毫米；成熟时完全脱落，易滞留穗轴节段。小穗基部圆钝，基盘具红色髯毛	椭圆形，背腹扁，长 4~5.5 毫米；成熟时完全脱落，易滞留穗轴节段；小穗基部圆钝，基盘具白色髯毛	阔椭圆形。背腹扁	不易脱落。背腹扁，长 4~5.5 毫米，椭圆形、卵圆形、倒卵圆形或圆形；小穗基部钝圆，基盘光滑无毛或具毛

| 二、十字花科 |

1属1种

| 匙荠属 |

016 疣果匙荠

学　名：*Bunias orientalis* L.
别　名：近东布尼亚
英文名：Oriental bunias, Warty cabbage, Turkish rocket

分类地位 被子植物门（Angiospermae）双子叶植物亚门（Dicotyledons）十字花目（Cruciales）十字花科（Cruciferae）匙荠属（*Bunias*）。

地理分布 分布于欧洲中部、南部和东部，亚洲西部、西伯利亚地区、土耳其。中国东北有分布。

形态特征 二年生草本，高40~80厘米。茎直生，上部分枝，下部有倒生单毛和红褐色棒状突起。基生叶与下部茎生叶长3~25厘米，宽0.5~5厘米，大头羽状全裂，顶端裂片甚大，矩圆形或三角状矩圆形，边缘有小波状齿，侧裂片披针形，水平展开或向下展开，具单毛、二叉状及红色小棒状突起，叶柄长2~4.5厘米；中部和上部茎生叶披针形，长3.5~13厘米，不裂，边缘具深波状齿或近全缘。总状花序，花密生，黄色，直径约为3毫米；萼片长圆形，长约3毫米；花瓣广倒卵形。短角果，卵形或近卵形，偏斜，长6~8毫米，宽3~4毫米；顶端具短喙，基部钝圆，果皮淡黄白色至黄褐色；表面凹凸不平，有疣状突起及隐若可见的脊棱；果皮木质化坚硬，成熟时不开裂，内含1～2粒种子。种子蜗牛状螺旋形，长约3.5毫米，宽2.2~2.7毫米；种皮膜质，淡黄褐色至黄褐色，表面具皱纹或散生瘤状小突起，无光泽；胚根明显突出呈喙状，斜弯；子叶螺旋形，复褶背倚胚根。疣果匙荠与近似种形态特征的区别见表2.5。

表2.5 疣果匙荠与近似种形态特征的区别

形态特征	种类		
	疣果匙荠（*Bunias orientalis* L.）	*B.erucago* L.	匙荠（*B.cochlearioides* Murr.）
茎	有毛	有毛	无毛
花	黄色	黄色	白色
果实	长6~8毫米，表面有疣状突起，无翼	长10~12毫米，表面有疣，具4个锯齿状翼	长2~4毫米，无疣，表面平滑，有4个钝棱角
种子	直径约3.5毫米，蜗牛状螺旋形，表面具皱纹或散生瘤状小突起	直径约3.5毫米，蜗牛状螺旋形，表面光滑	直径约1.5毫米，椭圆形或近似圆形

| 三、蓼科 |

1属2种

| 刺酸模属 |

017 ⁘ 南方三棘果

学　名： *Emex australis* Steinh.
别　名： 三棘果
英文名： Doublegee, Spiny emex, Three-corner Jack, Cat's Head

分类地位 被子植物门（Angiospermae）双子叶植物亚门（Dicotyledons）蓼目（Polygonales）蓼科（Polygonaceae）刺酸模属（*Emex*）。

地理分布 分布于南非、肯尼亚、津巴布韦、澳大利亚、新西兰、美国、地中海沿岸地区。中国除台湾地区有报道外，无分布。

形态特征 一年生草本，株高50~120厘米，直立或半匍匐状。直根系，主根粗壮。茎秆圆形具棱，多分枝，表面光滑无毛，基部和节点处略带紫色。单叶，互生，三角形至卵圆形，长3~12厘米，宽2~10厘米；下部叶具长叶柄，上部叶柄短于或等于叶片长度，叶柄基部均具膜质状叶鞘。花小而不明显，绿色，雌雄同株异花，雄花具短柄，串生；雌花位于叶腋处，无柄。总苞内含瘦果和种子，瘦果和种子包藏于合生的、已木质化的宿存花被内，呈小坚果状，浅红褐色，乌暗，长5~8毫米，宽3.5~4毫米（不含刺长），具三棱，棱的顶端由外轮花被片的中脉延伸而呈近45°角的直而尖锐的刺3个；果体表面不平整，无光泽，每一果面两侧近平行，近中部两侧各有一短条形的凹陷；在基部另有向下开放的大凹穴2个，凹穴的顶上两侧各有1个小孔穴，凹穴内常有一条不明显的中脊，果体顶端在刺基部的上缘和内轮花被的上端具明显突起的网状纹，花被片扇形，其边缘整齐或略呈波状，顶端突起。其横切面近不规则的六角形，棱脊和棱间中央均有明显的输导组织；瘦果和种子位于其中央；果脐为宽卵状近圆形，边缘突起中间成凹穴。（见图2.10）

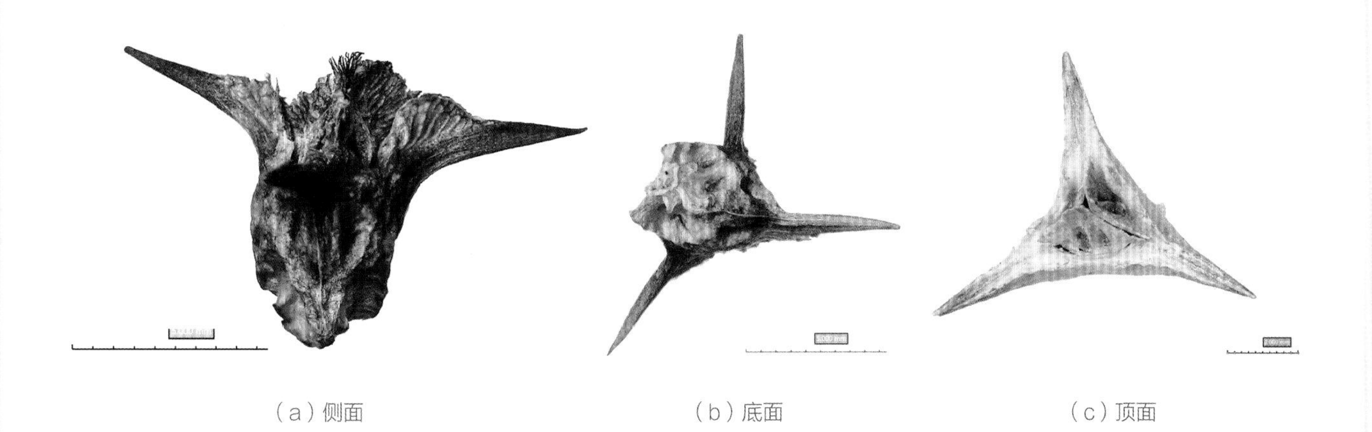

（a）侧面　　（b）底面　　（c）顶面

图2.10　南方三棘果

018 ⁘ 刺亦模

学　名： *Emex spinosa* (L.) Campd.
英文名： Spiny emex

分类地位 被子植物门（Angiospermae）双子叶植物亚门（Dicotyledons）蓼目（Polygonales）蓼科（Polygonaceae）刺酸模属（*Emex*）。

地理分布 原产于阿尔及利亚、佛得角、乍得、塞浦路斯、埃及、厄立特里亚、埃塞俄比亚、希腊、伊朗、伊拉克、意大利、科威特、黎巴嫩、叙利亚、利比亚、马里、毛里塔尼亚、摩洛哥、尼日尔、阿曼、巴勒斯坦、葡萄牙、沙特阿拉伯、索马里、西班牙、苏丹、突尼斯、土耳其、也门。阿根廷、美国、智利、厄瓜多尔、印度、肯尼亚、毛里求斯、墨西哥、巴基斯坦、秘鲁、乌拉圭、澳大利亚有引种。

形态特征 一年生草本，种子繁殖，植株高 30~120 厘米。直根系，主根粗壮。茎秆攀缘上升或直立，高 50~120 厘米，基部常微红，表面光滑无毛。托叶鞘松弛，光滑无毛；叶柄长 2~29 厘米，光滑无毛；卵形至长卵形或三角形，近全缘，长 3~13 厘米，宽 1.1~12 厘米，叶基部近截形至近心形，叶顶端钝尖至锐尖。雄花串生长于叶腋处或位于枝顶，花被片窄长，椭圆形至倒披针形，1.5~2 毫米，花簇具 1~8 朵花；雌花生长于叶腋处，2 轮花被片，外轮花被片椭圆形至长方形，内轮花被片披针形，顶端锐尖；具 2~7 花。果实具 2 态，地下果实，较大，刺不尖锐，着生长于根颈部；地上果实，较小，着生长于茎节上。地上果实的瘦果包在 2 轮坚硬的宿存筒状花被内。外轮花被 6 棱，灰色至褐色，长 3~8 毫米，宽 2.5~4 毫米。3 枚外轮花被合生，于顶端延伸出 3 个刺，每枚花被背面隆起成脊，边缘相互连接成纵棱，棱两侧各具一排横孔或圆孔，脊和棱中部具小外突，外突以下部分收拢呈锥形。内轮花被与外轮互生，基部愈合，顶部合拢成喙状，位于中央。瘦果三棱形，黄褐色至深色，长 3~5 毫米，宽 2~3 毫米。种脐多变，胚周边型，“丁”字状，子叶长于胚根；胚乳可见。

四、苋科

1属3种

异株苋亚属

019 长芒苋

学　名：*Amaranthus palmeri* S. Watson.

分类地位 被子植物门（Angiospermae）双子叶植物亚门（Dicotyledons）藜目（Chenopodiales）苋科（Amaranthaceae）苋属（*Amaranthus*）异株苋亚属（*Subgen Acnida*）。

地理分布 原产于美国西南部至墨西哥北部。在亚洲分布于日本、中国（北京市、天津市局部分布，辽宁省、山东省、福建省等地港口和进口加工区有零星分布）；在欧洲分布于瑞典、奥地利、德国、法国、丹麦、挪威、芬兰、英国；在大洋洲分布于澳大利亚；在美洲分布于美国、墨西哥。适生长于热带、亚热带及温带地区，集中分布在人类聚居区、人工环境（如铁路、港口、田地），借助粮食贸易传播至世界各地。

形态特征 种子近圆形或宽椭圆形，直径 1~1.2 毫米，深红褐色，具光泽。（见图 2.11）

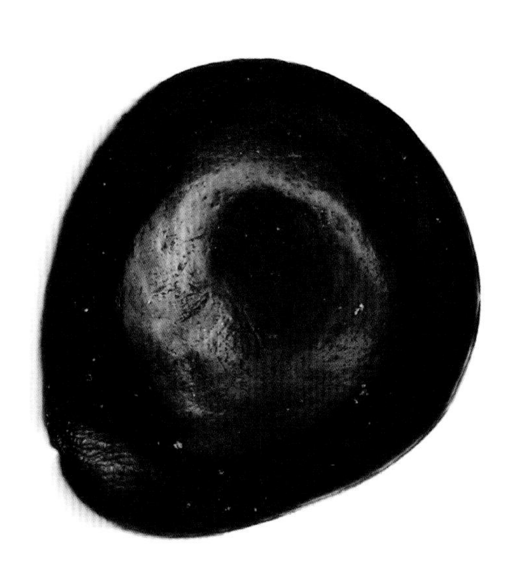

图 2.11 长芒苋

020 ⁘ 西部苋

学　名： *Amaranthus rudis* J. D. Sauer

分类地位 被子植物门（Angiospermae）双子叶植物亚门（Dicotyledons）藜目（Chenopodiales）苋科（Amaranthaceae）苋属（*Amaranthus*）异株苋亚属（*Subgen Acnida*）。

地理分布 原产于美国密西西比河西部流域，从内布拉斯加州至得克萨斯州、艾奥瓦州、伊利诺伊州和密苏里州均有分布。现分布于中国（福建省泉州发现一株）和英国。适生长于热带、亚热带及温带地区，生长于榨油厂附近草地。在原产地常见于各种淡水流域边缘地带，如河边、溪边、湖边、池塘边、沼泽边。

形态特征 一年生草本。茎直立，常分枝，分枝直立或斜升，高 1~2 米，淡绿色，常变绿色。叶柄为叶片的 1/4~1/2；叶片长圆形、卵状披针形至披针形，长 5~15.5 厘米，基部狭楔形，先端长渐尖，有时顶端钝，具短尖头。圆锥花序挺直，长 10~23 厘米，无叶段较松散，有时花簇间断，下部常具叶。雄花苞片长 1.5~2 毫米，先端具雌花苞片长约 2 毫米，中脉外延成小尖头。雄花花被片 5 片，内侧花被片长约 2.5 毫米，先端钝或微凹，外侧花被片长约 3 毫米，先端渐尖，具显著伸出尖头；雄蕊 5 枚；雌花花被片 1~2 片，最短的一个常不完全发育，最长的约 2 毫米，狭披针形，先端渐尖，具伸出的尖头。胞果卵球形，长约 1.5 毫米，膜质，无棱，中部周裂，微皱缩，常带红色。种子圆形，双凸透镜状，直径 0.7~1 毫米，深红褐色。

021 ⁘ 糙果苋

学　名： *Amaranthus tuberculatus*（Moq.）Sauer

分类地位 被子植物门（Angiospermae）双子叶植物亚门（Dicotyledons）藜目（Chenopodiales）苋科（Amaranthaceae）苋属（*Amaranthus*）异株苋亚属（*Subgen Acnida*）。

地理分布 原产于美国密西西比河流域东部地区，从印第安纳州东部至俄亥俄州均有分布。现分布于亚洲的中国（目前仅在辽宁省大连发现一株雄株）、欧洲的英国、北美洲的加拿大（魁北克省）。

形态特征 一年生草本。茎直立，稀斜升或平卧，高 0.4~1.5 米，叶深绿色；叶柄长为叶片的 1/4~1/2；叶片形态多变，较小叶片通常长圆形或匙形，较大者宽卵形至披针形，长 1.5~4 厘米，宽 0.5~1.5 厘米，基部楔形，边缘全缘，先端钝至急尖，具小短尖。圆锥花序顶生，上部弯曲或俯垂，雄花花序长约 5 厘米，排列稀疏，常不具叶；雌花花序长 1~2 厘米，顶生花序常具叶。雄花苞片长 1~1.5 毫米，具极细的中脉；雌花苞片具不明显龙骨突，长 1~2 毫米，先端渐尖。雄花花被片 5 片，花被等长或不等长，长 2~3 毫米，先端钝至急尖、渐尖或具不明显短尖；雄蕊 5 枚；雌花花被片缺失；柱头分枝近直立。胞果深褐色至红褐色，不具纵棱，倒卵状至近球状，长 1.5~2 毫米，壁薄，近平滑或不规则皱缩，不开裂、不规则开裂或周裂。种子直径 0.7~1 毫米，深红褐色至深褐色，具光泽（见图 2.12）。口岸常见苋属种子形态特征比对见表 2.6。

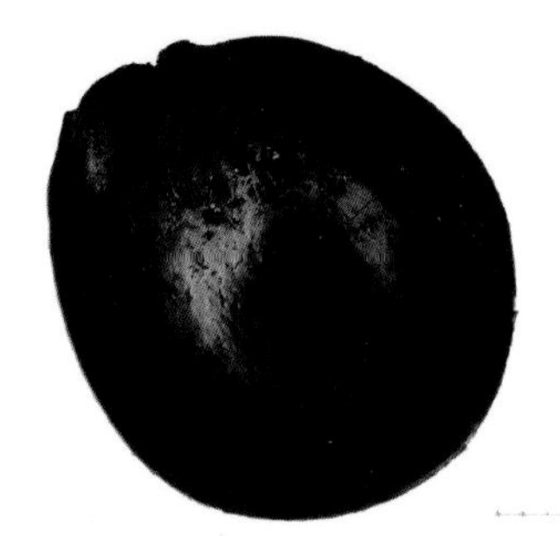

图 2.12 糙果苋

表 2.6 口岸常见苋属种子形态特征比对表

中文名	形状	颜色	长（毫米）	宽（毫米）	环状边
长芒苋 (Amaranthus palmeri)	阔卵形	红褐色、褐色、深褐色	0.90~1.12	0.81~1.03	明显
糙果苋 (Amaranthus tuberculatus)	阔卵形、近圆形	红褐色、褐色	0.75~0.90	0.67~0.77	不明显
白苋 (Amaranthus albus)	近圆形	褐色、深褐色	0.90~1.00	1.00~1.02	明显
凹头苋 (Amaranthus blitum)	近圆形	红褐色、褐色、深褐色、黑色	1.10~1.15	1.07~1.13	明显或不明显，种脐基部下凹
布氏苋 (Amaranthus bouchonii)	阔卵形	褐色、深褐色	0.95~1.10	0.90~1.00	明显
绿穗苋 (Amaranthus hybridus)	阔卵形、近圆形	褐色、深褐色、黑色	0.85~1.00	0.97~1.01	明显
刺苋 (Amaranthus spinosus)	阔卵形、近圆形	红褐色、褐色、深褐色	0.95~1.02	0.81~0.88	明显
假刺苋 (Amaranthus dubius)	阔卵形、近圆形	红褐色、褐色	0.97~1.05	0.80~0.89	明显
反枝苋 (Amaranthus retroflexus)	阔卵形	褐色、深褐色，黑色	1.10~1.15	0.98~1.03	明显
苋 (Amaranthus tricolor)	阔卵形、近圆形	褐色、深褐色、黑色	1.10~1.15	1.05~1.10	明显
合被苋 (Amaranthus polygonoides)	阔卵形	褐色	0.80~0.95	0.66~0.81	明显，种脐基部下凹
菱叶苋 (Amaranthus standleyanus)	阔卵形	褐色、深褐色	0.95~1.02	0.70~0.80	明显，种脐基部下凹
皱果苋 (Amaranthus viridis)	近圆形	黑色	0.75~0.83	0.90 ~0.98	明显或不明显
地中海苋 (Amaranthus graecizans)	近圆形	黑色、深褐色	1.10~1.35	1.10~1.35	明显，种脐基部下凹
南非苋 (Amaranthus capensis)	近圆形	黑色	1.10~1.40	1.10~1.40	明显
北美苋 (Amaranthus blitoides)	近圆形	黑色	1.05~1.25	1.05~1.28	明显

| 五、蒺藜科 |

1属1种

| 蒺藜属 |

022 翅蒺藜

学　名： *Tribulus alatus* Delile
英文名： Alate calterap

分类地位 被子植物门（Angiospermae）双子叶植物亚门（Dicotyledons）牻牛儿苗目（Geraniales）蒺藜科（Zygophyllaceae）蒺藜属（*Tribulus*）。

地理分布 分布于非洲北部。

形态特征 一年生或短命多年生草本，有时有木质的基部。叶对生，羽状复叶，其中 1 对翅常大于其他复叶。小叶对生，全缘，稍不对称。花单生长于腋。花瓣黄。果实由 5 分果爿组成，分果爿圆柱状椭圆形，长 5~8 毫米，宽 3.5~4.5 毫米。略呈三面体状，顶端具有 3 硬尖刺，刺下基部形成翅状，每面具若干穴，靠近基部种脐端，每面各有 1 个较大的穴。果皮木质，坚硬，呈浅褐色至红褐色，内分 3 室，每室含种子 1 粒。种子卵形，长约 3.5 毫米，宽约 2.5 毫米，顶部尖，基部较截平。（见图 2.13）

图 2.13 翅蒺藜

六、酢浆草科

1属1种

酢浆草属

023 宽叶酢浆草

学　名： *Oxalis latifolia* Kunth

英文名： Broadleaf woodsorrel, Fish-tail oxalis, Large-leaf woodsorrel, pinkshamrock

---

分类地位 被子植物门（Angiospermae）双子叶植物亚门（Dicotyledons）牻牛儿苗目（Geraniales）酢浆草科（Oxalidaceae）酢浆草属（*Oxalis*）。

地理分布 分布于中国、日本、印度、巴基斯坦、不丹、印度尼西亚、伊朗、尼泊尔、法国、英国、爱尔兰、葡萄牙、西班牙、丹麦、芬兰、南非、乌干达、肯尼亚、刚果（布）、刚果（金）、埃塞俄比亚、毛里求斯、莫桑比克、尼日利亚、卢旺达、赞比亚、津巴布韦、坦桑尼亚、澳大利亚、新西兰、美国、墨西哥、加拿大、阿根廷、哥伦比亚、委内瑞拉、厄瓜多尔、秘鲁。

形态特征 多年生草本，无地上茎，地下部分有球状鳞茎，鳞茎母球直径1~2厘米，膜质鳞片褐色，植株枯萎后宿存，背具3~5条清晰突起的纵脉。子球生长于匍匐茎端，直径5~6毫米。叶基生；叶柄长30厘米，无毛；三出复叶，宽倒卵形，长1.5~4厘米，宽3~7厘米，先端凹缺，心形，无毛；小叶在夜间闭合。总花梗基生，最高可达30厘米，无毛或被稀疏软毛；伞形花序，有花5~13朵，花梗长1~1.8厘米，花期直立，花后下弯；萼片5，披针形，长约3.5毫米，先端有红棕色腺体2枚。花两性，辐射状对称，花瓣5片，倒心形，长1~2厘米，粉红色至紫色，基部颜色绿色；雄蕊10枚，花柱3枚。蒴果成熟时背裂。种子椭圆形至球形，橘红色至深黄色，长约1毫米，纵棱10~12条，棱间具7~8条横纹。

| 七、大戟科 |

1属1种

| 大戟属 |

024 ⁘ 齿裂大戟

学　名：*Euphorbia dentata* Michx.
别　名：锯齿大戟、紫斑大戟
英文名：Toothed spurge

分类地位 被子植物门（Angiospermae）双子叶植物亚门（Dicotyledons）大戟目（Euphorbiales）大戟科（Euphorbiaceae）大戟属（*Euphorbia*）。

地理分布 分布于北美洲，主要在墨西哥。中国无分布。

形态特征 种子宽倒卵形，长 2.1~2.7 毫米，宽 1.7~2.1 毫米，厚 1.7~1.9 毫米，表面浅灰色、深褐色至近黑色。背面拱圆，腹面稍显平坦，其间有一条线状黑色种脊。种子表面具瘤状突起，分布较均匀，钝或尖。在腹面近基部有一稍凹的脐区，脐区具一淡黄色种阜。种阜肾形，盾状黏附于种脐表面，宽 0.4~0.6 毫米，易脱落。胚直生，抹刀型，埋藏于丰富的胚乳中。（见图 2.14）齿裂大戟常见近似种种子形态特征比较见表 2.7。

图 2.14 齿裂大戟

表 2.7 齿裂大戟常见近似种种子形态特征比较

形态特征	白苞猩猩草 (*E. heterophylla*)	猩猩草 (*E. cyathonhora*)	齿裂大戟 (*E. dentata*)	戴维大戟 (*E. davidii*)
果实	蒴果三室，直径 4.7~5.5 毫米	蒴果三室，直径 4.9~5.5 毫米	蒴果三室，直径 3.9~4.3 毫米	蒴果三室，直径约 4.5 毫米
种子外形	种子宽三角形，顶端钝尖，横切面近三角形	种子圆筒形到卵形，横切面为近圆形	种子为光滑的卵形，横切面为近圆形	种子卵形到三角状卵形，横切面近棱形
种子大小	长 2.4~2.8 毫米 宽 1.9~2.4 毫米 厚 1.9~2.4 毫米	长 2.3~3.1 毫米 宽 1.9~2.5 毫米 厚 1.8~2.4 毫米	长 2.1~2.7 毫米 宽 1.7~2.1 毫米 厚 1.7~1.9 毫米	长 2.4~2.9 毫米 宽 2.2~2.9 毫米 厚 2~2.3 毫米
种子颜色	灰褐色、黄褐色至黑褐色等，表面具灰褐色或深褐色覆盖物	黑褐色到灰色或浅褐色	灰褐色、黄褐色至深褐色，表面具锈斑	近黑色至暗褐色或浅灰色，有时具白色或红褐色锈斑
种了表面	背面龙骨状突起的脊，具小瘤状环带，瘤突分布不均匀，浸泡后种皮表面产生胶质状黏液	瘤突分布较均匀，钝到尖，表面无明显的脊或棱	瘤突分布均匀，钝到尖，细小，表面无明显的脊或棱	腹面稍凸、背面具棱至稍具棱、或具脊状突起。瘤突宽、钝、低且排列不规则
种阜	种阜退化为点状突起，种阜面近菱形	种阜退化，种阜面浅凹，近菱形	种阜盾状，易脱落，宽 0.4~0.6 毫米。种阜面浅凹，扁圆形到棱形	种阜盾状，易脱落，宽 0.5~0.7 毫米。种阜面浅凹，扁圆形至棱形

八、伞形科

2属2种

阿米芹属

025 大阿米芹

学　名： *Ammi majus* L.
别　名： 大软骨草、阿米、雪珠花
英文名： Bishop's flower, Bishop's weed, False bishop's weed, Bullwort, Greater ammi

分类地位 被子植物门（Angiospermae）双子叶植物亚门（Dicotyledons）伞形目（Umbelliflorae）伞形科（Umbelliferae）阿米芹属（*Ammi*）。

地理分布 原产于地中海地区，现分布于伊拉克、以色列、黎巴嫩、葡萄牙、埃及、摩洛哥、乌拉圭、阿根廷、澳大利亚等国，美国有引种。中国有少量引种作药用。

形态特征 直根细长，茎直立，有分枝，枝细长。叶灰绿色，轮廓长圆形，3出式3回羽状分裂，羽片各式，下部羽片椭圆形或长圆形，中部羽片披针形，上部羽片线形，末回裂片披针形，顶端钝或尖，其部楔形，长10~15毫米，宽5~20毫米，边缘有刚毛状细锯齿；叶柄长3~13厘米；茎生叶2回羽状分裂，裂片卵形或长圆形，上部叶裂片狭窄披针形，裂片全缘或3裂，有狭窄叶鞘。伞形花序有梗，长8~14厘米，直径约10厘米；总苞片多数，3裂或羽状分裂或全缘，狭窄，长过伞辐；伞辐8~60条，开花时纤细，长2~8厘米，内侧有粗毛，开花期开展，结实期稍收缩；小总苞片多数，线形，渐尖或线状披针形，开展或花后反卷；小伞形花序有多数花，花萼片小，花瓣5片，白色，雄蕊5枚，雌蕊1枚，子房下位，2室，花柄丝线状，长短不等；花柱长于柱基，叉开。果实为双悬果，卵形或长卵圆形，两侧略压扁，合生面狭窄，光滑无毛；分果瓣果棱丝线形，明显地较棱槽窄，横切面圆五角形，每棱槽内油管1条，合生面油管2条；胚乳的横切面半圆形，合生面近于平直；心皮柄不裂或分裂达基部。（不同角度种子见图2.15）

（a）角度一

（b）角度二

图2.15 大阿米芹

| 欧芹属 |

026 宽叶高加利

学　名： *Caucalis latifolia* L.
别　名： 阔叶窃衣
英文名： Greater Bur-parsley, Great Bur-parsley

分类地位 被子植物门（Angiospermae）双子叶植物亚门（Dicotyledons）伞形目（Umbelliflorae）伞形科（Umbelliferae）欧芹属（*Petraselinum*）。

地理分布 分布于伊朗、阿富汗、哈萨克斯坦、巴基斯坦、中国（新疆维吾尔自治区天山北部草原带）、俄罗斯、摩洛哥、阿尔及利亚、坦桑尼亚、南非。

形态特征 一年生草本，植株高约30厘米。茎叉状分枝，密被短柔毛和开展的灰白色刺毛。叶轮廓长圆形，1回羽状全裂，羽片狭长圆形，长1~2.5厘米，宽0.5~1厘米，无柄或仅下部1对羽片有短柄，边缘锯齿状或有不规则的齿。复伞形花序有伞辐2~5条；小伞形花序有3~4朵两性结实花和3~4朵单性不孕花。花紫红色或玫瑰红色。果实为卵形分生果，两侧扁平，外果皮有粗糙的刺。双悬果黄褐色，分果瓣披针形，长6~10毫米，宽2~4毫米（不计棘刺）。先端具短喙状尖突，易折断，基部截形，背面显著隆起，具纵脊棱4条，棱上着生长约2毫米的粗壮锐尖棘刺，在棘刺棱间另有3列小短刺，腹部平坦，中央有一纵沟槽。果实横切面四棱形，具6个棕色油管，背面与侧面的4个油管与纵棱的维管束相间排列，另2个油管位于沟槽两侧面并相互靠近，胚极小，胚乳丰富，两边缘内卷。（见图2.16）

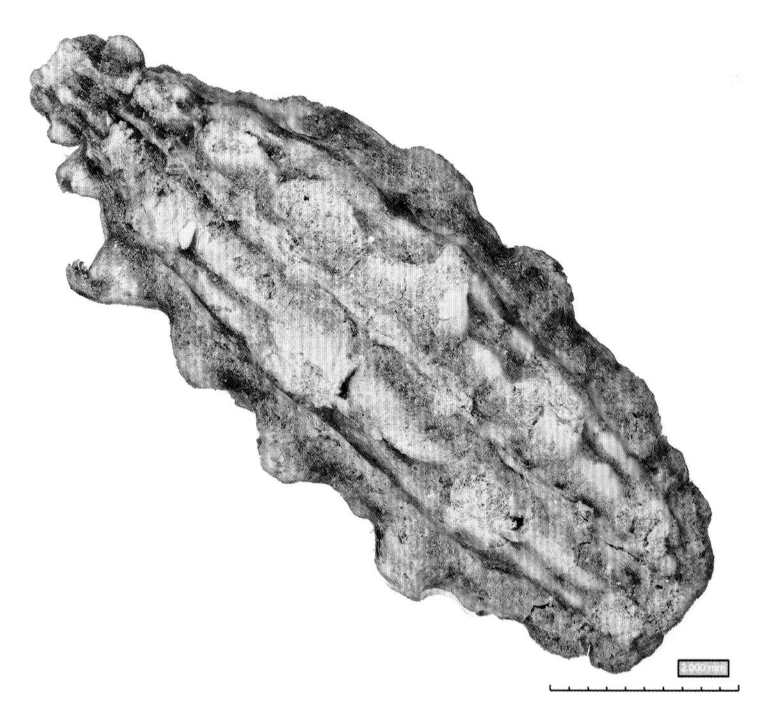

图2.16 宽叶高加利

| 九、川断续科 |

1属1种

| 山萝卜属 |

027 ※ 欧洲山萝卜

学　名： *Knautia arvensis*（L.）Coult.
别　名： 森林寡妇花
英文名： Field scabious

分类地位 被子植物门（Angiospermae）双子叶植物亚门（Dicotyledons）菊目（Asterales）川断续科（Dipsacaceae）山萝卜属（*Knautia*）。

地理分布 分布于欧洲（芬兰、西班牙）、高加索地区和西伯利亚地区、波多黎各和美国。中国无分布。

形态特征 欧洲山萝卜为多年生草本，茎直立，上部分枝，全体有毛，尤以基部为多，植株高 30~100 厘米。叶色鲜绿，多少被毛，披针形，叶端渐尖，边缘具齿或全缘，叶脉明显，叶对生，叶柄具毛。头状花序，花玫瑰红色或淡紫色，小花略呈辐射状排列成半球形。头状花序呈半球形，总苞片多而狭窄。花冠漏斗状，4 裂，浅紫色至淡红色，边缘上的一片最大。雄蕊分离，生长于花冠上。雌蕊具 1 枚细花柱，子房 1 室。果实为瘦果，内含 1 粒种子。瘦果为长方状椭圆形，长 4~6 毫米，宽 2~3.5 毫米，厚约 1.5 毫米。表面黄绿色，被有分散的、长约 1 毫米的白色柔毛。瘦果顶端有 4 个短齿，形成冠状物，基部截形。瘦果矩圆状椭圆形，扁四面体，2 中棱，2 边棱；淡黄绿色至灰黄绿色；长约 6 毫米，宽约 2.8 毫米。表面密被白色长柔毛，因磨损毛常变疏或无。每面近顶部中间隆起成脊，脊两侧各具一深凹。顶端平截，中央突出近球形的脐褥。果脐位于脐褥中央，内陷。（见图 2.17）

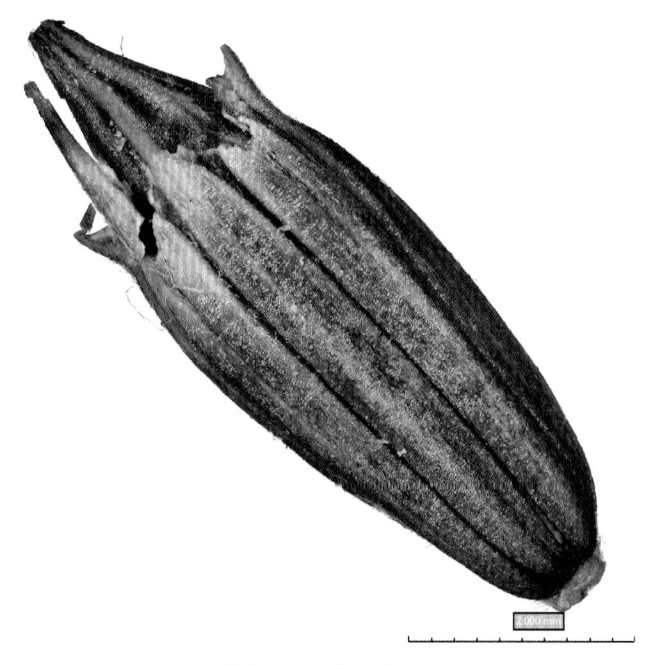

图 2.17 欧洲山萝卜

十、菊科

9 属 16 种

豚草属

028 豚 草

学 名：*Ambrosia artemisiifolia* L.
别 名：美洲豚草、艾叶破布草、北美艾

分类地位 被子植物门（Angiospermae）双子叶植物亚门（Dicotyledons）菊目（Asterales）菊科（Asteraceae）豚草属（*Ambrosia*）。

地理分布 原产于北美洲。现分布于日本、俄罗斯（亚洲部分）及中亚地区、中国（已传入为归化野生，湖北、江苏分布较广，湖南、江西、山东、河北、黑龙江、吉林、辽宁、安徽、浙江、上海等地有分布）、匈牙利、德国、奥地利、瑞士、瑞典、法国、意大利、毛里求斯、加拿大、美国、百慕大、墨西哥、危地马拉、古巴、牙买加、阿根廷、巴拉圭、巴西、智利。

形态特征 总苞闭合，具结合的总苞片，倒卵形或卵状长圆形，顶端有围裹花柱的圆锥状嘴部，在顶部以下有 5~8 个尖刺，稍被糙毛，形成总苞。总苞倒卵形或卵状长圆形，长 2~4 毫米，直径为 1.6~2.4 毫米，表面浅灰褐色、黄褐色至褐色，有时带黑色的斑，有网状纹；顶端中央有一圆锥形的长喙，总苞上部周围有 4~6 个刺棘状突起，长 0.1~0.5 毫米，突起下方沿总苞表面下延成隆起的纵肋；总苞一室，内含瘦果一粒。（见图 2.18）

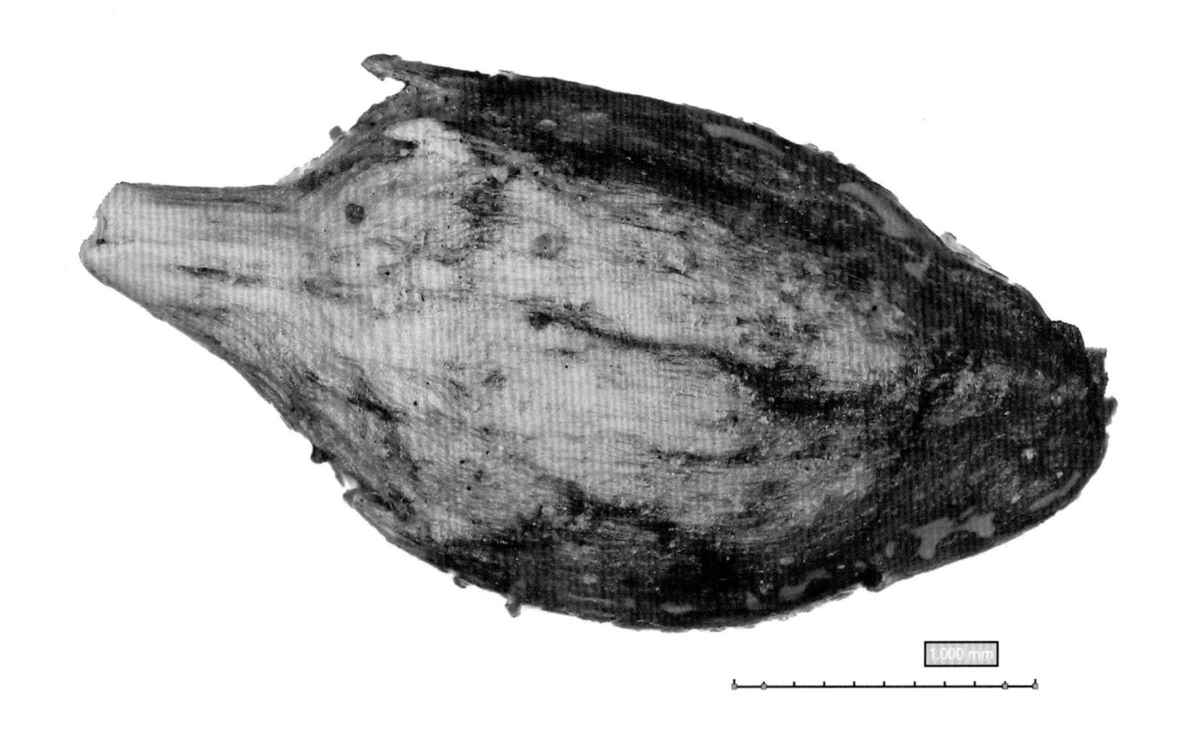

图 2.18 豚 草

029 ⁘ 三裂叶豚草

学　名：*Ambrosia trifida* L.
别　名：大破布草

分类地位 被子植物门（Angiospermae）双子叶植物亚门（Dicotyledons）菊目（Asterales）菊科（Asteraceae）豚草属（*Ambrosia*）。

地理分布 原产于北美洲。现分布于日本、俄罗斯（亚洲部分）和中亚地区、中国（1959 年出版的《东北植物检索表》已有记载，常见于东北地区的田野、路旁及河边湿地，现主要分布于黑龙江、吉林、辽宁、陕西、北京等地）、德国、瑞士、瑞典、澳大利亚、加拿大、美国、墨西哥。

形态特征 总苞倒卵形，长 6~10 毫米，直径为 3~7 毫米，呈黄白色、黄褐色、淡灰褐色至黑褐色，表面光滑，顶端中央有一圆锥形的长喙，喙长 2~4 毫米，总苞上部周围有 5~7 个棘状突起，较锐，向上斜伸，并沿总苞表面下延隆起呈纵肋，与突起同数或略少，总苞 1 室，内含瘦果 1 粒。（见图 2.19）

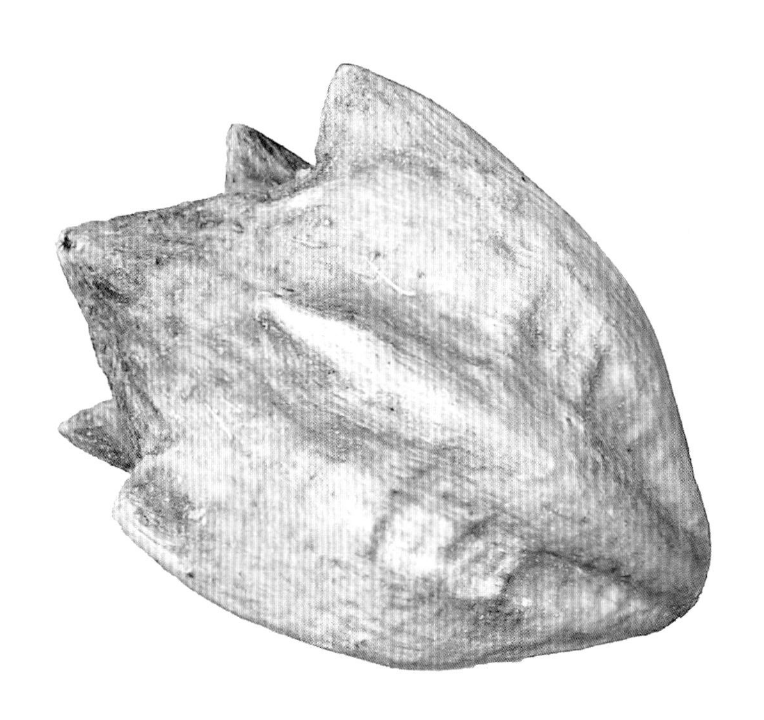

图 2.19 三裂叶豚草

030 ⁘ 多年生豚草

学　名： *Ambrosia psilostachya* DC.
别　名： 毛果破布草

分类地位 被子植物门（Angiospermae）双子叶植物亚门（Dicotyledons）菊目（Asterales）菊科（Asteraceae）豚草属（*Ambrosia*）。

地理分布 原产于北美洲。现分布于俄罗斯（亚洲部分）和中亚地区、瑞士、瑞典、埃及、毛里求斯、澳大利亚、加拿大、美国、墨西哥。

形态特征 总苞倒卵形，长 2~3 毫米，直径为 2~2.5 毫米，端中央有一圆锥状短喙，喙长 0.6~0.7 毫米，周围无棘状突起或突起很小，突起下方总苞表面无纵肋或略显 3~6 条圆肋；表面浅褐色至褐色，有时带黑褐色斑纹，有不规则皱纹，无毛或有白色短毛；总苞 1 室，内含瘦果 1 粒。豚草属主要种类形态特征比较见表 2.8。

表 2.8 豚草属主要种类形态特征比较

形态特征		豚草 *A.artemisiifolia* L	三裂叶豚草 *A.trifida* L	多年生豚草 *A.psilostachya* DC.	地中海豚草 *A.maritima* L	双齿叶豚草 *A.identate* Michx	绵毛豚草 A.grayi
植株		一年生草本	一年生草本	多年生草本	一年生草本	一年生草本	多年生草本
叶	着生方式	下部叶对生，上部叶互生	叶对生，有时互生具叶柄	下部叶对生，上部叶常互生	叶互生	叶通常对生，上部有的互生	叶多为互生
	羽裂	下部叶2回羽状深裂，上部叶羽状分裂	下部叶掌状，3 ~ 5 裂；上部叶 3 裂至不分裂	羽状锯齿或 1 回羽状深裂	叶 2 回羽状深裂	叶基部圆形至心形，边缘全缘或基部 1 ~ 2 裂或 4 裂	叶 1 或 2 回不规则羽状分裂
总苞	形状	倒卵形或卵状长圆形	倒卵形	倒卵形	卵圆状陀螺形	卵圆状金字塔形	卵圆状梨形至球形
	大小	长 2~4 毫米，直径 1.6~2.4 毫米	长 6~10 毫米，直径 3~7 毫米	长 2~3 毫米，直径 2~2.5 毫米	长 5~6 毫米，直径 3.5~4.5 毫米	长 5~8 毫米，直径 4~6 毫米	长 3~7 毫米，直径 2~4 毫米
	刺棘状突起	上部周围有 4 ~ 6 个较细的棘状突起，总苞表面下延成隆起的纵肋	上部周围有 5~7 个棘状突起，较锐，总苞表面下延成隆起的纵肋	周围无短棘状突起或很小，总苞表面无纵肋或有略显的圆肋	周围散生 4~5 个刺状突起，总苞表面下延成纵肋	上部周围有 4~5 个刺状突起，较锐，总苞表面下延成纵肋	周围散生，8~15 个针形扁刺状突起

| 矢车菊属 |

031 ⁘ 铺散矢车菊

学　名： *Centaurea diffusa* Lam.
英文名： Diffuse knapweed

分类地位 被子植物门（Angiospermae）双子叶植物亚门（Dicotyledons）菊目（Asterales）菊科

（Asteraceae）矢车菊属（*Centaurea*）。

地理分布 分布于欧洲以及中国的辽宁等地。生长于海拔 100 米地区，常见于山坡。目前已进行人工引种栽培。

形态特征 植株直立或基部稍铺散，高 20~80 厘米，自基部多分枝，分枝纤细，全部茎枝被稠密的长糙毛及稀疏的蛛丝毛。基生叶及下部茎叶 2 回羽状全裂，有叶柄，花期通常脱落。中部茎叶 1 回羽状全裂，无叶柄，末回裂片线形。边缘全缘，顶端急尖。上部叶全缘或羽状浅裂，线形或线状披针形，宽 1~3 毫米，叶面被长糙毛。头状花序小，极多数，小花白色，有时紫色，在茎枝顶端排成疏松圆锥花序。总苞片 5 层，外层与中层披针形或长椭圆形，包括顶端针刺长 3~7 毫米（不包括边缘），针刺宽 0.6~1.5 毫米，淡黄色或绿色，顶端有坚硬附属物，附属物沿苞片边缘长或短下延，针刺化，顶端针刺长三角形，长 1~2 毫米，边缘栉齿状针刺 1~5 对，栉齿状针刺长约 1.5 毫米，全部顶端针刺斜出，并不呈弧形向下反曲状。内层苞片宽线形，长约 8 毫米，宽约 1 毫米，顶端附属物边缘或有锯齿。瘦果长倒卵形，长 2~2.5 毫米，宽约 1 毫米，茶褐色或浅黑色，表面平滑有光泽，具数条黄色纵条纹，条纹间被稀疏的白色短柔毛。顶端较平截，无冠毛或冠毛长度不超过 1. 毫米。衣领状环黄色，整齐突起，中央具残存花柱。

032 ⁘ 匍匐矢车菊

学　名： *Centaurea repens*（L.）DC.
别　名： 契丹蓟、顶羽菊、俄罗斯矢车菊、苔蒿
英文名： Russian Knapweed, Mountain Bluet, Turkestan thistle, Creeping knapweed

分类地位 被子植物门（Angiospermae）双子叶植物亚门（Dicotyledons）菊目（Asterales）菊科（Asteraceae）矢车菊属（*Centaurea*）。

地理分布 分布于阿富汗、亚美尼亚、阿塞拜疆、格鲁吉亚、印度、伊拉克、伊朗、哈萨克斯坦、吉尔吉斯斯坦、蒙古国、叙利亚、塔吉克斯坦、土耳其、土库曼斯坦、乌兹别克斯坦、巴基斯坦、巴林、中国（河北、内蒙古、宁夏、青海、新疆、陕西、山西等地有分布记录）、俄罗斯、乌克兰、南非、澳大利亚、新西兰、加拿大、美国、墨西哥、特立尼达和多巴哥（特立尼达岛）、阿根廷。

形态特征 多年生草本，全株无刺。具发达的根状茎，根状茎成熟后呈深褐色至黑色，在不同的深度分枝频繁，形成大范围的垂直和水平的根部系统，由鳞片状的根状茎叶芽处发育出新的枝条。茎直立，单生或簇生，多分枝，高 30~100 厘米。叶互生，叶形多变。子叶卵形至铲状，叶背具鳞片状附着物，最初的莲座状丛叶为椭圆形至倒披针形，表面具白色毛，白粉状，全缘。随后的莲座状丛叶为不规则的 1 回羽状分裂，并带明显的波浪状边缘。植株下部叶具深裂，长 10~15 厘米，宽约 5 厘米，成株后干枯脱落；其他茎秆叶具柔毛，成株后为灰绿色，椭圆形至披针形，长 1~5 厘米，宽 0.2~1.2 厘米，叶缘锯齿或全缘，上部叶渐小且更多为全缘。头状花序着生长于带叶枝顶，花冠筒状，红色或紫色。总苞卵形或近球形，直径 5~15 毫米。总苞片 6~8 层，覆瓦状排列，总苞片外层与中层卵形或宽倒卵形，长 3~11 毫米（包括上部附属物），内层披针形或线状披针形。全部苞片附属物膜质，半透明状。小花两性，质厚，管状，花冠粉红色或淡紫色，长约 14 毫米，花冠裂片长约 3 毫米。瘦果倒卵形，长 2~4 毫米，宽 1.3~2.5 毫米，厚 0.7~1.4 毫米，瘦果侧面观有时稍弯曲，基端狭窄，顶端稍宽圆，衣领状环不明显，花柱残基显著隆起，冠毛白色，多层，向内层渐长。冠毛毛状，渐向顶端成羽状，基部不连合成环，易脱落，果皮乳白色至淡黄色，表面光滑无毛，稍具光泽，约具 10 条不明显的纵肋条。铺散矢车菊及部分近似种形态特征比较见表 2.9。

表 2.9 铺散矢车菊及部分近似种形态特征比较

种类	果实形态	色泽	冠毛	衣领状环	种脐
铺散矢车菊（*C.diffusa* Lam.）	长 2~3.5 毫米，宽约 1 毫米，倒长卵形	茶褐色，具黄色纵条纹，表面平滑，有光泽	无冠毛，极少数具冠毛，通常短于 1 毫米	衣领状环黄色，整齐突起	位于基部钩的内侧，其上有白色附属物
多斑矢车菊［*C. stoebe* L. subsp. *australis*（A.Kern.）Greuter］	长 3~3.5 毫米，宽约 2 毫米，长椭圆形	暗褐色至黑褐色，具浅色的纵向条纹	冠毛白色，3 层，中层最长 1~2.5 毫米，内层最短	衣领状环黄褐色，边缘具细锯齿	位于基部内侧凹陷内，较大
小花矢车菊［*C. virgata* subsp. *squarrosa*（Boiss.）Gugler］	长 2.4~4.2 毫米，倒卵形或椭圆形，压扁	淡黄白色，被稀疏柔毛，具数条浅色的纵向条纹	冠毛白色，2 列，外列数层，长达 2 毫米，向内渐长；内列 1 层，冠毛膜片状，极短	衣领状环黄色，边缘具细锯齿	近圆形，位于基部内侧凹陷内
矢车菊（*C. cyanus* L.）	长 3.5~4 毫米，宽约 2 毫米，长椭圆形	灰白色或灰色，表面平滑，有亮光泽，似瓷质，具白色细柔毛	冠毛黄褐色，长约 3 毫米，由外层向内层变长	衣领状环黄色，整齐突起	斜形、中空，表面覆有白色细毛
紫矢车菊（*C. calcitrapa* L.）	长 2.5~3 毫米，宽 1.5~2 毫米，广倒卵形至长倒卵形	黄白色至浅褐色，具暗褐色至黑褐色的斑点或条纹，表面平滑，稍有光泽	冠毛脱落	衣领状环边缘整齐，中央具花柱残痕	近白色，位于基部内侧凹陷内
棕鳞矢车菊（*C. jacea* L.）	长 3.2~4.1 毫米，宽 1.6~2 毫米，长卵状椭圆形	灰褐色，背腹两面各具一条黄灰色纵条纹，纹间密布极细的纵线纹，疏生白色长柔毛	冠毛易脱落，偶见残存的短鳞片状冠毛	衣领状环整齐	椭圆形，凹陷中间有 1 纵条纹突起，上面有黄色的附属物
马尔塔矢车菊（*C. melitensis* L.）	长 2~2.5 毫米，宽 1~1.2 毫米，长椭圆形	浅灰白色，平滑，有光泽，背腹具 1 条较粗的白色纵线纹，线纹间另具 1~4 条细线纹	冠毛灰白色，扁芒状，多层，长短不一	衣领状环边缘有细锯齿，浅黄色或白色	位于瘦果窄的一侧近基部，周围浅黄色或白色，缺口为明显的钩状
黄矢车菊（*C. solstitialis* L.）	长 2~2.5 毫米，宽 1~1.5 毫米，长倒卵形	黄褐色至浅褐色，密布暗褐色或黑褐色条纹，表面平滑，无光泽	冠毛多层白色，长短不一，易脱落	衣领状环黄色	近圆形、位于果实基部一侧的凹陷内
黑矢车菊（*C. nigra* L.）	长 3~3.8 毫米，宽 1.5~1.7 毫米，长椭圆形	黄褐色至黑褐色，表面具黄褐色纵条纹	常残存鳞片状冠毛	衣领状环边缘有细锯齿	位于果实窄的一侧近基部，浅黄色或白色，缺口偏斜
爱白里矢车菊（*C. iberica* Trev.）	长 3.3~4 毫米，宽 1.8~2 毫米，长椭圆状倒卵形	浅黄色，密布褐色的纵细条纹，背腹两面及两侧各具 1 条黄白色纵脊，光滑无毛，有光泽	冠毛 3 层，外层最短，中层最长，略短于果长，浅黄白色	衣领状环边缘整齐	位于果实窄的一侧近基部，周围浅黄色，偏斜形缺口小而浅，脐上有白色附属物
爱白里矢车菊（*C. iberica* Trev.）	长 3.3~4 毫米，宽 1.8~2 毫米，长椭圆状倒卵形	浅黄色，密布褐色的纵细条纹，背腹两面及两侧各具 1 条黄白色纵脊，光滑无毛，有光泽	冠毛 3 层，外层最短，中层最长，略短于果长，浅黄白色	衣领状环边缘整齐	位于果实窄的一侧近基部，周围浅黄色，偏斜形缺口小而浅，脐上有白色附属物
粗糙矢车菊（*C. scabiosa* L.）	长 4.2~5.2 毫米，宽 1.8~2.2 毫米，厚约 1.4 毫米，长椭圆状倒卵形	表面黄褐色至褐色，具不明显黄色纵条纹，表面散生白色长柔毛，易脱落	冠毛宿存，向外稍开展，约与果等长	衣领状环窄，边缘无锯齿	位于瘦果窄的一侧基部，亮黄色，缺口为偏斜形
硫磺矢车菊（*C. sulphurea* Willd）	长 4~5.2 毫米，宽 1.8~2.9 毫米，长倒卵形	浅黄色，具棕褐色纵条纹或条斑，光滑无毛，有光泽	冠毛宿存，4~5 层，硬直而有弹性，黑褐色	衣领状环浅黄色，边缘有不明显的细锯齿	位于瘦果窄的一侧近基部，周围浅黄色，缺口常成一明显的角
匍匐矢车菊［*C.repens* L.（*Acroptilon repens*（L.）DC.］	长 2~4 毫米，宽 1.3~2.5 毫米，厚 0.7~1.4 毫米，倒卵形	果皮乳白色至淡黄色，表面光滑无毛，稍具光泽，约具 10 条不明显的纵肋条	冠毛白色，多层，向内层渐长。冠毛毛状，渐向顶端成羽状，基部不连合成环，易脱落	衣领状环不明显，花柱残基显著隆起	果脐位于瘦果基端，平或稍偏斜

泽兰属

033 紫茎泽兰

学　名： *Eupatorium adenophorum* Spreng.
别　名： 破坏草、解放草
英文名： Crofton weed

分类地位 被子植物门（Angiospermae）双子叶植物亚门（Dicotyledons）菊目（Asterales）菊科（Asteraceae）泽兰属（*Eupatorium*）。

地理分布 原产于墨西哥和哥斯达黎加，后传播到亚洲、大洋洲的热带、亚热带山地。中国云南、广西、贵州有分布。

形态特征 根茎粗壮，横走；茎直立，高30~200厘米，分枝对生、斜上，被白色或锈色短柔毛。叶对生，叶片质薄，卵形、三角形或菱状卵形，腹面绿色，背面色浅，两面被稀疏的短柔毛，在背面及沿叶脉处毛稍密，基部平截或稍心形，顶端急尖，基出3脉，边缘有稀疏粗大而不规则的锯齿，在花序下方则为波状浅锯齿或近全缘，叶柄长4~5厘米。头状花序小，在枝端排列成伞房或复伞房花序，花序直径2~4厘米。总苞宽钟形，长3毫米，宽4~5毫米，含40~50朵小花；总苞片1~2层，线形或线状披针形，长3毫米，先端渐尖，花序托突起，呈圆锥状，外被腺毛。管状花两性，幼时中心略带淡紫色，开花时白色，长约5毫米，下部纤细，上部膨大，开花时裂片平展反曲。雌蕊伸出花冠管约3毫米。瘦果长椭圆形，稍弯曲，黑褐色，长1.2~1.5毫米，宽约0.3毫米，有光泽，表面方格纹，有5条纵棱；冠毛白色；果脐大，白色，位于下端部，近圆形；白色衣领状环明显，衣领环中间可见明显白色残存花柱。果实内含1粒种子，横切面近椭圆形；胚直立，黄褐色；种子无胚乳。

034 飞机草

学　名： *Eupatorium odoratum*（L.）King & Robinson
别　名： 香泽兰、暹罗草
英文名： Camfhur grass, Fragrant Eupatorium Herb, Siam weed

分类地位 被子植物门（Angiospermae）双子叶植物亚门（Dicotyledons）菊目（Asterales）菊科（Asteraceae）泽兰属（*Eupatorium*）。

地理分布 原产于中美洲，现分布于越南、柬埔寨、菲律宾、马来西亚、印度尼西亚、泰国、缅甸、斯里兰卡、印度、尼泊尔、科特迪瓦、加纳、尼日利亚、南非、澳大利亚、墨西哥、洪都拉斯、萨尔瓦多、哥斯达黎加、巴拿马、多米尼加、牙买加、特立尼达、波多黎各、委内瑞拉、秘鲁等30多个国家（地区）。

形态特征 果实为瘦果，黑褐色，长条状，多数5棱形，有的具3 ~ 6条细纵棱状突起，长3.5~4.1毫米，宽0.4~0.5毫米，暗褐色；表面具细纵脊状突起，棱脊上各附一条冠毛状的、不与果体紧贴而生的淡黄色附属物，其上面着生向上的淡黄色短柔毛，顶端截平，衣领状环黄色，不膨大；冠毛宿存，细长芒状，长约4.9毫米，淡黄色，稍长于果体；基部窄，黄褐色。果脐位于端部，脐小，近圆形，黄白色，位于果实基端的凹陷内；果实内含种子1粒，种子与果实同形，种皮膜质，胚直生，黄褐色，种子无胚乳。（见图2.20）飞机草、紫茎泽兰及假臭草瘦果形态比较见表2.10。

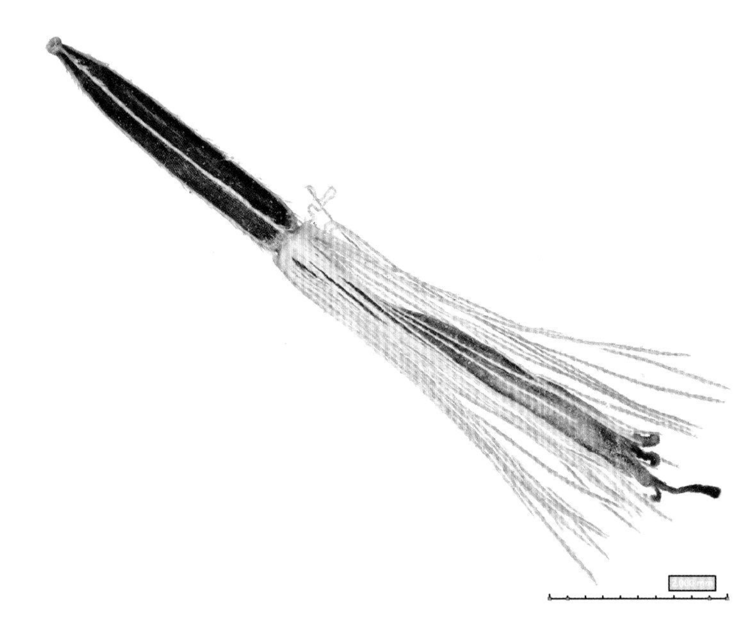

图 2.20 飞机草

表 2.10 飞机草、紫茎泽兰及假臭草瘦果形态比较表

瘦果形态	飞机草 (*Eupatorium odoratum*)	紫茎泽兰 (*Eupatorium adenophorum*)	假臭草 (*Praxelis clematidea*)
大小	长 3.5 ~4.1 毫米 宽 0.4~0.5 毫米	长 1.6~2.3 毫米 宽 0.18~0.3 毫米	长 2~3 毫米 宽 0.5~0.7 毫米
冠毛	宿存，不易脱落	易脱落	宿存，不易脱落
棱数	3 ~ 6 棱，多 5 棱	5 棱	3 棱或 4 棱，多为 4 棱
棱脊	细纵脊状突起，棱脊上着生不与果体紧贴的、向上的淡黄色细短柔毛	纵棱角外突较锐，棱脊上几无柔毛	棱脊上着生稀疏白色紧贴向上的短柔毛
表面	无短柔毛	无短柔毛	着生稀疏短柔毛

| 黄菊属 |

035 黄顶菊

学　名： *Flaveria bidentis*（L.）Kuntze
别　名： 二齿黄菊
英文名： Coastalplain Yellowtops

分类地位 被子植物门（Λngiospcrmac）双子叶植物亚门（Dicotylcdons）菊日（Λstcralcs）菊科（Asteraceae）黄菊属（*Flaveria*）。

地理分布 原产于南美洲巴西、阿根廷等国，扩散到美洲中部、北美洲南部及西印度群岛，后来由于引种等原因而传播到埃及、南非、英国、法国、澳大利亚和日本等地。

形态特征 多年生丛生性草本或亚灌木，植株高 2~3 米，根茎粗壮，茎直立，分枝伸展，茎枝被柔毛。叶对生，菱状卵形或卵状三角形，两面被白色茸毛及红褐色腺点，叶边缘有粗而不规则的齿刻，先端渐尖，基部阔楔形，两面粗糙，具明显 3 脉，叶柄长 1~2 厘米，被柔毛，叶片挤碎后散发刺激性的气味。头状花序多数，在枝顶排成伞房状，具长总花梗。总苞圆柱状，有 3~4 层紧贴的总苞片，总苞片卵形或线形，稍有毛，顶端钝或稍圆，背面有 3 条深绿色的纵棱。小花多数，花冠管状，淡黄色，基部稍膨大，顶端 5 齿裂，裂片三角状，柱头粉红色。果实为瘦果，黑色，稍扁，倒披针形或近棒状，无冠毛，果实上部稍宽，中下部渐窄，基部较尖；果实表面具 10 条纵棱，棱间较平，面上具细小的点状突起，直径可达 0.7~0.8 毫米；边花果长约 2.5 毫米，较大，心花果长约 2 毫米，较小；果脐位于果实的基部，小果脐外围可见淡黄色的附属物。（见图 2.21）

图 2.21 黄顶菊

假苍耳属

036 小花假苍耳

学　名： *Iva axillaris* Pursh.

英文名： Poverty weed, Death-weed, Wild potato-vine, Wild sweet-potato-vine, Small-floweremarsh marsh elder, Bozzleweed

分类地位 被子植物门（Angiospermae）双子叶植物亚门（Dicotyledons）菊目（Asterales）菊科（Asteraceae）假苍耳属（*Iva*）。

地理分布 原产于加拿大西部各省。现分布于加拿大、美国、墨西哥、哥伦比亚、奥地利、澳大利亚。中国无分布。

形态特征 多年生草本，近基部稍木质化，植株高 10~60 厘米，茎直立，多分枝。具极度发达的地下根茎。茎秆下部叶对生，近顶端叶渐小且互生，叶稍厚，灰绿色，椭圆形至卵形，无柄或近无柄，长 0.5~3.2 厘米，宽 0.1~1 厘米，具 1~3 脉，全缘。密被微红色的腺体，碾碎时叶片散发出强烈的味道。头状花单生长于上部叶的叶腋处，下垂，具短柄。总苞片 4~6 裂，合生或分开，头状花序包括雄花和雌花，小花的中央有雄性花蕊通常 5~15 枚，花冠漏斗状，长 2~3 毫米，雄蕊 5 枚，具有退化不育的子房；边花具雌蕊，通常 2~11 枚，花冠圆柱形。瘦果倒卵形或楔形立扁（左右扁），长约 2.5 毫米，宽约 2 毫米，厚约 1 毫米。果皮颜色常变，由绿色至黑灰色、褐色和黑色。种子卵形，扁平而稍弯，表面灰色或褐色，表面常有分散的褐灰色的油点。在一花盘上只形成 1~2 粒种子，大多数花盘上的种子不脱落。

037 ※ 假苍耳

学　名： *Iva xanthifolia* Nutt.
别　名： 假耳
英文名： Flase ragweed, False sunflower, Giant sumpweed, Giant marsherlder, Horseweed

分类地位 被子植物门（Angiospermae）双子叶植物亚门（Dicotyledons）菊目（Asterales）菊科（Asteraceae）假苍耳属（*Iva*）。

地理分布 分布于北美洲，其中加拿大、美国较多。中国在辽宁沈阳及朝阳零星发现，系外来种。

形态特征 一年生草本，灰绿色，茎秆直立，多分枝。单叶对生，近顶端互生。叶片长 6~12 厘米，宽 5~12 厘米。广卵形、长圆形或近圆形，基部楔形、截形、心形不等，先端渐尖或长尾状尖，边缘具锯齿，叶脉明显，叶面粗糙，被糙毛，背面密被柔毛，沿脉尤多，基出 3 脉，具长叶柄，叶柄长 1~7 厘米。头状花序多数，下垂，近无柄，在茎或分枝顶端形成圆锥花序，花序轴被黏毛。子房 5 室，柱头 2 裂。总苞陀螺状，覆瓦状排列，外被长黏毛或近无毛，长 1.5~3 毫米。总苞片 2 层，外层 5 片，叶质，长 2.5 毫米，宽 2 毫米，先端突尖，脉明显，边缘锯齿状，有毛；内层 5 片，膜质，小，每片包 1 枚雌花，随子房长大，最后包于瘦果。雌花花冠退化成短筒，长 0.2 毫米；雄花多数，背面隆起，位于花序托的上部（即花盘中央），雄花冠筒长约 2 毫米，具 5 齿裂，花药长 0.8~1 毫米，纵裂，花丝长约 0.6 毫米。瘦果三角状卵形，无冠毛，背腹压扁，长 2~3 毫米，宽 1.5~2 毫米，黑色至黑褐色。上半部双凸面，较厚，下半部向一面弯曲，渐尖，较薄，顶端圆钝，无衣领状环，具花柱残基，两侧脊棱明显，表面密布颗粒状细纵纹，有时具灰色或褐色斑。果脐小，位于基端，内含 1 粒种子。果实为瘦果，无冠毛，倒卵形，长 2~3 毫米，宽 1.5~2 毫米，黑褐色，上半部双凸面，较厚，下半部向一面弯曲，渐尖，较薄，顶端宽圆，无衣领状环，先端平截，短花柱宿存，果体两侧中间各有 1 条脊棱，有时具灰色或褐色斑，有细密的纵棱，表面光滑无毛或被糠秕状物，果脐小，位于果实基端。果内含 1 粒种子。种子横切面近菱形，胚直生；无胚乳。假苍耳种子见图 2.22。小花假苍耳与假苍耳的形态特征比较见表 2.11 。

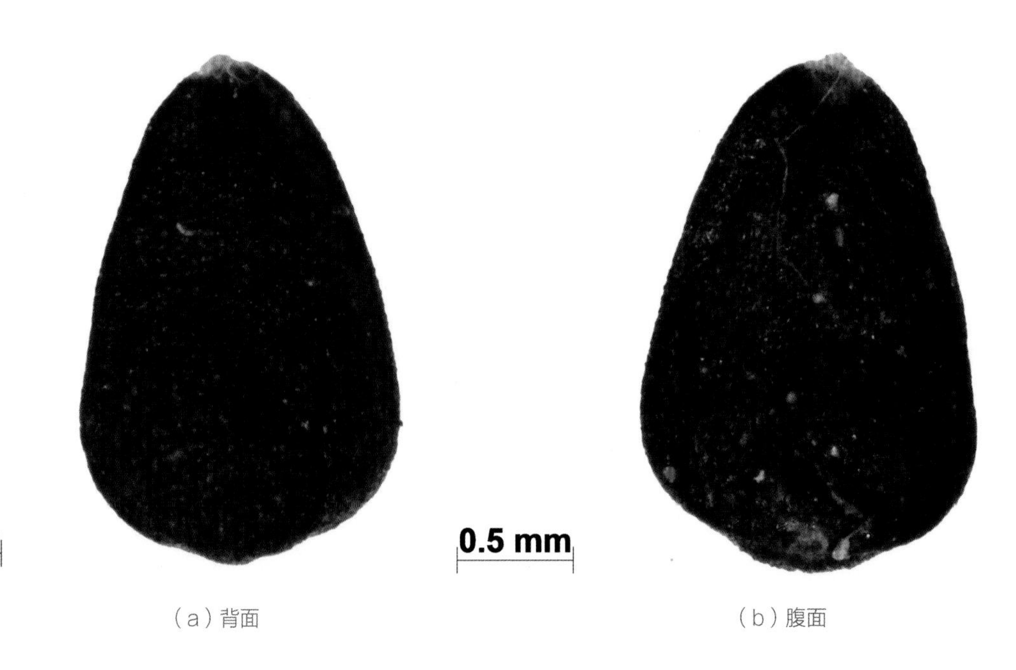

（a）背面　　（b）腹面

图 2.22 假苍耳

表 2.11 小花假苍耳与假苍耳的形态特征比较

种类	假苍耳	小花假苍耳
学名	*Iva xanthifolia* Nutt.	*Iva axillaris* Pursh
总苞	总苞陀螺状，2 层，外苞片 5，长 1.5~3 毫米，广卵形，先端突尖；内苞片 5，膜质，小，每片包 1 枚雌花。雌花花冠退化，雄花管状	总苞合生杯状，5 ~ 8 裂，外苞片 3~5，合生，2~4 毫米，叶状；内苞片 2~3，线形，1.5~2 毫米。雌、雄花花冠均管状
瘦果	无冠毛，倒卵形，上半部双凸面，较厚，下半部向一面弯曲，长 2~3 毫米，宽 1.5~2 毫米，黑褐色，表面光滑无毛或被糠秕状物	无冠毛，倒卵形或楔形，有较平的腹面和隆起的背面，稍弯，长 2~3 毫米，宽 2 毫米，表面具有细小光亮突起，灰色至黑褐色
花序	头状花序位于茎或分枝顶端，排列形成穗状及圆锥状花序	头状花序腋生
叶	叶具长柄，广卵形、卵形、长圆形或近圆形，长 5~20 厘米，宽 2.5~15 厘米，缘有缺刻状尖齿	叶大多数无叶柄，狭长或椭圆形，长 1~5 厘米，宽 3~15 毫米，全缘

莴苣属

038 野莴苣

学　名：*Lactuca pulchella*（Pursh）DC.
别　名：野生莴苣、多年生莴苣、兰莴苣
英文名：Blue lettuce

分类地位 被子植物门（Angiospermae）双子叶植物亚门（Dicotyledons）菊目（Asterales）菊科（Asteraceae）莴苣属（*Lactuca*）。

地理分布 原产于美国，现已传入加拿大及瑞典。中国无分布。

形态特征 多年生草本，植株可长至 1 米高。全株无毛或少毛，具乳白色汁液。以种子及匍匐根繁殖。具匍匐根。茎高 30~90 厘米，少数可达到 120 厘米，灰绿色。茎单生，直立。叶互生，无柄。叶片长 3~18 厘米，宽 5~35 毫米。基部叶羽状分裂；上部叶披针形，叶缘多数不分裂，基部渐狭窄成翼柄；顶生叶通常全缘或近全缘，披针形。头状花序着生长于植株顶端，直径 2~3 厘米，内含舌状小花多数。总苞片长短不一。花瓣蓝紫色，明显长于总苞片。苞片长 13~20 毫米，带紫色。外层苞片宽短，卵形或卵披针形，内苞片渐狭为线形，边缘膜质，长度几乎相等，在果实成熟时总苞展开或反折。果实为瘦果，暗红棕色或瓦灰色，两面扁平，倒披针形，长 4.3~5.5 毫米，宽 0.9~1.1 毫米。喙明显，粗壮，长约 1 毫米。瘦果每面各具明显隆起的纵肋 4 ~ 5 条。瘦果基部有近菱形环状边，种脐位于凹陷内。瘦果顶端有长卵圆形衣领状环，花柱残痕位于中央。冠毛为白色茸毛，长 8.9~10 毫米。置于体视显微镜下，在放大率为 100 倍以上时，可观察到纵肋上或纵肋间均散布有深褐色波浪形条纹，且条纹上密被沿瘦果顶端着生的白色短刺毛。在扫描电镜下测量刺长 18.2~26.5 微米，刺宽 8.6~12.9 微米，刺间距 61.7~76.4 微米。种子千粒重 0.378~0.438 克。野莴苣种子见图 2.23。野莴苣与近似种的瘦果形态特征比较见表 2.12。

图 2.23 野莴苣

表 2.12 野莴苣与近似种的瘦果形态特征比较

形态特征	野莴苣（*Lactuca pulchella*）	乳苣（*Lactuca tatarica*）	毒莴苣（*Lactuca serriola*）
瘦果颜色	暗红棕色或瓦灰色	灰黑色	黄褐色
瘦果形状	瓶状，长 4.3~5.5 毫米。宽 0.9~1.1 毫米	长圆状披针形，长 4.5~4.7 毫米，宽 1~1.2 毫米	边缘宽扁呈翅状，倒披针形，长 5.3~6.8 毫米（含喙）、3~3.6 毫米（不含喙），宽 0.8~0.9 毫米
喙形状	喙明显，粗壮，长约 1 毫米	喙不明显，长约 0.3 毫米	喙细长，长 3.2~4.4 毫米，易折断，其顶端膨大成 1 个圆形的羽毛盘
纵肋数量	周围近菱形环状边，中央凹陷	周围六边形环状边，中央凹陷	周围圆形环状边，中央凹陷
瘦果表面刺毛形状	刺状突起，刺长 18.2~26.5 微米，刺宽 8.6~12.9 微米，刺间距 61.7~76.4 微米	耳状突起，刺长 8.4~21.1 微米，宽 12.6~18.9 微米，刺间距 42.1~81.4 微米	刺状突起、刺长 15.1~21.7 微米，刺宽 6.6~11 微米，刺间距 26.3~52.5 微米
种子千粒重（克）	0.378~0.438	0.594~0.601	0.580~0.581

039 ⁘ 毒莴苣

学　名：*Lactuca serriola* L.
别　名：刺莴苣、野莴苣

分类地位 被子植物门（Angiospermae）双子叶植物亚门（Dicotyledons）菊目（Asterales）菊科（Asteraceae）莴苣属（*Lactuca*）。

地理分布 印度、伊朗、黎巴嫩、伊拉克、蒙古国、沙特阿拉伯、阿富汗、以色列、约旦、叙利亚、土耳其、俄罗斯、哈萨克斯坦、吉尔吉斯斯坦、塔吉克斯坦、土库曼斯坦、乌兹别克斯坦、巴基斯坦、塞浦路斯、荷兰、丹麦、英国、奥地利、捷克、法国、德国、意大利、瑞士、俄罗斯、白俄罗斯、摩尔多瓦、乌克兰、比利时、匈牙利、斯洛伐克、阿尔巴尼亚、保加利亚、克罗地亚、希腊、北马其顿、罗马尼亚、塞尔维亚、斯洛文尼亚、葡萄牙、西班牙、芬兰、爱尔兰、挪威、瑞典、波兰、爱沙尼亚、拉脱维亚、立陶宛、埃及、南非、摩洛哥、马德拉群岛、加那利群岛、阿尔及利亚、突尼斯、埃塞俄比亚、博茨瓦纳、莱索托、津巴布韦、澳大利亚、新西兰、美国、加拿大、墨西哥、智利、阿根廷、巴西、巴拉圭、乌拉圭以及中国台湾地区等。

形态特征 茎直立，坚硬，基部多刺毛，顶部多分枝。表面有蜡质，通常为白色，有时具红色斑点。叶互生，长 3~25 厘米，宽 10~70 毫米。茎生叶基部箭形，抱茎。茎上部叶卵状披针形、披针形或线形，全缘或仅具稀疏的牙齿状刺；茎中下部叶倒羽状深裂、半裂、浅裂，两边各具 2~4 个锯齿，裂片三角形，边缘有细齿或细刺。叶背沿中脉着生黄色刺毛。头状花序含小花多数，于茎顶排列成疏松的大型圆锥状；总苞片 3 层，外层苞片宽短，卵形或卵状披针形，向内苞片渐狭为线形，在果实成熟时总苞开展或反折；头状花序由 7~35 枚舌状小花组成，花冠淡黄色。每个头状花序产生 6~30 粒瘦果。瘦果呈倒卵形，常向一面弯曲，灰褐色，无光泽，长 3~4 毫米（不计喙），宽 1~1.25 毫米。果体两侧扁平，两面各具 5 ~ 10 条明显隆起的纵棱，近顶端的边棱及棱脊上有细的刺状毛，棱间有一细线沟；顶端锐尖成一细弱长喙，似芒状，一般长于果体，黄白色，喙脆弱易折断，其顶端膨大成一圆形的羽毛盘（冠毛着生处），冠毛白色，易脱落。果脐位于果实的基端部，阔椭圆形，周围黄白色外突，中央凹陷。果内含 1 粒种子。（见图 2.24）

图 2.24 毒莴苣

假泽兰属

040 薇甘菊

学　名：*Mikania micrantha* Kunth.
别　名：小花蔓泽兰、小花假泽兰
英文名：Mile-a-minute weed

分类地位 被子植物门（Angiospermae）双子叶植物亚门（Dicotyledons）菊目（Asterales）菊科（Asteraceae）假泽兰属（*Mikania*）。

地理分布 原产于热带美洲，主要分布于委内瑞拉、哥伦比亚、巴拿马、哥斯达黎加、秘鲁、斐济、巴西等中美洲国家，后传入澳大利亚的北部和非洲西南部的利比里亚、加纳、多哥、尼日利亚、加蓬、喀麦隆、印度、印度尼西亚、菲律宾、马来西亚、越南、马来群岛及整个太平洋南部岛屿。中国在深圳、湖南有分布。

形态特征 瘦果狭倒披针形至狭椭圆形，偶尔稍弯曲。长1~2.5毫米，直径为0.2~0.6毫米，棕黑色。果体表面具腺体及稀疏的短白刺毛，具5纵棱。冠毛宿存，由30 ~ 40条组成，白色，长2~4毫米，冠毛上具短刺毛。种子细小，无胚乳。薇甘菊果实见图2.25。薇甘菊与近似种的区别见表2.13。

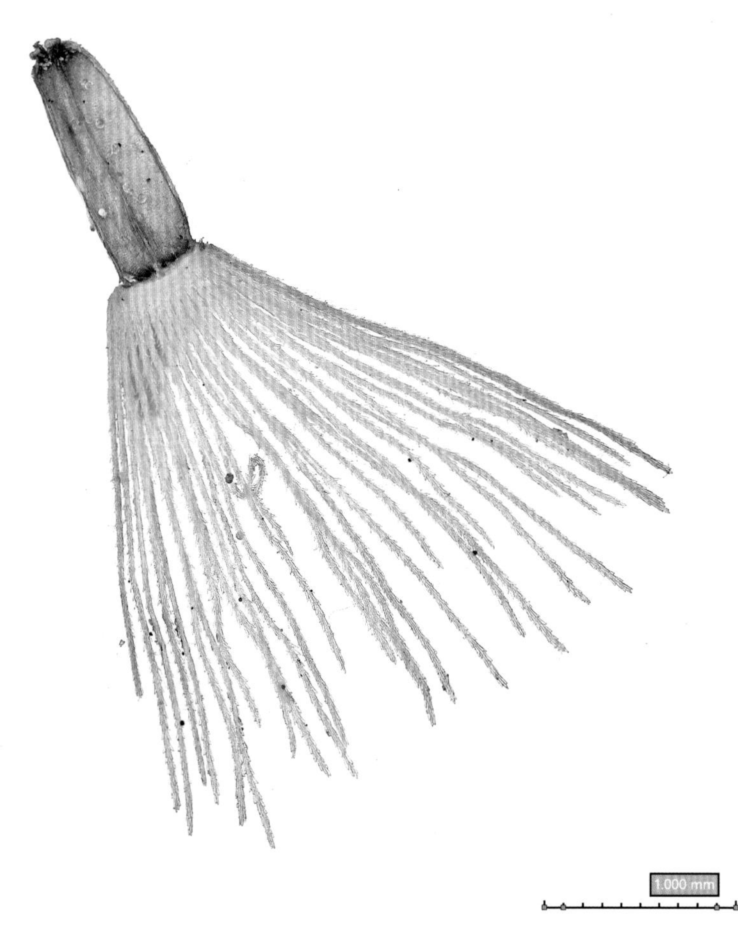

图2.25 薇甘菊

表 2.13 薇甘菊与近似种的区别

种类	薇甘菊（*M. micrantha* Kunth）	假泽兰（*M. cordata* Rob）	*M. scandens* Willd.
茎	常被暗白色柔毛	被短柔毛或几无毛	无毛
叶片	卵形，基部为戟形或心脏形，边缘具数个粗齿或浅波状圆锯齿，叶表面常被暗白色柔毛	叶卵形，基部不为戟形；两面疏被短柔毛	戟形或心脏形，具波状齿；通常无毛或多少被毛；北美的该种毛被明显
头状花序	长 4~6 毫米，花序梗长 2~5 毫米	长 6~9 毫米，花序梗 3~5 毫米	长 5~7 毫米
总苞片	线形，披针形，锐尖，呈绿色至禾秆色，长 2.5~4.5 毫米	狭长椭圆形，长 5~7 毫米，尖端收缩成短尖头	渐狭，白色、绿色或略带紫色，长 4~5 毫米
花冠	长 1.5~4 毫米，白色	长 3.5~5 毫米，5 齿裂，白色或微黄色	花冠长 3~4 毫米，粉红色、苍白紫色、稀白色
小苞叶长（毫米）	1~2	3	2.5~3
冠毛	32~40 条，长 2~4 毫米，为白色或多少为红色	40~45 条，长 4 毫米，灰白色至红褐色	30~35 条，长 2~4 毫米，白色或紫色
瘦果	黑色，长 1.5~2 毫米，有腺点	长 2~3.5 毫米，有腺点	黑褐色，长 2.5~4 毫米，近无毛
原产地	南美、中美和加勒比地区	东南亚和东非热带地区	北美洲东部温带至亚热带地区

千里光属

041 臭千里光

学　名： *Senecio jacobaea* L.

别　名： 新疆千里光

英文名： Tansy ragwort, Stinking willy, Ragwort, St. Jameswort, Stinking willie, Common ragwort

分类地位 被子植物门（Angiospermae）双子叶植物亚门（Dicotyledons）菊目（Asterales）菊科（Asteraceae）千里光属（*Senecio*）。

地理分布 原产于欧洲。现分布于中国（新疆维吾尔自治区、江苏省）、阿塞拜疆、格鲁吉亚、哈萨克斯坦、吉尔吉斯斯坦、黎巴嫩、蒙古国、塔吉克斯坦、土库曼斯坦、乌兹别克斯坦、叙利亚、亚美尼亚、土耳其、英国、奥地利、比利时、捷克、斯洛伐克、丹麦、法国、德国、匈牙利、爱尔兰、意大利、荷兰、挪威、波兰、罗马尼亚、俄罗斯、西班牙、瑞典、芬兰、克罗地亚、拉脱维亚、立陶宛、列支敦士登、卢森堡、北马其顿、摩尔多瓦、葡萄牙、瑞士、塞尔维亚、斯洛文尼亚、乌克兰、西班牙、希腊、南非、阿尔及利亚、新西兰、澳大利亚（塔斯马尼亚州）、加拿大、美国、阿根廷、巴西、乌拉圭。

形态特征 根状茎，木质。茎单生或 2~3 簇生，直立，高 30~100 厘米，横切面圆形，具纵沟，茎近基部坚硬，红紫色，中部以上亮绿色，不分枝或有花序枝，初时被蛛丝状毛，脱毛至近无毛。基生叶莲座状，通常在花期已枯萎凋落；下部茎叶具柄，长圆状倒卵形，长达 15 厘米，宽 3~4 厘米，具钝齿或大头羽状浅裂；顶生裂片大，卵形，具齿，侧生裂片较小，3~4 对，长圆状披针形，纸质，上面无毛，下面被疏蛛丝状毛；中部茎叶无柄，较密集，羽状全裂，长 8~10 厘米，宽 1~4 厘米，顶生裂片不明显，侧裂片线形至线状披针形，稍斜上，钝，具齿或近全缘，基部有撕裂状耳；上部叶同形，但较小，侧裂片长圆形或线状长圆形，具疏齿或羽状浅裂。头状花序显著、大，花序托较平，在茎和枝端排列成复伞房花序，花序梗长 0.5~1.5 厘米，有疏蛛丝状毛，具苞片和 2~3 枚的线形小苞片。总苞半球形或宽钟状，长 5~6 毫米，宽 5~7 毫米，具外层苞片 2~6 枚，长 2~3 毫米，线状披针形，渐尖；总苞片约 13 枚，长圆状披针形，宽约 1.5 毫米，渐尖，草质，边缘膜质，具 3 脉，上端有短柔毛，背面近无毛。舌状花 12~15 朵，舌片黄色，长圆形，长 8~9 毫米，宽 2~2.5 毫米；管状花 50~60 朵，花冠长约 6 毫米，明黄色，管部长约 2 毫米，檐部漏斗状，裂片长约 0.5 毫米，三角状卵形。花柱分枝长约 1 毫米，顶端截形，有乳头状毛。果实为瘦果，圆柱状椭圆形，表面具纵脊棱 7~8 条；边花果较大，长 2.1~2.5 毫米，宽及厚 0.6~0.7 毫米，基部稍弯曲，棱间距较宽；心花果较小，长 1.8~2.1 毫米，宽及厚约 0.6 毫米，棱间距较窄；瘦果黄褐色、灰黄色至灰黄褐色，脊棱较粗、宽圆；棱间有细纵沟，深褐色，粗糙，具细茸毛。两端平截，顶端稍窄、收缩，周边衣领状环薄，黄褐色，明显外突；中央花柱宿存，短小并外突，基部收缩。冠毛白色、丝状，4~5 毫米，易脱落。果脐位于果实的基端部，黄褐色，中间凹入，脐缘明显外突。种子单生，与果实同形；横切面椭圆形；胚大而直生，黄褐色；无胚乳。臭千里光与欧洲千里光的瘦果区别：欧洲千里光（*S. vulgaris* L.）的瘦果长 2~2.8 毫米，宽 0.2~0.5 毫米，其表面具纵脊棱 10 条，脊棱较细、窄平，衣领状物宽常大于或等于果宽。而臭千里光瘦果长 1.8~2.5 毫米，宽 0.6~0.7 毫米，其表面具纵脊棱 7~8 条，衣领状物经常小于果宽。（见图 2.26）

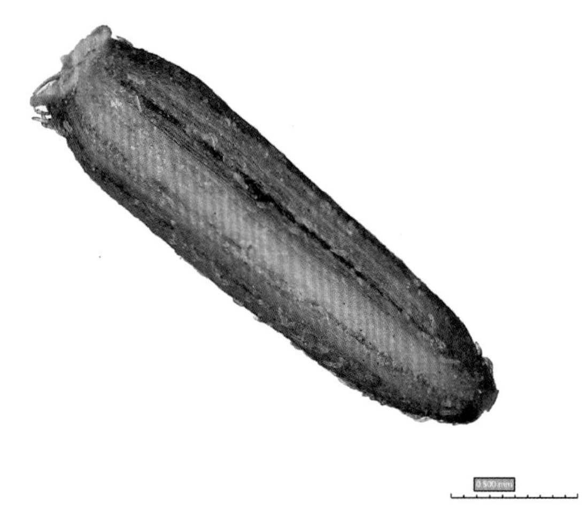

图 2.26 臭千里光

苍耳属

042 加拿大苍耳

学　名： *Xanthium strumarium var. canadense*（Mill.）Torr. & A. Gray

分类地位 被子植物门（Angiospermae）双子叶植物亚门（Dicotyledons）菊目（Asterales）菊科（Asteraceae）苍耳属（*Xanthium*）。

地理分布 分布于北美洲。中国未见记载，但在辽宁省、新疆、北京郊区零星发现，疑为进口种子携带进入。

形态特征 总苞坚硬木质化，不开裂，圆柱状椭圆形，通常长 2~3.5 厘米。表面密生鸟嘴状的刺，刺长约 0.5 厘米，表面密布直立粗大的倒钩刺，总苞表面和刺的中部以下密生腺毛，无光泽，弯曲。总苞先端具 1 对外张的喙，明显比刺粗数倍，上面密生腺毛。总苞内 2 室，每室各有瘦果 1 枚。瘦果扁，卵状椭圆形，先端尖，基部呈三角形，灰黑色，表面纵纹较明显，果皮易与种子分离。种子灰黄色，种皮膜质略有光泽，表面纵纹较明显。

043 ⁘ 平滑苍耳

学　名：*Xanthium strumarium var. glabratum* (DC.) Crong.

分类地位 被子植物门 (Angiospermae) 双子叶植物亚门 (Dicotyledons) 菊目 (Asterales) 菊科 (Asteraceae) 苍耳属 (*Xanthium*)。

地理分布 分布于北美洲。中国未见记载，但在北京郊区零星发现，疑为进口种子携带进入。

形态特征 瘦果扁平，2 枚，包于总苞内。总苞顶端具 2 直脉，通常长 2~3.5 厘米。表面具刺，总苞和刺上常被白色短柔毛。刺尖端具 2 枚内弯的喙状粗刺。苍耳属种的差别和比较见表 2.14。

表 2.14 苍耳属种的差别和比较

<table>
<tr><th colspan="2" rowspan="3">学名</th><th rowspan="3">植株</th><th colspan="6">囊状总苞</th></tr>
<tr><th colspan="2">总体</th><th colspan="2">刺</th><th colspan="2">喙</th></tr>
<tr><th>长(毫米)</th><th>宽(毫米)</th><th>形态</th><th>长(毫米)</th><th>影态</th><th>长(毫米)</th></tr>
<tr><td colspan="2">Xanthium ambrosioides</td><td>高 60~100 厘米，叶片小而有柔毛</td><td>8~10</td><td>4~5</td><td>疏生细钩状刺</td><td>3</td><td>无喙或两喙极细弱，不显著或仅一短喙</td><td>—</td></tr>
<tr><td colspan="2">偏基苍耳
(Xanthiuam inaeguilaterum DC.)</td><td>一年生草本，株高 25~50 厘米</td><td>8~11</td><td>3. 5~5</td><td>密生等长刺，基部被短柔毛</td><td>5~6</td><td>两缘直立，锥状，顶端内弯成镰刀状，常不等长，基部被棕褐色短柔毛</td><td>1.5~2.5</td></tr>
<tr><td colspan="2">蒙古苍耳
(Xanthium mongolicum Kitag)</td><td>大于 100 厘米</td><td>18~20</td><td>12</td><td>刺疏生坚硬，基部增粗，刺体下部有柔毛，刺尖具倒钩</td><td>2~5.5
(通常为5)</td><td>两喙斜向上，粗壮</td><td>1.5~2.5</td></tr>
<tr><td colspan="2">刺苍耳
(Xanthium spinosun L.)</td><td>高 60~100 厘米，叶基部有黄色刺簇生</td><td>10~12</td><td>5~6</td><td>疏生细钩状刺</td><td>3</td><td>无喙或两喙极细弱，不显著或仅一短喙</td><td>1</td></tr>
<tr><td colspan="2">苍耳
(Xanthium strumariun L.)</td><td>一年生草本，株高 20~90 厘米</td><td>10~18</td><td>6~7</td><td>疏生钩刺，末端倒钩状</td><td>2</td><td>粗壮，直立或稍向内弯，喙粗壮，并列或者稍分开</td><td>1.5~2.5</td></tr>
<tr><td rowspan="4">Xanthium strumari
marium var. canadense (P. Mil.) Tor & Gray</td><td>Xanthium canadense P. Mill.</td><td>高 40~230 厘米，通常淡绿色或黄绿色</td><td>20~35</td><td>8~10</td><td>刺密生，刺几乎无钩，近无毛</td><td>3~4</td><td>分开而向内弯，两喙顶端距离 6~7 毫米</td><td>5</td></tr>
<tr><td>Xathin aanlesi Sthow</td><td>120 厘米</td><td>25~30</td><td>10</td><td>密生钩刺</td><td>7</td><td>两喙直斜分，顶端无弯钩，两喙顶端距离 6~8 毫米</td><td>6~8</td></tr>
<tr><td>意大利苍耳
(Xanthium italicuon Moretti)</td><td>40~200 厘米</td><td>25</td><td>6</td><td>疏生苞刺和密生柔毛</td><td>5~7</td><td>叉开状，顶端有弯钩，两喙顶端距离 2~3 毫米</td><td>6</td></tr>
<tr><td>宾州苍耳
(Xanthium pensyluanicuan Walr.)</td><td>20~90 厘米</td><td>20~25</td><td>10~15</td><td>疏生倒钩刺，刺端倒钩基部直，钩刺上密生黑褐色粗壮毛</td><td>4~6</td><td>两喙斜向外分开，顶部有弯钩</td><td>6</td></tr>
</table>

marium var. canadense （P. Mil.） Tor & Gray	甜苍耳（*Xanthium saccharatum* Walr.）	60~200 厘米	18	6	密生刺，密生柔毛	5~7	两喙粗壮而稍内弯，呈叉开状，其顶端有小钩	6
Xanthiu strwnurun var. *glabratun*（DC ） Cron	*Xanthium occidentale* Bertol.	高达 300 厘米，通常 100 厘米，茎有紫色	12~22	5~8	刺密生，几乎无钩	4	两喙直立，几乎平行，顶部无弯钩，两喙顶端距离 2~3 毫米	4
	Xanthium orientale L	60~100 厘米	18~24	6.5	密生钩刺	2~4	两喙分开，顶端有弯钩	4~6
	Xanthiun strunriun var *glabratun*（DC） Cron	50~300 厘米	20	15	直立，粗壮钩状刺，刺无毛或近无毛	1~2	内弯，基部具收缩	4

十一、蝶形花科

1属1种

猪屎豆属

044 美丽猪屎豆

学　名：*Crotalaria spectabilis* Roth
别　名：响铃豆、大托叶猪屎豆、丝毛野百合、紫花野百合
英文名：Rattlebox, Showy crotalaria, Showy rattlebox, Showy rattlepod, Silent rattlepod

分类地位 被子植物门（Angiospermae）双子叶植物亚门（Dicotyledons）豆目（Leguminosae）蝶形花科（Papilionaceae）猪屎豆属（*Crotalaria*）。

地理分布 分布于澳大利亚、美国、洪都拉斯。中国无分布。

形态特征 一年生草本（在热带地区，常为两年或三年生灌木），茎直立，植株高60~150厘米。茎枝圆柱形，近无毛，托叶卵状三角形，长约1厘米；单叶，叶片质薄，倒披针形或长椭圆形，长7~15厘米，宽2~5厘米，叶面无毛。总状花序顶生或腋生，花20~30朵，苞片卵状三角形，长3~10毫米，小苞片线形，长约1毫米；花梗长10~15毫米；花萼二唇形，长12~15毫米；花冠淡黄色，有时为紫红色，旗瓣圆形或长圆形，子房无柄。荚果圆柱形或长圆形，长2.5~3厘米，厚1.5~2厘米，上下稍扁，秃净无毛，膨胀，内含多数种子。种子长4~5毫米，宽3~3.5毫米，肾形或近肾形，两侧扁平，黑色或暗黄褐色，表面非常光亮，两端与背部钝圆，中部宽。种脐位于腹面胚根端部的凹陷内，被胚根端部完全遮盖，种脐周围被细砂纸状的粗糙区所围绕。种子横切面椭圆形，子叶黄褐色，种子含少量胚乳。（见图2.27）

图2.27 美丽猪屎豆

十二、茄科

1属4种

茄 属

045 北美刺龙葵

学　名： *Solanum carolinense* L.
英文名： Horsenettle, Apple of Sodom, Ball nettle, Ball nightshade, Bullnettle, Carolina horsenettle, Carolina nettle, Devil's potato, Devil's tomato, Sand brier, Wild tomato

分类地位 被子植物门（Angiospermae）双子叶植物亚门（Dicotyledons）茄目（Solanales）茄科（Solanaceae）茄属（*Solanum*）。

地理分布 孟加拉国、印度、日本、韩国、尼泊尔、格鲁吉亚、土耳其、英国、法国、德国、意大利、西班牙、挪威、奥地利、摩尔多瓦、芬兰、克罗地亚、比利时、荷兰、乌克兰、澳大利亚、新西兰、美国、墨西哥、海地、加拿大、乌拉圭、巴西。

形态特征 多年生直立草本，高度可达 1.2 米，不分枝或自基部分枝，具地下茎横向扩散。茎幼时绿色，成熟后变为紫色。被柔毛和星状毛，星状毛直径 0.5~1.1 毫米，具 4~8 枚侧毛，中央毛 1~5 细胞，长可达 3 毫米，疏具直立的圆锥形刺，刺长可达 6 毫米，偶见无刺。小枝具 2 片以上叶片，叶互生。单叶，叶片大小为（2~15）厘米 ×（2~10）厘米，卵形、披针形或椭圆形；多少上下异色；叶背面密被星状毛，腹面较少。星状毛直径 0.6~1.2 毫米，具 4~6 枚侧毛，中央毛 1 细胞（偶尔有 2 细胞的情况），长可达 1.7 毫米。叶片背腹主脉具较稀疏刺（偶见无刺），叶脉在背面凹，在腹面成脊状微微突起。叶基部楔形；叶缘波浪形或具 1~4 浅裂，有时深裂至中脉；叶尖急尖或略钝。叶柄长 0.4~4 厘米，被星状毛，不具刺或具稀疏的刺，刺长可达 7 毫米。花序长 2~9 厘米，不分枝，偶见单分枝，具 2~12 朵花。花序轴疏被星状毛，不具刺或具稀疏的刺，刺长可达 5 毫米；花序梗长可达 4 厘米。花梗花期长 0.5~1 厘米，果期长 1.2~1.8 厘米并下弯，间隔 0.5~1.5 厘米，基部节状，不具刺或具稀疏的刺，刺长可达 1.5 毫米。花萼长 5~8 毫米，花萼筒长 1.5~2.5 毫米，萼片大小为（3.2~8）毫米 ×（1.5~2.5）毫米，披针状椭圆形，顶端渐尖，背面具星状毛，腹面无毛，不具刺或具稀疏的刺，刺长可达 2.5 毫米；花萼在果期伸展翻折，长 8~12 毫米，萼筒长 0.2~2 毫米；萼片大小为（5~9）毫米 ×（1.5~3.2）毫米，狭三角形，被星状毛，不具刺或具稀疏的刺，刺长可达 2 毫米，花冠直径 2.2~3 厘米，长 9~15 毫米，星形或覆瓦状星形，具 5 裂，纸质，白色至浅蓝色或浅紫色；花冠筒长 2~6 毫米；花瓣大小为（7~12）毫米 ×（4~7）毫米，三角形，先端急尖，背面被星状毛，腹面被稀疏的星状毛。花丝大小为（1~3）毫米 ×（0.3~0.5）毫米；花药大小为（4.5~6.5）毫米 ×（1.2~1.6）毫米，狭披针形，多少聚合，黄色，萌发孔位于远端。子房大小为（1.2~1.5）毫米 ×（0.5~1.2）毫米，卵圆形，无毛或疏被长约 0.3 毫米细柔毛或疏被星状毛；花柱大小为（8~12）毫米 ×（0.2~0.5）毫米，圆柱形，直立，光滑无毛，仅基部疏被柔毛，花期突出花冠；柱头膨大。果实为浆果，多汁，大小为（1~2）厘米 ×（1~1.8）厘米，球形至扁球形，先端正球形；为浅绿色至深绿色，具斑点，完全成熟时为黄色至橘色；光滑无毛，果壳较硬，浆果内含种子 40~170 粒。一般夏末到秋季成熟。种子扁平肾形、卵形、宽卵形、宽椭圆形或近圆形，大小为（1.7~3）毫米 ×（1.2~2）毫米，厚 0.3~0.6 毫米，两面突起，黄褐色或红棕色，具光泽，表面具细小凹陷，胚乳丰富。（见图 2.28）

图 2.28 北美刺龙葵

046 ⁘ 银毛龙葵

学　名： *Solanum elaeagnifolium* Cav.
英文名： Bitterleaf nightshade, Bitter apple, Bull-nettle, Prairie-berry, Silverleaf nightshade, Silverleaf-nettle, Silverleaf bitter-apple, Tomato weed, White horse-nettle

分类地位 被子植物门（Angiospermae）双子叶植物亚门（Dicotyledons）茄目（Solanales）茄科（Solanaceae）茄属（*Solanum*）。

地理分布 原产于美国西南部和墨西哥北部，20 世纪初随饲料干草传入其他地区。现分布于印度、以色列、巴基斯坦、叙利亚、克罗地亚、塞浦路斯、丹麦、法国、希腊、意大利、北马其顿、摩纳哥、塞尔维亚、黑山、西班牙、瑞士、英国、阿尔及利亚、南非、埃及、莱索托、摩洛哥、突尼斯、津巴布韦、澳大利亚、美国、墨西哥、洪都拉斯、危地马拉、波多黎各、阿根廷、智利、巴拉圭、乌拉圭以及中国台湾地区。

形态特征 多年生草本，植株高 50~100 厘米。地上部分直立，上部多分枝，冬季干枯；地下根系发达，向外扩展达 2~3 米，常形成克隆分株。通体密被星状柔毛，银白色，稀微红色。茎圆柱形，疏被黄色、淡红色或褐色直刺，刺长 2~5 毫米，这些直刺也偶见于叶柄、叶片或萼片上。单叶，互生，下部叶椭圆状披针形，长 2.5~16 厘米，宽 1~4 厘米，边缘波状或浅裂，尖端锐尖或钝，基部圆形或楔形；上部叶较小，长圆形，全缘。总状聚伞花序，具 1~7 朵花，花序梗长达 1 厘米，小花在梗花期长约 1 厘米，在果期延长至 2~3 厘米；花萼筒长 5~7 毫米，具 5 裂，裂片钻形；花冠蓝色至蓝紫色，稀白色，直径 2.5~3.5 厘米，裂片为花冠长的 1/2，雄蕊在花冠基部贴生，花长 3~4 毫米，花粉囊黄色，细长，顶端锥形，长 5~9 毫米。顶孔开裂；子房被茸毛，花柱长 10~15 毫米。浆果圆球形，基部被萼片覆盖，直径 8~14 毫米，绿色具白色条纹，成熟后黄色至橘红色。种子轻且圆，两侧压扁，平滑，暗棕色，直径为 2.5~4 毫米。银毛龙葵及近似种形态特征比较见表 2.15。

表 2.15 银毛龙葵及近似种形态特征比较

种名	叶片	花序	浆果 / 种子
银毛龙葵 (Solanum elaeagnifolium)	单叶互生，长椭圆形，银白色，长可达 15 厘米，宽 0.5~2.5 厘米，边缘常呈波状，叶脉上常具刺	花蓝色至蓝紫色，稀白色；花药 5 枚，黄色，靠合，长 5~9 厘米	果实为浆果，光滑，球状，直径 1~1.5 厘米，绿色带暗条纹，成熟时呈黄色带橘色斑点；种子轻且圆，两侧压扁，平滑，暗棕色，直径 2.5~4 毫米
S. ellipticum R. Br.	叶卵形至椭圆形，长 4~8 厘米，宽 2~3 厘米，叶缘常呈扇形，叶面通常呈绿色，叶背面呈灰绿色，嫩叶呈紫色	花冠紫色，花药 5 枚，黄色，长约 2.5 厘米	浆果直径 1.5~2 厘米，浅黄色，往往略带紫色
S. esuriale Lindl.	叶片椭圆形或披针状椭圆形，长 2~8 厘米，宽 0.5~1.5 厘米，微扇形，基部叶片长达到 10 厘米，宽 3 厘米，浅裂，叶柄长 5~10 毫米，有时达 20 毫米	花序梗长 1~4 厘米，花蓝紫色，花药粗短，长 4~5 厘米	球状浆果，直径 1~1.5 厘米，浅黄色或淡黄褐色。种子直径 2 ~3 毫米，浅黄褐色
北美刺龙葵 (Solanum carolinense)	叶片形态变异较大，典型的为披针形状卵形，常具叶裂，长达 20 厘米，宽达 7 厘米，叶脉具刺，叶片疏被星状毛，具叶柄，长约 2 厘米，具刺	花冠白色至紫色，花药 5 枚，黄色	浆果黄色，球形，直径 1.2~1.8 厘米；种子直径 2~3 毫米，倒卵形，扁平，有光泽，表面颗粒状，黄色至淡黄色

047 ※ 刺萼龙葵

学　名： *Solanum rostratum Dunal*

英文名： Buffalobur nightshade, Buffalo-bur, Kansas-thistle, Buffalo-berry, Horned nightshade, Prickly nightshade

分类地位 被子植物门（Angiospermae）双子叶植物亚门（Dicotyledons）茄目（Solanales）茄科（Solanaceae）茄属（*Solanum*）。

地理分布 孟加拉国、韩国、中国（辽宁、吉林、河北、北京、山西和新疆等地区）、奥地利、保加利亚、德国、捷克、丹麦、俄罗斯、南非、澳大利亚、新西兰、加拿大、墨西哥、美国。

形态特征 多年生草本，植株高 50~100 厘米。地上部分直立，上部多分枝，基部稍木质化，冬季干枯；地下根系发达，向外扩展达 2~3 米，常形成克隆分株。通体密被星状柔毛，银白色，稀微红色。茎圆柱形，疏被黄色、淡红色或褐色直刺，刺长 2~5 毫米，这些直刺也偶见于叶柄、叶片或萼片上。单叶，互生。整株（除花瓣外）密被长短不一（长为 3~8 毫米）的黄色皮刺，茎秆上分布具柄星状毛或无柄星状毛。叶互生，卵形或椭圆形，1~2 回羽状半裂，近基部通常羽状全裂，末回裂片为圆或钝圆；叶长 7~16 厘米，叶两面被星状毛，脉具刺；叶柄密被刺，长为叶片的 1/3~2/3。蝎尾状聚伞花序腋外生，花期花轴伸长呈总状。萼筒钟状，密被刺及星状毛，萼片线状披针形；花冠黄色，五边形，直径 2~3.5 厘米，瓣间膜丰富，花瓣外密被星状毛；雄蕊异型，大型雄蕊花药长 10~14 毫米，向内弯曲成弓形，后期常带红色或紫色斑；小型雄蕊花长 6~8 毫米，黄色。子房无毛，紧裹在增大的萼筒内；花柱长 1~1.4 厘米，细弱，通常紫色，柱头不增大。浆果球形，初为绿色，成熟后变为黄褐色或黑色，直径 5~12 毫米，外被紧而多刺的宿存果萼包被，果皮薄，与萼合生。随着果实逐渐膨大，果实在顶端萼片联合处开裂，种子散出。种子深褐色至黑色，不规则阔卵形或卵状肾形，厚扁平状；长 1.8~2.6 毫米，宽 2~3.2 毫米，厚 1~1.2 毫米；表面凹凸不平并布满蜂窝状凹坑，周缘凹凸不平；背面弓形，背侧缘和顶端稍厚，有明显的脊棱；腹面近平截或中拱，近腹面的基部变薄；下部具凹缺，胚根突出；种脐位于缺刻处，正对胚根尖端，洞穴状，近圆形，深凹入；胚环状卷曲，有丰富的胚乳。（见图 2.29）刺萼龙葵及其近似种分布及种子形态比较见表 2.16。

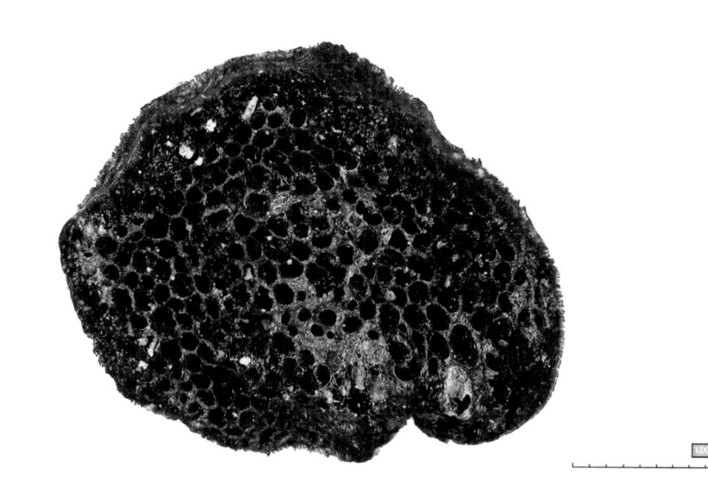

图 2.29 刺萼龙葵

表 2.16 刺萼龙葵及其近似种分布及种子形态比较表

学名	主要地理分布	形态特征
Solanum angustifolium	墨西哥、尼加拉瓜、洪都拉斯	浆果内含种子 50 ~ 90 枚，深褐色，卵形，扁平，长 2.3~2.8 毫米。表面具网状脊，种皮表面分布稍粗的网纹，蜂窝状
Solanum fructo-tecto	墨西哥	浆果内含种子 50~90 枚，深褐色，卵形，扁平。长 2.5~3.1 毫米。表面具波浪状或网状脊，种皮表面分布稍粗的网纹，蜂窝状。种脐深凹具深凹穴
Solanum johnstonii	墨西哥	浆果内含种子 30~60 枚，巧克力棕色，种子双凸透镜状，长 2.7~3.3 毫米，厚 0.5~0.8 毫米，表面光滑但具网纹
刺萼龙葵 （*Solanum rostratum*）	墨西哥、美国、俄罗斯、澳大利亚、加拿大、朝鲜半岛、南非、孟加拉国、奥地利、保加利亚、捷克、德国、丹麦、新西兰	浆果内含种子 40~80 枚，深褐色到黑色，卵状肾形，扁平，长 2~2.6 毫米，背侧缘具脊棱，侧面平坦或呈波浪状。种皮表面具网纹，蜂窝状
Solanum tribulosum	墨西哥	种子深褐色，双凸透镜状，长 2.5~3.5 毫米，表面光滑，种皮表面具网纹
Solanum citrullifolium	墨西哥、美国	浆果内含种子 30~60 枚，深褐色、卵形，扁平，长 2.3~2.9 毫米。具波浪形或具低辐射状脊，种皮表面具细网纹或皱褶
Solanum davisense	墨西哥、美国	种子深褐色，双凸透镜状，长 2.6~3 毫米，表面近光滑，不具网状皱褶，种皮表面具细网纹
Solanum heterodoxum	墨西哥、美国	浆果内含 40~70 枚种子，深褐色，双凸透镜状，长 2.5~2.9 毫米，具脊突，种皮表面具细网纹或皱褶
Solanum leucandrum	墨西哥、美国	无种子标本描述
Solanum tenui pes	墨西哥、美国	浆果内含种了 8 -40 枚，深褐色，肾形，2.7-3.6 毫米，具细网纹
Solanum grayi	墨西哥、智利、美国、阿根廷、巴西	种子深褐色，两侧突起，长 2.6~3.2 毫米。沿边缘具放射状的脊
Solunum lumholtzianum	墨西哥、美国	种子深褐色，两侧突起，长 3~3.5 毫米。具放射状脊。脐部具深凹穴

048 ⁘ 刺 茄

学　名： *Solanum torvum* Swartz
别　名： 水茄、山颠茄、金衫扣、野茄子、西好、青茄、乌凉、木蛤蒿、天茄子、刺番茄
英文名： Devil's fig, Prickly solanum, Terongan, Wild tomato

分类地位 被子植物门（Angiospermae）双子叶植物亚门（Dicotyledons）茄目（Solanales）茄科（Solanaceae）茄属（*Solanum*）。

地理分布 原产于加勒比海，现分布于世界热带和亚热带多个国家（地区）。孟加拉国、文莱、柬埔寨、中国（广西、广东、云南、台湾）、印度尼西亚、印度、日本、马来西亚、菲律宾、斯里兰卡、泰国、缅甸、意大利、喀麦隆、刚果（布）、刚果（金）、科特迪瓦、赤道几内亚、加纳、几内亚、利比里亚、马拉维、毛里求斯、尼日利亚、塞内加尔、塞拉利昂、马达加斯加、南非、澳大利亚、斐济、巴布亚新几内亚、萨摩亚、所罗门群岛、汤加、瓦努阿图、墨西哥、美国（墨西哥州、夏威夷州、佛罗里达州、北卡罗来纳州）、哥斯达黎加、古巴、多米尼加、格林纳达、洪都拉斯、牙买加、巴拿马、波多黎各、巴西、厄瓜多尔、法属圭亚那、圭亚那、委内瑞拉、秘鲁。

形态特征 一年生常绿灌木，株高 1~3 米，全株被尘土色星状毛；小枝具皮刺，淡黄色，基部宽扁，基部疏被星状毛。叶片单生或双生，长 6~19 厘米，宽 4~13 厘米，卵形至椭圆形，浅裂、中裂或呈波状，裂片 5~7 个，先端尖，基部心形或宽楔形，偏斜；两面密生星状毛；中脉下面少刺或无刺，侧脉每边 3~5 条，有刺或无刺；叶柄长 2~4 厘米，具皮刺 1~2 枚或无，伞房花序，腋外生，2~3 歧，密被星状厚茸毛；总花梗长 1~1.5 厘米，具 1 细刺或无，花梗长 5~10 毫米；花白色；花萼杯状，长约 4 毫米，外被星状毛和腺毛，具 5 裂，裂片卵状长圆形，长约 2 毫米；花冠亮白色，辐射状，直径约 1.5 厘米，筒部隐存于花萼内，长 12~18 毫米，檐部 5 裂，裂片卵状披针形，长 0.8~1 厘米，外被星状毛；雄蕊 5 枚；花丝长约 1 毫米，花药长约 7 毫米；子房卵形，光滑；柱头截形，不孕花的花柱短于花药，孕性花的花柱较长于花药。浆果圆球形，成熟时表面黄色，光滑无毛，基部被稀疏星状毛的宿萼。浆果直径 1~1.5 厘米，宿萼外被稀疏星状毛，果柄长约 1.5 厘米，上部膨大，内含种子约 200 粒。种子盘状、卵形、宽卵形、宽椭圆形、近圆形，偶呈扁平的“C”字形，长 2~3 毫米，宽 1.5~2 毫米，厚 0.3~0.6 毫米。种子黄褐色，表面具波浪形网纹，横切面长椭圆形。种脐线形，长 0.5~0.8 毫米，位于种子腹面基部，平或略内凹，闭合或部分开裂呈一小圆孔。胚环状弯曲，横切面可见胚 2 处。胚乳丰富。（见图 2.30）

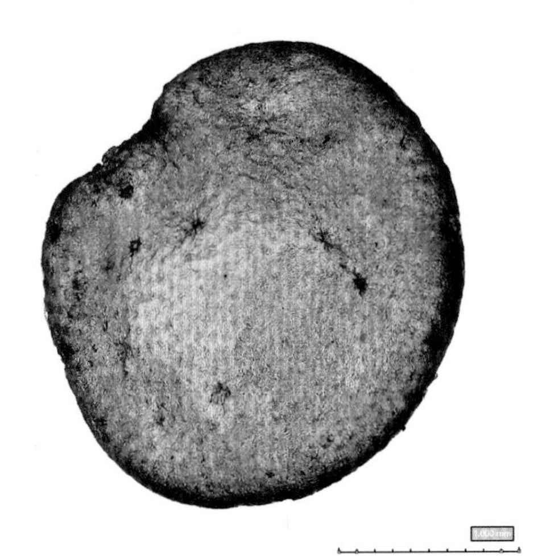

图 2.30 刺　茄

十三、旋花科

2 属 9 种

菟丝子属

049 苜蓿菟丝子

学 名： *Cuscuta approximata* Bab.
别 名： 细茎菟丝子
英文名： Clover dodder

图 2.31 苜蓿菟丝子

分类地位 被子植物门（Angiospermae）双子叶植物亚门（Dicotyledons）茄目（Solanales）旋花科（Convolvulaceae）菟丝子属（*Cuscuta*）。

地理分布 分布于巴基斯坦、阿富汗、伊朗、伊拉克、印度、以色列、约旦、土耳其、中亚地区、中国（新疆维吾尔自治区、西藏自治区）、俄罗斯、意大利及巴尔干半岛地区、摩洛哥、美国、波多黎各等。

形态特征 萼片较窄，萼片下半部相连，边缘彼此重叠较少，背面有明显的脊。鳞片较小，边缘浅流苏状。花柱及柱头稍长于子房，为松散的球状花序。蒴果扁球形，周裂。种子矩圆形，细小，褐色，表面粗糙，背面拱突，腹面隆起的中脊将其分成 2 个不等的斜面。种脐在脊下方，中有短的白色脐线。（见图 2.31）

050 南方菟丝子

学 名： *Cuscuta australis* R. Br.
英文名： South dodder

分类地位 被子植物门（Angiospermae）双子叶植物亚门（Dicotyledons）茄目（Solanales）旋花科（Convolvulaceae）菟丝子属（*Cuscuta*）。

地理分布 分布于日本、韩国、马来西亚、印度尼西亚、俄罗斯（亚洲部分）和中亚地区、中国（吉林、河北、山东、甘肃、新疆、浙江、福建、江西、湖北、湖南、四川、云南、广东、台湾等地）、丹麦、芬兰、德国、法国、意大利、摩洛哥、几内亚、尼日尔、澳大利亚、美拉尼西亚、美国、波多黎各。

形态特征 一年生寄生草本。茎缠绕，金黄色，纤细，直径约 1 毫米，无叶，花序侧生，簇生成小伞形或小团伞花序。花冠乳白色或淡黄色，杯状。蒴果扁球形，直径 3~4 毫米，下部为宿存花冠所包，成熟时不规则开裂，不为周裂。通常有 4 粒种子。种子卵球形，长 1.4~1.8 毫米，宽 1.1~1.3 毫米。表面赤褐色至棕色，较粗糙。上部钝圆，下部渐窄，一侧延伸成喙状突出。种脐位于种子顶端靠下侧，脐沟较宽。胚针状，淡黄色，螺旋状弯曲于半透明的胚乳中。（见图 2.32）

图 2.32 南方菟丝子

051 ⁘ 田野菟丝子

学　名： *Cuscuta campestris* Yuncker
英文名： Field dodder

分类地位 被子植物门（Angiospermae）双子叶植物亚门（Dicotyledons）茄目（Solanales）旋花科（Convolvulaceae）菟丝子属（*Cuscuta*）。

地理分布 分布于日本、印度尼西亚、印度、巴基斯坦、阿富汗、阿拉伯半岛、中国（福建省、新疆维吾尔自治区）、俄罗斯、哈萨克斯坦、吉尔吉斯斯坦、塔吉克斯坦、乌兹别克斯坦、土库曼斯坦、匈牙利、德国、奥地利、瑞士、荷兰、英国、罗马尼亚及巴尔干半岛地区、埃及、摩洛哥、乌干达、美国、加拿大、墨西哥、波多黎各、智利。

形态特征 花长 2~3 毫米，有短花梗，聚集成头状的团伞花序。花冠裂片宽三角状，顶端尖，常反折，约与钟状的花冠管等长。雄蕊比裂片短，花丝比花药长或与之相等，鳞片卵状，边缘流苏状。子房球形，花柱细弱或有时钻状，柱头球形。蒴果扁球形，直径 2.5~4 毫米，基部有宿存花冠，内含种子 2~4 粒。种子卵圆形，长 1.3~1.8 毫米，宽 1.1~1.4 毫米。种子一侧稍凹陷，有喙状突起。表面黄棕色，粗糙，具网状纹饰，有大小不同网眼。胚螺旋状。（见图 2.33）

图 2.33 田野菟丝子

052 ⁘ 菟丝子

学　名： *Cuscuta chinensis* Lam.
别　名： 中国菟丝子
英文名： Chinese dodder

图 2.34 菟丝子

分类地位 被子植物门（Angiospermae）双子叶植物亚门（Dicotyledons）茄目（Solanales）旋花科（Convolvulaceae）菟丝子属（*Cuscuta*）。

地理分布 朝鲜、日本、印度、斯里兰卡、阿富汗、伊朗、俄罗斯（亚洲部分）分布于和中亚地区、中国（黑龙江、吉林、辽宁、河北、陕西、宁夏、甘肃、内蒙古、新疆、山东、江苏、安徽、河南、浙江、福建四川、贵州和广东等地）、马达加斯加、澳大利亚。

形态特征 蒴果圆形，成熟时扁压，直径 2.5~4 毫米，果实被宿存花冠包围，成熟时周裂，内分 2 室，每室 2 粒种子。种子近球形，两侧微凹陷，长 1.4~1.8 毫米，宽 1~1.2 毫米，表面黄色或黄褐色，上附白色糠秕状物。种脐圆形，突出。胚针状，位于半透明胚乳内。（见图 2.34）

053 ⁘ 亚麻菟丝子

学　名：*Cuscuta epilinum* Weihe
英文名：Flaxdodder, Hairweed, Devils hair

图 2.35 亚麻菟丝子

分类地位 被子植物门（Angiospermae）双子叶植物亚门（Dicotyledons）茄目（Solanales）旋花科（Convolvulaceae）菟丝子属（*Cuscuta*）。

地理分布 分布于以色列、土耳其、中亚地区、中国（吉林省、黑龙江省、新疆维吾尔自治区）、俄罗斯、德国、奥地利、比利时、法国、意大利、摩洛哥、南非、加拿大、美国。

形态特征 茎黄色或浅红色。花成稠密的小球状星团，白色，花萼裂片钝尖。花冠壶形。鳞片大而宽。花柱伸长呈线状。蒴果盖裂。种子肾形，长 1.5~2 毫米，宽 1.2~1.9 毫米，厚 0.8~1.4 毫米，暗淡绿色或淡绿褐色，表面粗糙，密布白色丝绵毛，交织成网状。种子中部横围一条深的环形沟，表面凹凸不平。背面中突，两端向腹面略弯曲。种脐不明显。胚黄色、螺旋状，无胚根及子叶，内胚乳坚硬、半透明。（见图 2.35）

054 ⁘ 日本菟丝子

学　名：*Cuscuta japonica* Choisy
别　名：金灯藤
英文名：Japanese dodder

分类地位 被子植物门（Angiospermae）双子叶植物亚门（Dicotyledons）茄目（Solanales）旋花科（Convolvulaceae）菟丝子属（*Cuscuta*）。

地理分布 在亚洲分布于朝鲜、日本、越南、中亚地区、中国（黑龙江、吉林、辽宁、河北、湖北、湖南、江西、贵州、江苏、福建、云南、西藏、北京、香港等），在欧洲分布于俄罗斯、法国。

形态特征 茎线形，强壮，多分枝，粗糙，直径约 2 毫米，微红色，有深红紫色瘤状突起，左旋。花序基处常多分枝。苞及小苞鳞片状。小梗稍长。花萼碗状，有红紫色瘤状斑点。花冠管状，白色，三角形。雄蕊着生长于 2 裂片之间。鳞片着生长于花冠的基部及雄蕊的下边，边缘花边状。雌蕊短，隐藏在花冠内。子房 2 室，每室有 2 个胚珠。花柱合并为 1 枚，短，柱头 2 裂。蒴果卵圆形，长 4~5.5 毫米，顶端被宿存花冠包围，基部周裂。种子较大，近球形，长 2.5~3.5 毫米，宽 2.5~3 毫米。茎部一侧的喙状突起明显。表面黄棕色或褐色，光滑，有排列不整齐的短线状斑纹。种脐圆形，略下陷。胚黄色，卷旋 3 周，位于胚乳中。（见图 2.36）

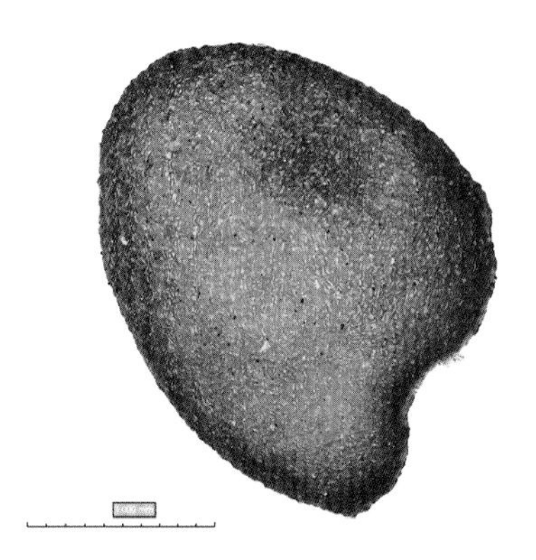

图 2.36 日本菟丝子

055 ※ 单柱菟丝子

学　名： *Cuscuta monogyna* Vahl.
英文名： Monostyle dodder, Unistyla dodder

分类地位 被子植物门（Angiospermae）双子叶植物亚门（Dicotyledons）茄目（Solanales）旋花科（Convolvulaceae）菟丝子属（*Cuscuta*）。

地理分布 蒙古国、印度、巴基斯坦、阿富汗、伊朗、伊拉克、约旦、以色列、土耳其、中国（新疆维吾尔自治区、河北省、内蒙古自治区）、俄罗斯、西班牙、意大利、罗马尼亚及巴尔干半岛地区、埃及、摩洛哥、波多黎各。

形态特征 茎线形，强壮，粗糙，多分枝，直径 1~2 毫米，微红色，有深紫红色瘤状突起，左旋。花序旁生，呈松散穗状，常自基部分枝。苞及小苞鳞片状，卵圆形，钝尖，花梗几无。花萼肉质，背部具紫红色瘤状突起。花冠紫红色，壶形、管形。雄蕊 5 枚，花丝短，与花药同长。鳞片 5 枚，稍长圆形，边缘似花边，流苏状。雌蕊短，隐藏在花冠内，子房 2 室，各室有 2 个胚珠，花柱合并为 1 枚。果为蒴果，卵圆形，无毛，长大于宽，为 3~4 毫米，周裂。种子卵球形至扁球形，长 2.6~3.5 毫米，宽 2.5~3 毫米。喙状突起明显。表面浅棕色至棕褐色，具光泽，稍粗糙。种脐长椭圆形，浅棕色。胚螺旋状，卷旋 3 周，位于胚乳中。（见图 2.37）

图 2.37 单柱菟丝子

056 ※ 五角菟丝子

学　名： *Cuscuta pentagona* Engelm.
英文名： Field dodder, Five-horn dodder

分类地位 被子植物门（Angiospermae）双子叶植物亚门（Dicotyledons）茄目（Solanales）旋花科（Convolvulaceae）菟丝子属（*Cuscuta*）。

地理分布 原产于北美洲。现分布于日本、中亚地区、德国、法国、意大利、丹麦及巴尔干半岛地区、牙买加、澳大利亚、美国、加拿大（西部）、波多黎各、阿根廷。

形态特征 茎秆发白，非常纤细柔弱。球状团伞花序，分散或略聚合。花白色，短花柄，松散成簇。花萼差不多包住花冠管。花冠通常开展。其尖端侧向后翻。雌蕊突出花外。鳞片长椭圆形，鳞片的花边状流苏长约为鳞片的 1/5。柱头头状。蒴果扁圆形，长不及宽，不开裂。种子卵球形，长 1~1.5 毫米，宽 1~1.2 毫米，一面圆形，另一面平坦，通常具 1 钝脊。一端具明显的鼻状突起。种皮黄色至红褐色，布有细密斑点。种脐白色，位于平的一面的光滑环形区内。（见图 2.38）

图 2.38 五角菟丝子

番薯属

057 提琴叶牵牛花

学　名：*Ipomoea pandurata*（L.）G.F.W.Mey.

别　名：薯根牵牛花

英文名：Wild potato vine, Wild sweet potato

分类地位 被子植物门（Angiospermae）双子叶植物亚门（Dicotyledons）茄目（Solanales）旋花科（Convolvulaceae）番薯属（*Ipomoea*）。

地理分布 主要分布于美国中北部及东北部各州。中国无分布。

形态特征 种子扁平，长 5.5~8 毫米，宽 3.5~5 毫米，暗棕色，表面被短柔毛，易脱落。棱上具有明显的长绢毛，长可达 10 毫米。种子基部具有直径约 1 毫米的圆形种脐。提琴叶牵牛花与其近似种的比较见表 2.17。

表 2.17 提琴叶牵牛花与其近似种的比较

中文名	学名	花	叶	种子
提琴叶牵牛花	*Ipomoea pandurta*（L.）G. F. W. Mey	着生在上部叶腋处，通常 1~5 个漏斗状的花；花冠白色，花冠管淡紫红色，向内逐渐变深，有 5 个展开 7~8 厘米宽的裂片，雄蕊白色，萼片淡绿色，无毛，长 1.3~1.9 厘米	叶片互生，最大叶片长约 15 厘米。宽约 10 厘米，心形无毛。幼叶通常卵形，具长叶柄，叶缘光滑	长 5.5~8 毫米，宽 3.5~5 毫米；略显棕色，表面被短柔毛，棱上具有明显的褐色长绢毛，毛长约与种子长度相等
王妃藤	*I. horsfalliae* Hook	聚伞花序，花单生，有时腋生，花两性，辐射对称，色鲜艳。萼片宿存，结实时增大。花冠合生漏斗状、钟状或盘式	叶互生，5 裂呈掌状	长约 5 毫米；种子通常 3 棱，黑褐色，边缘被淡褐色长绢毛，毛长为种子长的 2~2.5 倍
五爪金龙	*I. Cairica*（L.）Sweet	花冠漏斗状，紫红色、紫色或淡红色、偶有白色，漏斗状，长 5~7 厘米	叶互生，类似掌状，有 5~7 个裂痕，指状 5 深裂几达基部，直径 5~9 厘米，裂片椭圆状披针形，顶端近钝但有小锐尖。两面均无毛，全缘或最下面的一对裂片有时再分裂；叶柄长 2~4 厘米，有瘤状突起	长约 5 毫米；种子黑色；种脐圆形，直径 1.3 ~1.5 毫米，边缘被褐色长绵毛
七爪龙	*I. digitata* L.	聚伞花序腋生，花序柄与叶柄等长或更长，花 3~5 朵或更多；萼片阔卵形，钝头，长达 1 厘米；花冠粉红色或红紫色，阔钟状，基部有一短管，长 5~6 厘米；雄蕊 5 枚，内藏	单叶互生，叶片轮廓圆形或肾形、宽 7~15 厘米，指状 5~7 个深裂，浅裂至叶掌中间以下，但不是至基部，裂口狭而基部浑圆，裂片通常披针形	种子被黄褐色长绵毛
厚藤（二叶红薯）	*I. Pescaprae*（L.）	花冠紫色或深红色，漏斗状。聚伞花序，有花 1~3 朵，腋生，总花梗长 3~5 厘米，苞片 2 个，卵状披针形，萼片椭圆形或近圆形，长 8~10 毫米，顶端钝圆，花冠漏斗状，白色或紫红色，长 4.5~5 厘米，顶端 5 个浅裂，雄蕊 5 枚，不等长，子房 4 室	叶互生，叶厚、纸质、宽椭圆形或近圆形，长 3.5~9 厘米，宽 3~7 厘米，顶端微缺或 2 裂，裂片圆，裂缺浅或深，有时具小凸尖，基部阔楔形，截平至浅心形，形似马鞍；在背面近基部中脉两侧各有 1 枚腺体	长约 6 毫米，表面被黄棕色极短柔毛

十四、列当科

2 属 7 种

列当属

058 列当

学　名： *Orobanche coerulencens* Steph

分类地位 被子植物门（Angiospermae）双子叶植物亚门（Dicotyledons）玄参目（Personales）列当科（Orobanchaceae）列当属（*Orobanche*）。

地理分布 原产于奥地利、中国、俄罗斯、德国、匈牙利、日本、哈萨克斯坦、吉尔吉斯斯坦、朝鲜、蒙古国、尼泊尔、巴基斯坦、波兰、罗马尼亚、乌克兰。

形态特征 茎直立，粗壮，不分枝，植株高 15~50 厘米，全株被白色绒毛。叶鳞片状，卵状披针形，黄褐色。花序长穗状，密被绒毛，苞片与叶同形，近等大，无小苞片；花萼 2 深裂至基部，膜质，每一裂片先端 2 裂；花冠淡紫色，长约 20 毫米，二唇形，上唇宽，先端微凹，下唇 3 裂，裂片近圆形；雄蕊 4 枚。蒴果卵状椭圆形；种子形状不规则，略呈卵形或长圆形，黑褐色，坚硬，表面有较规则的粗网纹，种子长度为 0.2~0.5 毫米，宽、厚各为 0.2~0.3 毫米。

059 向日葵列当

学　名： *Orobanche cumana* Wallr

别　名： 直立列当

英文名： Sunflower broomrape

分类地位 被子植物门（Angiospermae）双子叶植物亚门（Dicotyledons）玄参目（Personales）列当科（Orobanchaceae）列当属（*Orobanche*）。

地理分布 在中国分布于河北、甘肃、吉林、内蒙古、山西、陕西、青海、新疆。俄罗斯、匈牙利、捷克、斯洛伐克、保加利亚、斯洛文尼亚、克罗地亚、希腊、意大利、缅甸、印度、哥伦比亚等也有分布。

形态特征 茎直立，单生，肉质，被有细毛，浅黄色至紫褐色，高度不等，一般为 20~40 厘米 。全株缺叶绿素，没有真正的根，有短须状吸盘。叶退化成鳞片状，螺旋状排列在茎秆上。花两性，左右对称，排列成紧密的穗状花序。花小，每株有花 20~40 朵，最多 80 朵。花冠合瓣，呈二唇形，上唇 2 裂，下唇 3 裂，蓝紫色。果为蒴果，花柱宿存，蒴果通常 2 纵裂，内含大量细小种了。种了形状不规则，略成近卵形。细嫩种子为黄色，柔软；成熟种子长 0.3~0.5 毫米，宽 0.14~0.25 毫米，深褐色，坚硬，形状不规则，种脐不明显，种皮有脊状突起的方形大网眼，网眼底部有形状规则的椭圆状的小穴，小穴排列紧密。（见图 2.39）

图 2.39 向日葵列当

060 ※ 分枝列当

学　名：*Orobanche ramosa* L.
别　名：亚麻列当

分类地位 被子植物门（Angiospermae）双子叶植物亚门（Dicotyledons）玄参目（Personales）列当科（Orobanchaceae）列当属（*Orobanche*）。

地理分布 原产于阿尔巴尼亚、阿尔及利亚、奥地利、保加利亚、埃及、厄立特里亚、埃塞俄比亚、法国、匈牙利、意大利、哈萨克斯坦、黎巴嫩、叙利亚、利比亚、毛里塔尼亚、摩洛哥、阿曼、葡萄牙、罗马尼亚、沙特阿拉伯、索马里、俄罗斯、西班牙、苏丹、瑞士、突尼斯、土耳其、乌克兰、也门。白俄罗斯、比利时、智利、捷克斯洛伐克、德国、肯尼亚、马里、纳米比亚、荷兰、波兰、美国有引种。

形态特征 茎多自基部分枝，通常 3~5 条，肉质，褐色或稻草色；主枝直立而粗壮，高 10~20 厘米，旁枝则较短而细弱，斜上。叶退化成黄色的鳞片，略成卵状披针形，褐色，先端尾尖。穗状花序顶生，花冠管状，二唇形，黄色至白色。蒴果 2 裂，具 4 个胎座和多数种子。种子长 0.25~0.4 毫米，宽 0.18~0.2 毫米，卵圆形，边缘锐利，灰褐色，有光泽，表面网眼不规则，网底网状。

061 ※ 瓜列当

学　名：*Orobanche aegyptiaca* Pers .
别　名：埃及列当
英文名：Egyptian broomrape

分类地位 被子植物门（Angiospermae）双子叶植物亚门（Dicotyledons）玄参目（Personales）列当科（Orobanchaceae）列当属（*Orobanche*）。

地理分布 分布于印度、巴基斯坦、阿富汗、伊朗、伊拉克、黎巴嫩、约旦、土耳其、俄罗斯、匈牙利、英国、意大利、巴尔干半岛、保加利亚、埃及、哥伦比亚及阿拉伯半岛。

形态特征 茎直立，高 15~50 厘米，全株被腺毛，中部以上分枝，黄褐色。叶鳞片状。穗状花序顶生枝端，圆柱形，疏松。花冠唇形，蓝紫色，近直立，筒部漏斗状，上唇 2 浅裂，下唇短于上唇，3 裂。蒴果，2 裂。种子多数，略呈卵圆形，长 0.2~0.5 毫米，宽、厚各约 0.25 毫米，形状不规则，一端较尖而窄，灰褐色，无光泽，近尖一端有长条皱纹，表面凹凸不平构成网眼，网眼不规则，网底网状。（见图 2.40）

图 2.40 瓜列当

062 ⁘ 锯齿列当

学　名： *Orobanche crenata* Forsk

分类地位 被子植物门（Angiospermae）双子叶植物亚门（Dicotyledons）玄参目（Personales）列当科（Orobanchaceae）列当属（*Orobanche*）。

地理分布 原产于阿尔及利亚、保加利亚、塞浦路斯、埃及、法国、希腊、伊朗、伊拉克、意大利、利比亚、摩洛哥、巴勒斯坦、葡萄牙、西班牙、突尼斯、土耳其。捷克斯洛伐克、埃塞俄比亚、英国有引种。

形态特征 茎直立，单生，肉质，被有细毛，黄白色，高20~60厘米。叶鳞片状，线状披针形，穗状花序，顶生密集，苞片被茸毛，线状披针形、卵状披针形或长尖形，花冠钟形、黄白色，花药无毛，花萼钟状，2裂。蒴果长圆形，种子细小，多数。种子表面无光泽，倒卵形，长0.2~0.4毫米，黄褐色，网眼排列多为长方形，网眼底部散布形状为近椭圆形的小穴。

063 ⁘ 欧亚列当

学　名： *Orobanche cernua* Loefling
别　名： 弯管列当

分类地位 被子植物门（Angiospermae）双子叶植物亚门（Dicotyledons）玄参目（Personales）列当科（Orobanchaceae）列当属（*Orobanche*）。

地理分布 原产于阿富汗、阿尔及利亚、孟加拉国、捷克斯洛伐克、俄罗斯、埃及、埃塞俄比亚、法国、英国、匈牙利、印度、伊朗、伊拉克、意大利、哈萨克斯坦、肯尼亚、吉尔吉斯斯坦、黎巴嫩、叙利亚、利比亚、摩洛哥、尼泊尔、阿曼、巴基斯坦、巴勒斯坦、罗马尼亚、沙特阿拉伯、索马里、西班牙、苏丹、塔吉克斯坦、坦桑尼亚、突尼斯、土耳其、土库曼斯坦、乌克兰、乌兹别克斯坦、也门。

形态特征 茎黄褐色，圆状，不分枝，直径0.6~1.5厘米，株高15~40厘米，全株密被腺毛。叶三角状卵形或卵状披针形，长1~1.5厘米，宽5~7毫米，连同苞片、花萼和花冠外面密被腺毛，内面近无毛。穗状花序，长5~30厘米，具多数花；苞片卵形或卵状披针形。花萼钟状，2深裂至基部或前面分裂至基部，而后面仅分裂至中部以下或近基部，裂片顶端常2浅裂。花冠淡紫色或淡蓝色，花丝着生处膨大，向上缢缩，筒部淡黄色，缢缩处稍扭转向下膝曲，上唇2浅裂，下唇稍短于上唇，3浅裂，边缘浅波状或具小圆齿。雄蕊4枚，花丝及花药无毛；花柱无毛。蒴果长圆形或长圆状椭圆形，长10~12毫米，直径5~7毫米，干后深褐色。种子长椭圆形，长0.3~0.5毫米，直径0.18毫米，形状规则，种脐明显，种皮表面有脊状突起的长方形大网眼，网眼底部具蜂巢状凹点。列当属6个重要种的形态特征比较见表2.18。

表2.18　列当属6个重要种的形态特征比较

形态特征	列当	向日葵列当	分枝列当	瓜列当	锯齿列当	欧亚列当
学名	*O.coerulencens* Steph	*O.cumana* Wallr	*O.ramosa* L.	*O.aegyptiaca* Pers.	*O.crenata* Forsk	*O.cernua* Loefling
株高	15~50厘米	20~40厘米	10~20厘米	10~50厘米	20~60厘米	15~40厘米

茎	茎直立，粗壮、不分枝，全株被白色茸毛	茎直立，不分枝，被有细毛，浅黄色至紫褐色	基部多分枝，通常3~5条，肉质，褐色或稻草色	茎直立，中部以上分枝，全株被腺毛	茎直立，不分枝，肉质，被有黄白色细毛	茎黄褐色，圆柱状，不分枝
叶	鳞片状，卵状披针形，黄褐色	鳞片状，微小，无柄，螺旋状排列在茎上	鳞片状，略成卵状披针形，褐色，先端尾尖	鳞片状，卵状披针形，黄褐色	鳞片状，线状披针形	叶三角状卵形或卵状披针形
花序	紧密穗状花序	紧密穗状花序	紧密穗状花序	疏松穗状花序	紧密穗状花序	松散穗状花序
花	花无小苞片，花丝有毛，花冠淡紫色	花小，有1小苞片，两性，左右对称，紧密排列。花冠合瓣，蓝紫色	花有2小苞片，花药有毛，花冠管状，2唇形，黄色至白色	花有2小苞片，花冠唇形，蓝紫色，近直立，筒部漏斗状	花药无毛，花冠钟形，黄白色	花无小苞片，花丝无毛，花冠淡紫色或淡蓝色，花丝着生处膨大，向上缢缩，筒部淡黄色，缢缩处稍扭转向下膝曲
花萼	花萼2深裂至基部，膜质，每一裂片顶端2浅裂	2深裂，每裂片顶端2裂	钟状，浅4裂	钟状，浅4裂	钟状，2深裂，裂片顶端常2浅裂	钟状，2深裂，每裂片顶端2浅裂
蒴果	卵状椭圆形	印形或梨形，通常2纵裂	2裂，具4个胎座，卵状椭圆形	2裂，长圆形	长圆形	长圆形或长圆状椭圆形，干后深褐色
种子	种子形状不规则，略呈卵形，黑褐色，坚硬，表面有较规则的网纹，种子长度0.2~0.5毫米，宽、厚各0.2~0.3毫米	种子形状不规则，略成近卵形。细嫩种子为黄色，柔软；成熟种子长0.3~0.5毫米，宽0.14~0.25毫米，深褐色，坚硬，种皮有脊状突起的方形大网眼，网眼底部具椭圆状的小穴，小穴排列紧密	种子形状不规则，长0.2~0.4毫米，宽0.18~0.2毫米，卵圆形，边缘锐利，灰褐色，有光泽，表面网眼不规则，网底网状	种子形状不规则，略呈卵圆形，一端较尖而窄，灰褐色，无光泽，近尖一端有长条皱纹，长0.25~0.45毫米，宽厚各0.25~0.3毫米，表面凹凸不平构成网眼，网眼不规则，网底网状	种子形状规则，表面无光泽，倒卵形，黄褐色，长0.2~0.4毫米，网眼排列多为长方形，网眼底部散布形状为近椭圆形的小穴	种子形状规则，长椭圆形，长0.3~0.5毫米，直径0.18毫米，种皮表面有脊状突起的长方形大网眼，网眼底部具蜂巢状凹点

| 独脚金属 |

064 狭叶独脚金

学　名： *Striga angustifolia* (D. Don) C. J. Saldanha.

英文名： Herba Strigae

分类地位 被子植物门（Angiospermae）双子叶植物亚门（Dicotyledons）玄参目（Personales）列当科（Orobanchaceae）独脚金属（*Striga*）。

地理分布 阿曼、中国（海南省）、不丹、印度、尼泊尔、斯里兰卡、缅甸、越南、印度尼西亚、坦桑尼亚、马拉维、莫桑比克、赞比亚、津巴布韦、澳大利亚。

形态特征 一年生草本，株高10~50厘米，茎秆直立，不分枝或中部以下2~3个分枝，具软毛，有时具浓密的刚毛，刚毛短且向上弯曲，茎秆方形。叶长10~20毫米，宽1~3毫米，线形，互生，与节间等长，全缘，脉纹模糊，下部苞叶长10~25厘米，宽1~2毫米，长于花萼，上苞叶锥形，短于花萼。花互生于松散的总状花序上，花序短于植物茎秆，花萼具15棱，棱明显，多毛，长8~12毫米，萼筒长3~6毫米，5裂，相等，线形或披针形，长3~6毫米，与花冠筒等长或近等长；花冠乳白色，花冠筒长10~15毫米，向花萼顶端弯曲膨大，具浓密的软毛。下唇瓣长4~8毫米，宽2~4毫米，倒卵形。独脚金属与野菰属、列当属植物种子特征比较见表2.19。

表 2.19 独脚金属与野菰属、列当属植物种子特征比较

种子特征	独脚金属（*Striga*）	野菰属（*Aeginetia*）	列当属（*Orobanche*）
大小（长 × 宽）	（0.2~0.6）毫米 ×（0.1~0.3）毫米	（0.05~0.35）毫米 ×（0.03~0.26）毫米	（0.2~0.6）毫米 ×（0.1~0.5）毫米
网格	纵向或斜对角向的索状网纹，长宽比为 7 : 1	网格深、大，网格内还可见更小的网纹	网格中等至大，长宽比不超过 4 : 1
网壁	隆起像田垄，常呈螺旋状扭曲	平滑	厚、薄、粗糙或念珠状，有时甚至接近透明，有时又呈波浪状
胚	胚芽细长	胚很小	胚微小

第三部分

41 种常见口岸检疫及监测杂草植株形态

001 ⁘ 白花鬼针草

一年生草本，茎无毛或上部被极疏柔毛。头状花序直径 8~9 毫米，花序梗长 1~6 厘米，总苞基部被柔毛，外层总苞片 7~8 片，线状匙形，草质，背面无毛或边缘有疏柔毛，无舌状花，盘花筒状，冠檐 5 齿裂。瘦果熟时黑色，线形，具棱，长 0.7~1.3 厘米，上部具稀疏瘤突及刚毛，顶端芒刺 3~4 个，具倒刺毛。（见图 3.1）

图 3.1 白花鬼针草

002 ⁘ 北美苍耳

图 3.2 北美苍耳

一年生草本，茎粗糙具棱角，纵生紫色间断条纹或密布紫斑，上部分枝，株高 40~80 厘米。叶三角形至圆形，长 10~25 厘米，宽 8~20 厘米，具 3~5 锐裂，边缘具钝齿。基部心形或肾形，表面贴生小刚毛。柄长 8~20 厘米。头状花序腋生或顶生，单性，雌雄同株，雄头状花序，直径 4~6 毫米，生长于分枝端部，雌头状花序着生下端。雌花苞卵球形或矩圆形，长 1.5~2 厘米，熟时深褐色，中间不显著膨大，光滑。苞刺细硬，等长，先端有小细沟，长 2~3 毫米。喙 2 条，靠合或分叉，长 3~6 毫米，直立或弓形，先端弯曲或具软小钩，种子棕褐色。（见图 3.2）

003 ⁘ 飞机草

多年生草本，茎分枝粗壮，常对生，水平直出，茎枝密被黄色茸毛或柔毛；叶对生，卵形、三角形或卵状三角形，长 4~10 厘米；叶柄长 1~2 厘米，上面绿色，下面色淡，两面粗涩，被长柔毛及红棕色腺点，下面及沿脉密被毛和腺点；基部平截、浅心形或宽楔形，基部 3 脉，侧脉纤细，疏生不规则圆齿、全缘、一侧有锯齿或每侧各有 1 粗大圆齿或 3 浅裂状；花序下部的叶小，常全缘，头状花序直径 3~11 厘米，花序梗粗，密被柔毛；总苞圆柱形，长 1 厘米，直径 4~5 毫米，约 20 朵小花，总苞片 3~4 层，覆瓦状排列，外层苞片卵形，长 2 毫米，外被柔毛，先端钝，中层及内层苞片长圆形，长 7~8 毫米，先端渐尖，全部苞片有 3 条宽中脉，麦秆黄色，无腺点，花白或粉红色；花冠长 5 毫米，瘦果熟时黑褐色，长 4 毫米，具 5 棱，无腺点，沿棱疏生白色贴紧柔毛。（见图 3.3）

图 3.3 飞机草

004 ⁘ 三裂叶豚草

一年生粗壮草本，株高 50~120 厘米，有时可达 170 厘米，有分枝，茎被糙毛，有时近无毛，叶对生，有时互生，具叶柄，下部叶 3~5 裂，上部叶 3 裂或不裂，裂片卵状披针形或披针形，有锐齿，基脉 3 出，下面灰绿色，两面被糙伏毛，叶柄长 2~3.5 厘米，被糙毛，边缘有窄翅，被长缘毛，雄头状花序多数，圆形，直径约 5 毫米，花序梗长 2~3 毫米，下垂，在枝端密集成总状，总苞浅碟形，绿色，总苞片有 3 肋，有圆齿，被疏糙毛，花托无托片，具白色长柔毛，每头状花序有 20~25 朵不育小花：小花黄色，长 1~2 毫米，花冠钟形，上端 5 裂，外面有 5 条紫色条纹，雌头状花序在雄头状花序下面叶状苞片的腋部成团伞状，总苞倒卵形，长 6~8 毫米，顶端具圆锥状短嘴，嘴部以下有 5~7 条肋，每肋顶端有瘤或尖刺，无毛。(见图 3.4)

(a) 近景

(b) 远景

图 3.4 三裂叶豚草

005 ⁘ 豚　草

图 3.5 豚　草

一年生草本，株高 20~150 厘米，茎直立，上部有圆锥状分枝，有棱，被疏生密糙毛，下部叶对生，具短叶柄，2 次羽状分裂，裂片狭小，长圆形至倒披针形，全缘，有明显的中脉，上面深绿色，被细短伏毛或近无毛，背面灰绿色，被密短糙毛，上部叶互生，无柄，羽状分裂，雄头状花序半球形或卵形，直径 4~5 毫米，具短梗，下垂，在枝端密集成总状花序，总苞宽半球形或碟形，总苞片全部结合，无肋，边缘具波状圆齿，稍被糙伏毛。(见图 3.5)

006 ⁘ 胜红蓟

别名藿香蓟，一年生草本，株高 50~100 厘米，有时又不足 10 厘米。无明显主根。茎粗壮，基部直径约 4 毫米或少有纤细的，而基部直径不足 1 毫米，不分枝或自基部或中部以上分枝，或下基部平卧而节常生不定根。全部茎枝淡红色或上部绿色，被白色短柔毛或上部被稠密开展的长绒毛。叶对生，有时上部互生，常有腋生的不发育的叶芽。中部茎叶卵形、椭圆形或长圆形，长 3~8 厘米，宽 2~5 厘米，自中部叶向上向下及腋生小枝上的叶渐小或小，卵形或长圆形，有时植株全部叶小，长仅约 1 厘米，宽仅达 0.6 毫米。全部叶基部钝或宽楔形，基出 3 脉或不明显 5 出脉，顶端急尖，边缘圆锯齿，有长 1~3 厘米的叶柄，两面被白色稀疏的短柔毛且有黄色腺点，上面沿脉处及叶下面的毛稍多，有时下面近无毛，上部叶的叶柄或腋生幼枝及腋生枝上的小叶的叶柄通常被白色稠密开展的长柔毛。头状花序 4~18 个在茎顶排成通常紧密的伞房状花序。(见图 3.6)

图 3.6 胜红蓟

007 ※ 薇甘菊

多年生草质藤本，茎细长，匍匐或攀缘，多分枝，被短柔毛或近无毛，幼时绿色，近圆柱形，老茎淡褐色，具多条棱，茎中部叶三角状卵形至卵形，长 4~13 厘米，宽 2~9 厘米，基部心形，偶近戟形，先端渐尖，边缘具数个粗齿或浅波状圆锯齿，两面无毛，基部 3~7 出脉；叶柄长 2~8 厘米，通常被微毛；上部的叶渐小，叶柄亦短。头状花序多数，在枝端常排成复伞形花序状，花序梗纤细，顶部的头状花序花先开放，依次向下逐渐开放，头状花序长 4.5~6 毫米，内含小花 4 朵，全为结实的两性花，总苞片 4 枚，狭长椭圆形，顶端渐尖，部分急尖，绿色，长 2~4.5 厘米，总苞基部有一线状椭圆形的小苞片，长 1~2 厘米，其花有香气，花冠白色，管状，长 3~4 厘米。瘦果狭倒披针形至狭椭圆形，偶尔稍弯曲。长 1~2.5 毫米，直径为 0.2~0.6 毫米，棕黑色。果体表面具腺体及稀疏的短白刺毛，具 5 纵棱。冠毛宿存，由 30~40 条组成，白色，长 2~4 毫米，冠毛上具短刺毛。种子细小，无胚乳。（见图 3.7）

图 3.7 薇甘菊

图 3.8 香丝草

008 ※ 香丝草

一年生或二年生草本，茎高达 50 厘米，密被贴短毛，兼有疏长毛，下部叶倒披针形或长圆状披针形，长 3~5 厘米，基部渐窄成长柄，具粗齿或羽状浅裂，中部和上部叶具短柄或无柄，窄披针形或线形，长 3~7 厘米，中部叶具齿，上部叶全缘，叶两面均密被糙毛，头状花序直径 0.8~1 厘米，在茎端排成总状或总状圆锥花序，花序梗长 1~1.5 厘米，总苞椭圆状卵形，长约 5 毫米，总苞片 2~3 层，线形，背面密被灰白色糙毛，具干膜质边缘。雌花多层，白色，花冠细管状，长 3~3.5 毫米，无舌片或顶端有 3~4 个细齿，两性花淡黄色，花冠管状，管部上部被疏微毛，具 5 齿裂。（见图 3.8）

009 ※ 苏门白酒草

一年生或二年生草本，茎高达 1.5 米，被较密灰白色上弯糙毛，兼有疏柔毛，下部叶倒披针形或披针形，长 6~10 厘米，基部渐窄成柄，上部有 4~8 对粗齿，基部全缘，中部和上部叶窄披针形或近线形，具齿或全缘，两面密被糙毛，头状花序多数，直径 5~8 毫米，在茎枝端排成圆锥花序，花序梗长 3~5 毫米，总苞卵状短圆柱状，长 4 毫米，总苞片 3 层，灰绿色，线状披针形或线形，背面被糙毛，边缘干膜质，雌花多层，管部细长，舌片淡黄或淡紫色，丝状，先端具 2 细裂，两性花花冠淡黄色，檐部窄漏斗形，具 5 齿裂，管部上部被疏微毛。（见图 3.9）

图 3.9 苏门白酒草

010 ⁙ 小蓬草

图 3.10 小蓬草

一年生草本，根纺锤状，具纤维状根，茎直立，高 50~100 厘米或更高，圆柱状，多少具棱，有条纹，被疏长硬毛，上部多分枝，叶密集，基部叶花期常枯萎，下部叶倒披针形，长 6~10 厘米，宽 1~1.5 厘米，顶端尖或渐尖，基部渐狭成柄，边缘具疏锯齿或全缘，中部和上部叶较小，线状披针形或线形，近无柄或无柄，全缘或少有具 1~2 个齿，两面或仅上面被疏短毛，边缘常被上弯的硬缘毛。头状花序多数，小，直径 3~4 毫米，排列成顶生多分枝的大圆锥花序，花序梗细，长 5~10 毫米，总苞近圆柱状，长 2.5~4 毫米，总苞片 2~3 层，淡绿色，线状披针形或线形，顶端渐尖，外层约为内层一半，内层长 3~3.5 毫米，宽约 0.3 毫米，边缘干膜质，无毛。花托平，直径 2~2.5 毫米，具不明显的突起，雌花多数，舌状，白色，长 2.5~3.5 毫米，舌片小，稍超出花盘，线形，顶端具 2 个钝小齿，两性花淡黄色，花冠管状，长 2.5~3 毫米，上端具 4 或 5 个齿裂，管部上部被疏微毛，瘦果线状披针形，长 1.2~1.5 毫米，稍扁压。（见图 3.10）

011 ⁙ 一年蓬

一年生或二年生草本，茎下部被长硬毛，上部被上弯短硬毛，基部叶长圆形或宽卵形，稀近圆形，长 4~17 厘米，基部渐窄，边缘具粗齿，下部茎生叶与基部叶同形，叶柄较短，中部和上部叶长圆状披针形或披针形，长 1~9 厘米，具短柄或无柄，有齿或近全缘，最上部叶线形，叶边缘被硬毛，两面被疏硬毛或近无毛，头状花序数个或多数，排成疏圆锥花序，总苞半球形，总苞片 3 层，披针形，淡绿色或多少呈褐色，背面密被腺毛和疏长毛：外围雌花舌状，2 层，长 6~8 毫米，管部长 1~1.5 毫米，上部被疏微毛，舌片平展，白色或淡天蓝色，线形，宽 0.6 毫米，先端具 2 小齿，中央两性花管状，黄色，管部长约 0.5 毫米，檐部近倒锥形，裂片无毛，瘦果披针形，长约 1.2 毫米，扁，被疏贴柔毛，冠毛异形，雌花冠毛极短，冠毛 2 层，外层鳞片状，内层退化为 10~15 条刚毛。（见图 3.11）

图 3.11 一年蓬

图 3.12 野茼蒿

012 ⁙ 野茼蒿

直立草本，高 0.2~1.2 米，无毛，叶膜质，椭圆形或长圆状椭圆形，先端渐尖，基部楔形，边缘有不规则锯齿或重锯齿，或基部羽裂，头状花序在茎端排成伞房状，直径约 3 厘米，总苞钟状，长 1~1.2 厘米，有数枚线状小苞片，总苞片 1 层，线状披针形，先端有簇状毛，小花全部管状，两性，花冠红褐色或橙红色，花柱分枝，顶端尖，被乳头状毛。（见图 3.12）

图 3.13 加拿大一枝黄花

013 ⁘ 加拿大一枝黄花

多年生草本，有长根状茎，茎直立，高达 2.5 米，叶披针形或线状披针形，长 5~12 厘米，头状花序很小，长 4~6 毫米，在花序分枝上单面着生，多数弯曲的花序分枝与单面着生的头状花序，形成开展的圆锥状花序，总苞片线状披针形，长 3~4 毫米。（见图 3.13）

014 ⁘ 钻叶紫菀

茎高 25~100 厘米，无毛，基生叶倒披针形，花后凋落；茎中部叶线状披针形，长 6~10 厘米，宽 5~10 毫米，主脉明显，侧脉不显著，无柄；上部叶渐狭窄，全缘，无柄，无毛，头状花序，多数在茎顶端排成圆锥状，总苞钟状，总苞片 3~4 层，外层较短，内层较长，线状钻形，边缘膜质，无毛；舌状花细狭，淡红色，长与冠毛相等或稍长；管状花多数，花冠短于冠毛。（见图 3.14）

（a）花

（b）脉

（c）植株

图 3.14 钻叶紫菀

图 3.15 银胶菊

015 ⁘ 银胶菊

一年生草本。茎直立，高 0.6~1 米，基部直径约 5 毫米，多分枝，具条纹，被短柔毛，节间长 2.5~5 厘米。下部和中部叶 2 回羽状深裂，全形卵形或椭圆形，连叶柄长 10~19 厘米，宽 6~11 厘米，羽片 3~4 对，卵形，长 3.5~7 厘米，小羽片卵状或长圆状，常具齿，顶端略钝，上面被基部为疣状的疏糙毛，下面的毛较密而柔软，上部叶无柄，羽裂，裂片线状长圆形，全缘或具齿，或有时指状 3 裂，中裂片较大，通常长于侧裂片的 3 倍。头状花序多数，直径 3~4 毫米，在茎枝顶端排成开展的伞房花序，花序柄长 3~8 毫米，被粗毛，总苞宽钟形或近半球形，直径约 5 毫米，长约 3 毫米，总苞片 2 层，各 5 个，外层较硬，卵形，长 2.2 毫米，顶端叶质，钝，背面被短柔毛，内层较薄，几近圆形，长宽近相等，顶端钝，下凹，边缘近膜质，透明，上部被短柔毛。舌状花 1 层，5 个，白色，长约 1.3 毫米，舌片卵形或卵圆形，顶端 2 裂。管状花多数，长约 2 毫米，檐部 4 浅裂，裂片短尖或短渐尖，具乳头状突起，雄蕊 4 枚。雌花瘦果倒卵形，基部渐尖，干时黑色、长约 2.5 毫米，被疏腺点。冠毛 2 层，鳞片状，长圆形，长约 0.5 毫米，顶端截平或有时具细齿。花期 4~10 月。（见图 3.15）

016 ⁘ 假高粱

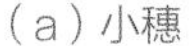
（a）小穗

（b）脉

（c）植株

图 3.16 假高粱

多年生草本，高达 2 米，直径 1~2 毫米，具 3 至多节，节上近无毛，叶鞘短于节间或上部者长于节间，具疣基细柔毛，边缘较密，叶舌膜质，棕褐色，舌状，长约 2.5 毫米，无毛，叶片线形，长 15~20 厘米，宽 4~6 毫米，先端渐尖，基部略收狭，两面无毛或背面疏生疣基细毛，圆锥花序长 5~7 厘米，主轴长 3~4 厘米，具 2~4 节，每节具 2~3 分枝，每一分枝具 1~2 枚总状花序，总状花序长 2~3 厘米，总状花序轴与小穗柄具丝状毛，无柄小穗椭圆状披针形，长 4~5 毫米，宽 0.9~1.2 毫米，基盘钝，具长约 1.5 毫米的髯毛。第 1 颖亚革质，具 5~7 脉，背部下凹成浅槽，上部 1/3 质地稍软，下部质地较硬，无毛，略具光泽，先端钝，微有小齿，边缘内折。第 2 颖舟形，具 3 脉，无毛，约与第 1 颖等长。第 1 外稃狭披针形，长约 3 毫米，膜质，透明，无毛；第 2 外稃细小，线形，先端伸出一膝曲扭转的芒，芒长 1.5~2 厘米。（见图 3.16）

017 ⁘ 刺蒺藜草

一年生草本，须根较粗壮，秆高约 50 厘米，基部膝曲或横卧地面而于节处生根，下部节间短且常具分枝，叶鞘松弛，压扁具脊，上部叶鞘背部具密细疣毛，近边缘处有密细纤毛，下部边缘多数为宽膜质无纤毛，叶舌短小，具长约 1 毫米的纤毛，叶片线形或狭长披针形，质较软，长 5~40 厘米，宽 4~10 厘米，上面近基部疏生长约 4 毫米的长柔毛或无毛，总状花序直立，长 4~8 厘米，宽约 1 厘米，花序主轴具棱粗糙，刺苞呈稍扁圆球形，长 5~7 毫米，宽与长近相等，刚毛在刺苞上轮状着生，具倒向粗糙，直立或向内反曲，刺苞背部具较密的细毛和长绵毛，刺苞裂片于 1/3 或中部稍下处连合，边缘被平展较密长约 1.5 毫米的白色纤毛，刺苞基部收缩呈楔形，总梗密具短毛，每刺苞内具小穗 2~6 个，小穗椭圆状披针形，顶端较长渐尖，含 2 朵小花。（见图 3.17）

图 3.17 刺蒺藜草

018 ⁘ 红毛草

图 3.18 红毛草

多年生，高可达 1 米，节间常具疣毛，节具软毛，根茎粗壮，叶鞘松弛，大都短于节间，下部亦散生疣毛，叶舌由长约 1 毫米的柔毛组成，叶片线形，长可达 20 厘米，宽 2~5 毫米，圆锥花序开展，长 10~15 厘米，分枝纤细，长可达 8 厘米，小穗柄纤细弯曲，顶端稍膨大，疏生长柔毛，小穗长约 5 毫米，常被粉红色绢毛。第 1 颖小，长约为小穗的 1/5，长圆形，具 1 脉，被短硬毛，第 2 颖和第 1 外稃具脉，被疣基长绢毛，顶端微裂，裂片间生 1 短芒，第 1 内稃膜质，具 2 脊，脊上有睫毛，第 2 外稃近软骨质，平滑光亮，有 3 枚雄蕊，花药长约 2 毫米，花柱分离，柱头羽毛状，鳞被 2 个，折叠，具 5 脉。（见图 3.18）

019 ⁘ 垂序商陆

多年生草本，高达 2 米，茎圆柱形，有时带紫红色，叶椭圆状卵形或卵状披针形，先端尖，基部楔形，总状花序顶生或与叶对生，纤细。花较稀少，白色，微带红晕，花被片 5 片，雄蕊、心皮及花柱均为 10 枚，心皮连合，果序下垂。浆果扁球形，紫黑色。（见图 3.19）

图 3.19 垂序商陆

020 ⁘ 刺花莲子草

一年生草本，茎披散，匍匐，有多数分枝，铺在地面 20~30 厘米，密生伏贴白色硬毛，叶片卵形、倒卵形或椭圆倒卵形，长 1.5~4.5 厘米，宽 5~15 毫米，在一对叶中大小不等，顶端圆钝，有一短尖，基部渐狭，两面无毛或疏生伏贴毛，叶柄长 3~10 毫米，无毛或有毛，头状花序无总花梗，1~3 个，腋生，白色，球形或矩圆形，长 5~10 毫米，苞片披针形，长约 4 毫米，顶端有锐刺，小苞片披针形，长 3~4 毫米，顶端渐尖，无刺。花被片大小不等，2 外花被片披针形，长约 5 毫米，凸形，在下半部有 3 脉，花期后变硬，近基部左右有丛毛，中脉伸出成锐刺，中部花被片长椭圆形，长 3~3.5 毫米，扁平，近顶端牙齿状，凸尖，近基部左右有丛毛；2 内花被片小，凸形，环包子房，在背部有丛毛。雄蕊 5 枚，花丝长 0.5~0.75 毫米，退化雄蕊远比花丝短，全缘、凹缺或不规则牙齿状，花柱极短。（见图 3.20）

图 3.20 刺花莲子草

021 ⁘ 刺　苋

一年生草本，株高 30~100 厘米，茎直立，圆柱形或钝棱形，多分枝，有纵条纹，绿色或带紫色，无毛或稍有柔毛。叶片菱状卵形或卵状披针形，长 3~12 厘米，宽 1~5.5 厘米，顶端圆钝，具微凸头，基部楔形，全缘，无毛或幼时沿叶脉稍有柔毛；叶柄长 1~8 厘米、无毛，在其旁有 2 刺，刺长 5~10 毫米。圆锥花序腋生及顶生，长 3~25 厘米，下部顶生花穗常全部为雄花，苞片在腋生花簇及顶生花穗的基部者变成尖锐直刺，长 5~15 毫米；在顶生花穗的上部者狭披针形，长 1.5 毫米，顶端急尖，具凸尖，中脉绿色；小苞片狭披针形，长约 1.5 毫米；花被片绿色，顶端急尖，具凸尖，边缘透明；中脉绿色或带紫色，在雄花者矩圆形、长 2~2.5 毫米，在雌花者矩圆状匙形、长 1.5 毫米。雄蕊花丝和花被片等长或较短，柱头 3 枚，有时 2 枚。（见图 3.21）

图 3.21 刺　苋

022 反枝苋

一年生草本，株高达 1 米，茎密被柔毛，叶菱状卵形或椭圆状卵形，长 5~12 厘米，先端锐尖或尖凹，具小凸尖，基部楔形，全缘或波状，两面及边缘被柔毛，下面毛较密，叶柄长 1.5~5.5 厘米，被柔毛，穗状圆锥花序直径 2~4 厘米，顶生花穗较侧生者长，苞片钻形，长 4~6 毫米，花被片长圆形或长圆状倒卵形，长 2~2.5 毫米，薄膜质，中脉淡绿色，具凸尖，雄蕊较花被片稍长，柱头两三枚。(见图 3.22)

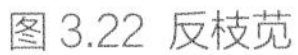

图 3.22 反枝苋

图 3.23 银花苋

023 银花苋

茎有贴生白色长柔毛，花序银白色；花被片花期后变硬，花果期 2~6 月。(见图 3.23)

024 喜旱莲子草

多年生草本，茎匍匐，上部上升，长达 1.2 米，具分枝，幼茎及叶腋被白或锈色柔毛，老时无毛，叶长圆形、长圆状倒卵形或倒卵状披针形，长 2.5~5 厘米，先端钝尖或钝，基部渐窄，全缘，两面无毛或上面被平伏毛，下面具颗粒状突起，叶柄长 0.3~1 厘米，头状花序具花序梗，单生叶腋，白色花被片长圆形，花丝基部连成杯状，子房倒卵形，具短柄。(见图 3.24)

图 3.24 喜旱莲子草

图 3.25 皱果苋

025 皱果苋

一年生草本，株高达 80 厘米，全株无毛，茎直立，稍分枝。叶卵形、卵状长圆形或卵状椭圆形，长 3~9 厘米，先端尖凹或凹缺，稀圆钝，具芒尖，基部宽楔形或近平截，全缘或微波状，叶面常有一“V”字形白斑，叶柄长 3~6 厘米。穗状圆锥花序顶生，长达 12 厘米，圆柱形，细长，直立，顶生花穗较侧生者长，花序梗长 2~2.5 厘米，苞片披针形，长不及 1 毫米，具凸尖，花被片长圆形或宽倒披针形，长 1.2~1.5 毫米；雄蕊较花被片短，柱头两三枚。(见图 3.25)

026 ⁘ 长芒苋

株高可达近 300 厘米，浅绿色，雌雄异株。茎直立，粗壮，绿黄色或浅红褐色，无毛或上部散生短柔毛。分枝斜展至近平展。叶片无毛，卵形至菱状卵形，先端钝、急尖或微凹，常具小突尖，叶基部楔形，略下延，叶全缘，侧脉每边 3 ～ 8 条。叶柄长，纤细。穗状花序生长于茎顶和侧枝顶端，直立或略弯曲，花序长者可达 60 厘米。花序生长于叶腋者较短，呈短圆柱状至头状。苞片钻状披针形，长 4 ～ 6 毫米，先端芒刺状，雄花苞片下部约 1/3 具宽膜质边缘，雌花苞片下半部具狭膜质边缘。雄花花被片 5 片，极不等长，长圆形，先端急尖，最外面的花被片长约 5 毫米，中肋粗，先端延伸成芒尖。其余花被片长 3.5 ～ 4 毫米，中肋较弱且少外伸。雄蕊 5 枚，短于内轮花被片。雌花花被片 5 片，稍反曲，极不等长，最外面一片倒披针形，长 3 ～ 4 毫米，先端急尖，中肋粗壮，先端具芒尖。（见图 3.26）

（a）近景

（b）远景

图 3.26 长芒苋

027 ⁘ 刺 茄

灌木，株高可达 3 米，小枝疏具基部扁的皮刺，皮刺长 0.3~1 厘米，尖端稍弯，叶单生或双生，卵形或椭圆形，长 6~19 厘米，先端尖，基部心形或楔形，两侧不等，半裂或波状，裂片常 5~7 片，下面中脉少刺或无刺，侧脉 3~5 对，有刺或无刺。叶柄长 2~4 厘米，具 1~2 刺或无刺，小枝、叶、叶柄、花序梗、花梗、花萼、花冠裂片均被星状毛或兼有腺毛。（见图 3.27）

图 3.27 刺 茄

028 ⁘ 喀西茄

草本或亚灌木状，株高 2~3 米，茎、枝、叶、花柄及花萼被硬毛、腺毛及基部宽扁直刺，刺长 0.2~1.5 厘米，叶宽卵形，长 6~15 厘米，先端渐尖，基部戟形，具 5~7 深裂，裂片边缘不规则齿裂及浅裂，上面沿叶脉毛密，侧脉疏被直刺，叶柄长 3~7 厘米。蝎尾状总状花序腋外生，花单生或 2~4 朵，花梗长约 1 厘米，花萼钟状，长 5~7 毫米，直径约 1 厘米；裂片长圆状披针形，长约 5 毫米，具长缘毛；花冠筒淡黄色，长约 1.5 毫米；冠檐白色，裂片披针形，长约 1.4 厘米，具脉纹，反曲；花丝长 1~2 毫米，花药顶端延长，长 6~7 毫米，顶孔向上，子房被微绒毛，花柱长约 8 毫米，柱头平截。（见图 3.28）

图 3.28 喀西茄

029 ⁘ 曼陀罗

图 3.29 曼陀罗

草本或亚灌木状，株高达 1.5 米，植株无毛或幼嫩部分被短柔毛，叶宽卵形，上部白或淡紫色，长 8~17 厘米，先端渐尖，基部不对称楔形，具不规则波状浅裂，裂片 3~5 厘米，裂片具短尖头，雄蓝内藏，先端尖，有时具波状牙齿，侧脉 3~5 对，叶柄长 3~5.5 厘米，花直立，花梗长 0.5~1.2 厘米，萼筒长 3~5 厘米，具 5 棱，基部稍肿大，裂片三角形，花后自近基部断裂，宿存部分增大并反折，花冠漏斗状，长 6~10 厘米，下部淡绿色，上部白或淡紫色，冠檐直径 3~5 厘米，裂片具短尖头，雄蕊内藏，花丝长约 3 厘米，花药长约 4 毫米，花子房密被柔针毛。（见图 3.29）

030 ⁘ 光荚含羞草

落叶灌木，株高 3~6 米，小枝无刺，密被黄色茸毛，2 回羽状复叶，羽片 6~7 对，长 2~6 厘米，叶轴无刺，被短柔毛，小叶 12~16 对，线形，长 5~7 毫米，宽 1~1.5 毫米，革质，先端具小尖头，除边缘疏具喙毛外，余无毛，中脉略偏上缘，头状花序球形，花白色，花萼杯状，极小，花瓣长圆形，长约 2 毫米，仅基部连合，雄蕊 8 枚，花丝长 4~5 毫米，荚果带状，茎直，长 3.5~4.5 厘米，宽约 6 毫米，无刺毛，褐色，通常有 5~7 个荚节，成熟时荚节脱落而残留荚缘。（见图 3.30）

图 3.30 光荚含羞草

031 ⁘ 含羞草

图 3.31 含羞草

披散、亚灌木状草本，株高达 1 米，茎圆柱状，具分枝，有散生、下垂的钩刺及倒生刺毛，托叶披针形，长 0.5~1 厘米，被刚毛，羽片和小叶触之即闭合而下垂，羽片通常 2 对，指状排列于总叶柄顶端，长 3~8 厘米，小叶 10~20 对，线状长圆形，长 0.8~1.3 厘米，先端急尖，边缘具刚毛，头状花序圆球形，直径约 1 厘米，具长花序梗，单生或 2~3 个生长于叶腋，花小，淡红色，多数，苞片线形，花萼极小，花冠钟状，裂片 4 个，外面被短柔毛，雄蕊 4 枚，伸出花冠，子房有短柄，无毛，胚珠 3~4 个，花柱丝状，柱头小，荚果长圆形，长 1~2 厘米，扁平，稍弯曲，荚缘波状，被刺毛，成熟时荚节脱落，荚缘宿存，种子卵圆形，长 3.5 毫米。（见图 3.31）

032 ⁘ 猪屎豆

多年生草本或呈灌木状，茎枝圆柱形，具小沟纹，密被紧贴的短柔毛，托叶极细小，刚毛状，早落。叶三出，柄长 2~4 厘米，小叶长圆形或椭圆形，长 3~6 厘米，上面无毛，下面稍被丝光质短柔毛，两面叶脉清晰，小叶柄长 1~2 毫米。总状花序顶生，长达 25 厘米，有 10~40 朵花；苞片线形，长约 4 毫米，早落，花梗长 3~5 毫米，花萼近钟形，长 4~6 毫米，具 5 裂，萼齿三角形，约与萼筒等长，密被短柔毛，小苞片长 1~2 毫米，生于萼筒中部或基部。花冠黄色，伸出萼外，长 0.7~1.1 厘米，旗瓣圆形或椭圆形，长约 1 厘米，翼瓣长圆形，长约 8 毫米，下部边缘具柔毛；龙骨瓣长约 1.2 厘米，具长喙，基部边缘具柔毛，子房无柄。荚果长圆形，长 3~4 厘米，幼时疏被毛，后变无毛，果瓣开裂后扭转，具 20~30 粒种子。（见图 3.32）

图 3.32 猪屎豆

033 ⁘ 落葵薯

缠绕草质藤本，根茎粗壮，叶卵形或近圆形，先端尖，基部圆或心形，稍肉质，腋生珠芽，总状花序具多花，苞片宿存，花托杯状，花被片白色，渐变黑，卵形至椭圆形，雄蕊白色，花柱白色，3 叉裂。（见图 3.33）

034 ⁘ 马樱丹

直立或蔓性的灌木，株高 1~2 米，有时藤状，长达 4 米，茎枝均呈四方形，有短柔毛，通常有短而倒钩状刺。单叶对生，揉烂后有强烈的气味，叶片卵形至卵状长圆形，长 3~8.5 厘米，宽 1.5~5 厘米，顶端急尖或渐尖，基部心形或楔形，边缘有钝齿，表面有粗糙的皱纹和短柔毛，背面有小刚毛，侧脉约 5 对，叶柄长约 1 厘米。（见图 3.34）

图 3.33 落葵薯

图 3.34 马樱丹

035 ⁘ 墨苜蓿

一年生匍匐或近直立草本，长达 80 厘米，茎被硬毛，分枝疏，叶厚纸质，卵形、椭圆形或披针形，长 1~5 厘米，宽 0.5~2.5 厘米，先端短尖或钝，基部渐窄，两面粗糙，有缘毛，侧脉约 3 对，叶柄长 0.5~1 厘米，托叶鞘状，顶部平截，边缘有数条长 2~5 毫米刚毛，头状花序多花，顶生，几无花序梗，有 1~2 对叶状苞片，花 5~6 朵；花萼长 2.5~3.5 毫米，萼筒顶部缢缩，裂片披针形，长为萼筒 2 倍，被缘毛，花冠白色，漏斗状或高脚碟状，冠筒长 2~8 毫米，内面基部有一环白色长毛，裂片 6 个，花时星状展开，雄蕊 6 枚，柱头 3 裂，分果瓣 3~6 个，长 2~3.5 毫米，长圆形或倒卵形，背面密被小乳突和糙伏毛，腹面有窄沟槽，基部微凹。（见图 3.32）

图 3.35 墨苜蓿

036 ⁘ 阔叶丰花草

披散、粗壮草本，被毛，茎和枝均为明显的四棱柱形，棱上具狭翅，叶椭圆形或卵状长圆形，长度变化大，长 2~7.5 厘米，宽 1~4 厘米，顶端锐尖或钝，基部阔楔形而下延，边缘波浪形，鲜时黄绿色，叶面平滑，侧脉每边 5~6 条，略明显，叶柄长 4~10 毫米，扁平，托叶膜质，被粗毛，顶部有数条长于鞘的刺毛，花数朵丛生长于托叶鞘内，无梗，小苞片略长于花萼，萼管圆筒形，长约 1 毫米，被粗毛，萼檐 4 裂，裂片长 2 毫米，花冠漏斗形，浅紫色，罕有白色，长 3~6 毫米，里面被疏散柔毛，基部具 1 毛环，顶部 4 裂，裂片外面被毛或无毛，花柱长 5~7 毫米，柱头 2 枚，裂片线形，蒴果椭圆形，长约 3 毫米，直径约 2 毫米，被毛，成熟时从顶部纵裂至基部，隔膜不脱落或 1 个分果爿的隔膜脱落，种子近椭圆形，两端钝，长约 2 毫米，直径约 1 毫米，干后浅褐色或黑褐色，无光泽，有小颗粒。（见图 3.36）

图 3.36 阔叶丰花草

037 ⁘ 三裂叶薯

一年生草本，茎缠绕或平卧，无毛或茎节疏被柔毛，叶宽卵形或卵圆形，长 2.5~7 厘米，基部心形，全缘，具粗齿或 3 裂，无毛或疏被柔毛，叶柄长 2.5~6 厘米，伞形聚伞花序，具 1 至数花，花序梗长 2.5~5.5 厘米，无毛，花梗长 5~7 毫米，无毛，被小瘤，苞片小，萼片长 5~8 毫米，长圆形，具小尖头，疏被柔毛，具缘毛，花冠淡红或淡紫色，漏斗状，长约 1.5 厘米，无毛，雄蕊内藏，子房被毛，蒴果近球形，直径 5~6 毫米，被细刚毛，2 室，4 瓣裂。（见图 3.37）

图 3.37 三裂叶薯

038 ⁘ 五爪金龙

多年生缠绕草本，全体无毛，老时根上具块根，茎细长，有细棱，有时有小疣状突起，叶掌状 5 深裂或全裂，裂片卵状披针形、卵形或椭圆形，中裂片较大，长 4~5 厘米，宽 2~2.5 厘米，两侧裂片稍小，顶端渐尖或稍钝，具小短尖头，基部楔形渐狭，全缘或不规则微波状，基部 1 对裂片通常再 2 裂，叶柄长 2~8 厘米，基部具小的掌状 5 裂的假托叶（腋生短枝的叶片），聚伞花序腋生，花序梗长 2~8 厘米，具 1~3 朵花，或偶有 3 朵以上，苞片及小苞片均小，鳞片状，早落，花梗长 0.5~2 厘米，有时具小疣状突起，萼片稍不等长，外方 2 片较短，卵形，长 5~6 毫米，外面有时有小疣状突起，内萼片稍宽，长 7~9 毫米，萼片边缘干膜质，顶端钝圆或具不明显的小短尖头，花冠紫红色、紫色或淡红色、偶有白色，漏斗状，长 5~7 厘米，雄蕊不等长，花丝基部稍扩大下延贴生长于花冠管基部以上，被毛，子房无毛，花柱纤细，长于雄蕊，柱头 2 个、球形，蒴果近球形，高约 1 厘米，2 室，4 瓣裂。（见图 3.38）

图 3.38 五爪金龙

图 3.39 菟丝子

039 ⁘ 菟丝子

茎黄色，纤细，直径约 1 毫米，花序侧生，少花至多花密集成聚伞状伞团花序，花序无梗，苞片及小苞片鳞片状，花梗长约 1 毫米，花萼杯状，中部以上分裂，裂片三角状，长约 1.5 毫米，花冠白色，壶形，长约 3 毫米，裂片三角状卵形，先端反折，雄蕊生长于花冠喉部，鳞片长圆形，伸至雄蕊基部，边缘流苏状，花柱 2 枚，等长或不等长，柱头球形，蒴果球形，直径约 3 毫米，为宿存花冠全包，周裂。(见图 3.39)

040 ⁘ 飞扬草

一年生草本，根直径 3~5 毫米，常不分枝，稀 3~5 分枝，茎自中部向上分枝或不分枝，高可达 70 厘米，被褐色或黄褐色粗硬毛，叶对生，披针状长圆形、长椭圆状卵形或卵状披针形，长 1~5 厘米，中上部有细齿，中下部较少或全缘，下面有时具紫斑，两面被柔毛，叶柄极短，花序多数，于叶腋处密集成头状，无梗或具极短梗，被柔毛，总苞钟状，被柔毛，边缘 5 裂，裂片三角状卵形，腺体 4 枚，近杯状，边缘具白色倒三角形附属物，雄花数枚，微达总苞边缘，雌花 1 枚，具短梗，伸出总苞，子房三棱状，被疏柔毛，花柱分离，蒴果三棱状，长与直径均为 1~1.5 毫米，被短柔毛。(见图 3.40)

图 3.40 飞扬草

041 ⁘ 土荆芥

图 3.41 土荆芥

一年生或多年生草本，株高 50~80 厘米，有香味。茎直立，多分枝，有色条及钝条棱，枝通常细瘦，有短柔毛并兼有具节的长柔毛，有时近于无毛。叶片矩圆状披针形至披针形，先端急尖或渐尖，边缘具稀疏不整齐的大锯齿，基部渐狭具短柄，上面平滑无毛，下面有散生油点并沿叶脉稍有毛，下部的叶长达 15 厘米，宽达 5 厘米，上部叶逐渐狭小而近全缘。花两性及雌性，通常 3~5 个团集，生长于上部叶腋，花被裂片 5 个，较少为 3 个，绿色，果时通常闭合，雄蕊 5 枚，花药长 0.5 毫米，花柱不明显，柱头通常 3 枚，较少为 4 枚，丝形，伸出花被外。胞果扁球形，完全包于花被内。(见图 3.41)

[1] WYK B E V, VENTER M, BOATWRIGHT J S. A revision of the genus *Bolusia* (Fabaceae, Crotalarieae)[J]. South African Journal of Botany, 2010, 76(1): 86-94.

[2] NALBANDI H, SEIIEDLOU S, GHASSEMZADEH H. Aerodynamic properties of *Turgenia latifolia* seeds and wheat kernels.[J]. International Agrophysics, 2010, 24: 57-61.

[3] DINESHA M S, DHANAPAL G N. Broomrape (*Orobanche cernua*) germination biology, population dynamics and its control in tomato (*Lycopersicon esculentum*) fields in Karnataka[J]. Journal of Progressive Agriculture, 2013.

[4] SIMMONS M T. Bullying the Bullies: The Selective Control of an Exotic, Invasive Annual (*Rapistrum rugosum*) by Oversowing with a Competitive Native Species (*Gaillardia pulchella*)[J]. Restoration ecology, 2005, 13(4): p.609-615.

[5] DIELEMAN, MORTENSEN. Characterizing the spatial pattern of *Abutilon theophrasti* seedling patches[J]. Weed Research, 2010, 39(6): 455-467.

[6] GAYLON D. MORGAN PAUL A BAUMANN, CHANDLER J M. Competitive Impact of Palmer Amaranth (*Amaranthus palmeri*) on Cotton (*Gossypium hirsutum*) Development and Yield[J]. Weed Technology, 2001, 15(3): 408-412.

[7] BARINA Z, SHEVERA M, SARBU C, et al. Current distribution and spreading of *Euphorbia davidii* (E. dentata agg.) in Europe[J]. Central European Journal of Biology, 2013, 8(1): 87-95.

[8] SYMON D E, HAEGI L A R. *Datura* (Solanaceae) is a New World genus[J]. 1991.

[9] CAPPERS R, BEKKER R, JANS J E A. Digital Seed Atlas of The Netherlands[J]. Groningen Archaeological, 2012, 4.

[10] PANDEY A K, SINGH G. Effect of herbicides on growth and development of *Oxalis latifolia*[J]. Indian Journal of Weed Science, 2003(1/2): 35.

[11] HANS, SJÖGREN, KEITH, et al. Effects of improved fallow with *Sesbania sesban* on maize productivity and *Striga hermonthica* infestation in Western Kenya[J]. Journal of Forestry Research, 2010.

[12] CHAUHAN B S, GILL G, PRESTON C. Factors affecting turnipweed (*Rapistrum rugosum*) seed germination in southern Australia[J]. Weed Science, 2006, 54(6): 1032-1036.

[13] FU C H, CHUNG S W, YAO J C, et al. First report of *Sclerotium rolfsii* on *Mikania micrantha* in Taiwan[J]. 2003.

[14] MIKULKA J, CHODOVÁ D. Germination and emergence of prickly lettuce (*Lactuca serriola L.*) and its susceptibility to selected herbicides[J]. Plant Soil and Environment, 2003, 49(2).

[15] SUDHEESH M, HAFIZ H A, SINGH C B, et al. Germination ecology of turnip weed (*Rapistrum rugosum* (L.) All.) in the northern regions of Australia[J]. Plos One, 2018, 13(7): e0201023.

[16] WU H, STANTON R, LEMERLE D. Herbicidal control of *Solanum elaeagnifolium* Cav. in Australia[J]. Crop Protection, 2016, 88: 58-64.

[17] FIELD R P, KWONG R M, SAGLIOCCO J L. Host specificity of *Ditylenchus phyllobius*, a potential biological control agent of silver-leaf nightshade (*Solanum elaeagnifolium* Cav.) in Australia[J]. Plant Protection Quarterly, 2009(24-4).

[18] MASSINGA R A, CURRIE R S. Impact of Palmer Amaranth (*Amaranthus palmeri*) on Corn (Zea mays) Grain Yield and Yield and Quality of Forage[J]. Weed Technology, 2002, 16(3): 532-536.

[19] PAYNTER Q, HILL R, BELLGARD S, et al. Improving targeting of weed biological control projects in Australia[J]. 2009.

[20] STANTON R, HANWEN W, LEMERLE D. Integrated management of silverleaf nightshade.[J]. Pakistan Journal of Weed Science Research, 2011: 637-642.

[21] FENÁNDEZ-APARICIO M, SILLERO J C, RUBIALES D. Intercropping with cereals reduces infection by *Orobanche crenata* in legumes[J]. Crop Protection, 2007, 26(8): 1166-1172.

[22] MEYERS S L, JENNINGS K M, MONKS S D W. Interference of Palmer Amaranth (*Amaranthus palmeri*) in Sweetpotato[J]. Weed Science, 2010, 58(3): 199-203.

[23] NURULLA M, BASKIN C C, LU J J, et al. Intermediate morphophysiological dormancy allows for life-cycle diversity in the annual weed, *Turgenia latifolia* (Apiaceae)[J]. Australian Journal of Botany, 2015, 62.

[24] LINS R D, COLQUHOUN J B, MALLORY, MITH C A. Investigation of wheat as a trap crop for control of Orobanche minor[J]. Weed Research, 2010, 46(4): 313-318.

[25] O'SULLIVAN B M. Investigations into Crofton weed (*Eupatorium adenophorum*) toxicity in horses[J]. Australian Veterinary Journal, 2010, 55(1): 19-21.

[26] VERLOOVE F. New combinations in *Cenchrus* (Paniceae, Poaceae) in Europe and the Mediterranean area[J]. Willdenowia, 2012, 42(1): 77-78.

[27] STERN, STEPHEN, R., et al. New species and combinations in *Solanum* section *androceras* (solanaceae). [J]. Journal of the Botanical Research Institute of Texas, 2014.

[28] SIMON B K. New taxa, nomenclatural changes, notes on Australian grasses in the tribe Paniceae (Poaceae: Panicoideae)[J]. Austrobaileya, 2010, 8(2): 187-219.

[29] OCHSMANN J. On the taxonomy of spotted knapweed (*Centaurea stoebe L.*)[J]. 2001.

[30] DOR E, EIZENBERG H, JOEL D M, et al. *Orobanche palaestina:* a potential threat to agricultural crops in Israel[J]. Phytoparasitica, 2014, 42(2).

[31] FEUERHERDT L. Overcoming a deep rooted perennial problem - silverleaf nightshade (*Solanum elaeagnifolium*) in South Australia.[J]. Plant Protection Quarterly, 2009, 24(3).

[32] YOU-XIN S, WEN-YAO, LIU. Persistent soil seed bank of *Eupatorium adenophorum*[J]. Acta Phytoecologica Sinica, 2004.

[33] CHEMISQUY, M. A, GIUSSANI, et al. Phylogenetic studies favour the unification of *Pennisetum*, *Cenchrus* and *Odontelytrum* (Poaceae): a combined nuclear, plastid and morphological analysis, and nomenclatural combinations in *Cenchrus*[J]. Annals Of Botany, the Academic Press of Oxford University Press, 2010.

[34] HIDALGO O, GARCIA-JACAS N, SUSANNA T G. Phylogeny of *Rhaponticum* (Asteraceae, Cardueae–Centaureinae) and Related Genera Inferred from Nuclear and Chloroplast DNA Sequence Data: Taxonomic and Biogeographic Implications[J]. Annals of Botany, 2006, 97(5): 705-714.

[35] FOLLAK S, STRAUSS G. Potential distribution and management of the invasive weed *Solanum carolinense* in Central Europe[J]. Weed Research, 2010, 50(6): 544-552.

[36] BOUWMEESTER H J. Secondary metabolite signaling in host-parasitic plant interaction[J]. Current Opinion in Plant Biology, 2003, 6(4): 358-364.

[37] WEI Z, MING L I, BO W, et al. Seed Production Characteristics of an Exotic Weed *Mikania micrantha*[J]. Journal of Wuhan Botanical Research, 2003.

[38] FUERTE V L R, ZAPATA M M J, MORA L E L, et al. Serological and molecular identification of viruses in tree tomato (*Solanum betaceum*) in crops from Córdoba (Nariño, Colombia)[J]. Revista Lasallista De Investigacion, 2011, 8(1): 50-60.

[39] HAIDAR M A, SIDAHMED M M. Soil solarization and chicken manure for the control of *Orobanche crenata* and other weeds in Lebanon[J]. Crop Protection, 2000, 19(3): 169-173.

[40] STANTON R A, HEAP J W, CARTER R J, et al. *Solanum elaeagnifolium*[J]. 2009.

[41] SURHONE L M, TENNOE M T, HENSSONOW S F, et al. *Solanum elaeagnifolium*[J]. Eppo Bulletin, 2007, 37(2): 236-245.

[42] MCQUATE G T. Solanum torvum (Solanaceae), a New Host of *Ceratitis capitata* (Diptera: Tephritidae) in Hawaii[C]. 2008.

[43] MEI-SHENG D, KUAN-LIN Y, XIANG-JU L I, et al. Studies on Characteristic of *Aegilops Squarrosa* Occurrence and Integrated Control Approaches in Winter Wheat in the South of Hebei Province[J]. Journal of Hebei Agricultural Sciences, 2005.

[44] FAWZI N M, HABEEB H R. Taxonomic study on the wild species of genus *Solanum* L. in Egypt - ScienceDirect[J]. Annals of Agricultural Sciences, 2016, 61(2): 165-173.

[45] MONAGHAN N. The biology of Johnson grass (*Sorghum halepense*)[J]. Weed Research, 2010, 19(4): 261-267.

[46] WHISH J P M, SINDEL B M, JESSOP R S, et al. The effect of row spacing and weed density on yield loss of chickpea[J]. Australian Journal of Agricultural Research, 2002, 53.

[47] STEINMANN V W, FELGER R S. The Euphorbiaceae of Sonora, Mexico[J]. 1997.

[48] YIFAN DUAN L Z. Flora of China[J]. 2014.

[49] JIMÉNEZ, RAMÍREZ, JAIME, et al. Una Especie Nueva Del Género Astrocasia (Euphorbiaceae) Del Estado De Guerrero, México. (Spanish).[J]. Acta Botanica Mexicana, 2001.

[50] DELIA T. Weed of the world, biology and control[J].

[51] MARCEL, REJMÁNEK. Weeds of California and Other Western States[J]. Madroño, 2007, 54(4): 361-363.

[52] DICKINSON, RICHARD, ROYER, et al. Weeds of North America.[J]. Native Plants Journal (University of Wisconsin Press), 2015, 16(1): 72-72.

[53] BRYSON C. Weeds of the Midwestern United States and Central Canada[J]. University of Georgia Press, 2010.

[54] CHARLES T B, MICHAEL S D, ARLYN W E. Weeds of the South[J]. 2009.

[55] ADKINS S W, WILLS D, BOERSMA M, et al. Weeds resistant to chlorsulfuron and atrazine from the north-east grain region of Australia[J]. Weed Research, 2010, 37(5): 343-349.

[56] 曹洪麟 , 葛学军 , 叶万辉 . 外来种飞机草在广东的分布与危害 [J]. 广东林业科学 , 2004, 20(2):57-59.

[57] 柴阿丽 , 迟庆勇 , 何伟 , 等 . 寄生性杂草分枝列当对新疆加工番茄危害严重 [J]. 中国蔬菜 , 2013(17):20-22.

[58] 高芳 , 徐驰 . 潜在危险性外来物种　　刺萼龙葵 [J]. 生物学通报 , 2005, 40(9):11-12.

[59] 关广清 , 张玉茹 , 孙国友 , 等 . 杂草种子图鉴 [M]. 北京 : 科学出版社 , 2000: 198.

[60] 郭琼霞 . 杂草种子彩色鉴定图鉴 [M]. 北京 : 中国农业科技出版社 , 1998: 142.

[61] 郭琼霞 , 等 . 危险性杂草毒麦 Lolium temulentum 与其近似种的形态研究 [J]. 武夷科学 ,

1996(12):52-55.

[62] 郭琼霞 , 黄可辉 , 虞赟 . 南方三棘果的形态特征与危害特性研究 [J]. 武夷科学 , 2005, 12(21): 86-88.

[63] 国家质量监督检验检疫总局 . 独脚金属检疫鉴定方法 : SN/T 3442-2012[S]. 北京 : 中国标准出版社 , 2013.

[64] 黄华枝 , 夏聪 , 黄炳球 , 等 . 薇甘菊化学防治方法的研究 [J]. 广东园林 , 2008(4):14-16.

[65] 江苏植物研究所 . 江苏植物志 : 下卷 [M]. 南京 : 江苏科技出版社 , 1982: 767-768.

[66] 李书心 . 辽宁植物志 : 下册 [M]. 沈阳 : 辽宁科学技术出版社 , 1992: 273-276.

[67] 李扬汉等著 . 中国杂草志 [M]. 北京 : 中国农业出版社 , 1988.

[68] 李振宇 . 长芒苋 —— 中国苋属一新归化种 [J]. 植物学报 , 2003, 20(6): 734-735.

[69] 林哲宇 , 陈志辉 . 归化的台湾禾草 —— 羽绒狼尾草的确认 [J]. Taiwan Journal of Biodiversity, 2014, 16(4):393-398.

[70] 刘全儒 , 车晋滇 , 贯潞生 , 等 , 2005. 北京及河北植物新记录 (III). [J]. 北京师范大学学报 (自然科学版),41(5):510-512.

[71] 欧国腾 , 等 . 紫茎泽兰人侵机理及治理对策 [J]. 中国森林病虫 , 2009, 28(6):33-36.

[72] 强胜 , 1998. 世界恶性杂草 —— 紫茎泽兰研究的历史及现状 [J]. 武汉植物学研究 , 16(4):366-372.

[73] 全国明 , 章家恩 , 徐华勤 , 等 , 2009. 外来入侵植物飞机草的生物学特性及控制策略 [J]. 中国农学通报 , 25(9):236-243.

[74] 万方浩 , 刘全儒 , 谢明 , 等 . 生物入侵 : 中国外来入侵植物图鉴 [M]. 北京 : 科学出版社 , 2012.

[75] 王伯称 , 李鸣光 , 余萍 , 等 . 菟丝子属植物的生物学特性及其对薇甘菊的防除 [J]. 中山大学学报 , 2002, 41(6):49-53.

[76] 王瑞 , 万方浩 . 外来入侵植物意大利苍耳在我国适生区预测 [J]. 草业学报 , 2010, 19(6):222-230.

[77] 王硕 , 高贤明 , 等 . 紫茎泽兰土壤种子库特征及其对幼苗的影响 [J]. 植物生态学报 , 2009, 33(2):380-386.

[78] 王勇军 , 昝启杰 , 王彰九 , 等 . 薇甘菊化学防治初报 [J]. 生态科学 , 2003, 22(2):58-62.

[79] 吴海荣 , 强胜 . 检疫杂草列当 (OrobancheL .)[J]. 杂草科学 , 2006(2):58-60.

[80] 徐军 , 李青丰 , 王树彦 . 科尔沁沙地蒺藜草属植物种名使用建议 [J]. 杂草科学 , 2011, 29(4):1-4.

[81] 余香琴 , 冯玉龙 , 李巧明 . 外来入侵植物飞机草的研究进展与展望 [J]. 植物生态学报 , 2010, 34(5):591-600.

[82] 张建华 , 范志伟 , 沈奕德 , 等 . 外来杂草飞机草的特性及防治措施 [J]. 广西热带农业 , 2008(3):26-28.

[83] 张炜银 , 李鸣光 , 等 . 外来杂草薇甘菊种群土壤种子库动态 [J]. 武汉植物学研究 , 2005, 23(1):49-52.

[84] 朱文达 , 等 . 除草剂对紫茎泽兰防治效果及开花结实的影响 [J]. 生态环境学报 , 2013, 22(5): 820-

825.
[85] 中国科学院中国植物志编辑委员会 . 中国植物志 [M]. 北京 : 科学出版社 , 1979.
[86] 中华人民共和国国家质量监督检验检疫总局 . 植物检疫毒麦检疫鉴定方法 : SN/T 1154-2002[S]. 北京 : 中国标准出版社 , 2002.
[87] 中华人民共和国国家质量监督检验检疫总局 . 美丽猪屎豆检疫鉴定方法 : SN/T 1842-2006[S]. 北京 : 中国标准出版社 , 2006.
[88] 中华人民共和国国家质量监督检验检疫总局 . 南方三棘果检疫鉴定方法 : SN/T 1814-2006[S]. 北京 : 中国标准出版社 , 2006.
[89] 中华人民共和国国家质量监督检验检疫总局 . 具节山羊草检疫鉴定方法 : SN/T 1838-2007[S]. 北京 : 中国标准出版社 , 2007.
[90] 中华人民共和国国家质量监督检验检疫总局 . 毒莴苣检疫鉴定方法 : SN/T 2339-2009[S]. 北京 : 中国标准出版社 , 2009.
[91] 中华人民共和国国家质量监督检验检疫总局 . 蒺藜草属检疫鉴定方法 : SN/T 2760-2011[S]. 北京 : 中国标准出版社 , 2011.
[92] 中华人民共和国国家质量监督检验检疫总局 . 假苍耳检疫鉴定方法 : GB/T 28090-2011[S]. 北京 : 中国标准出版社 , 2011.
[93] 中华人民共和国国家质量监督检验检疫总局 . 臭千里光检疫鉴定方法 : GB/T 29430-2012[S]. 北京 : 中国标准出版社 , 2012.
[94] 中华人民共和国国家质量监督检验检疫总局 . 刺茄检疫鉴定方法 : GB/T 28087-2011[S]. 北京 : 中国标准出版社 , 2011.
[95] 中华人民共和国国家质量监督检验检疫总局 . 小花假苍耳检疫鉴定方法 : SN/T 3445-2012[S]. 北京 : 中国标准出版社 , 2012.
[96] 中华人民共和国质量监督检验检疫总局 , 中国国家标准管理委员会 . 大阿米芹检疫鉴定方法 : GB/T 29574-2013[S]. 北京 : 中国标准出版社 , 2013.
[97] 中华人民共和国质量监督检验检疫总局 . 硬雀麦检疫鉴定方法 : SN/T 3688-2013[S]. 北京 : 中国标准出版社 , 2013.